Q 99 Rätselabitur

Eine Reifeprüfung

Vertracktes, Imaginäres und Unglaubliches. Amüsante und kurzweilige Logeleien, nicht nur für Hochbegabte.

Würfelspiele, Kartentricks, Mathematisches mit Kniff

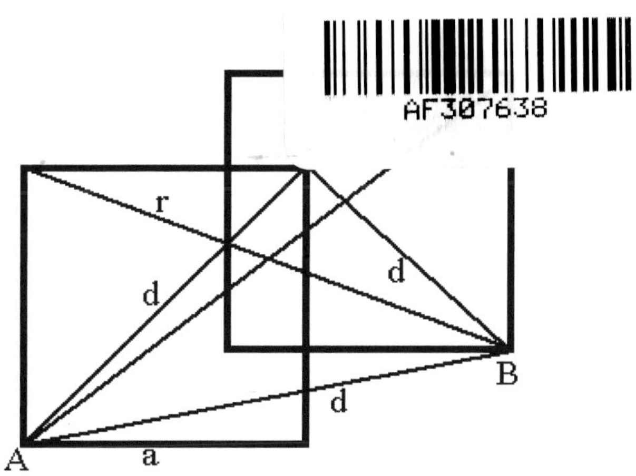

Wissenswertes & Ungewöhnliches über Formeln und Zahlen
© Dr.Michael D. Lütgemeier 2020

Inhaltsverzeichnis

Vorwort   3

Aufgabenteil   5

Lösungen 1.Teil   93

Lösungen 2.Teil   (erweiterte Lösungen)   195

Lösungen 3.Teil   (abschließende Lösungen)   241

Vorwort

Nobody is perfect. Bei meinen hier gestellten Rätseln, die ich über viele Jahre zusammengesammelt habe, geht es mir nicht darum, den Lesern ihre Inkompetenzen bewußt zu machen, sondern in erster Linie um Rätselspaß - und im Weiteren auch um das Aufzeigen einer gewissen Faszination, die sich ergeben kann, wenn man etwas tiefer in Überlegungen eintritt und letztlich auch die Freude und Genugtuung, die zu spüren ist, wenn eine nicht so triviale Lösung aus eigener Überlegung heraus gefunden wurde.

An einigen der gestellten Rätsel habe ich selbst sehr lange gesessen und oftmals tage- und manchmal auch wochenlang, oftmals vor dem Einschlafen, darüber nachgedacht.
Ab und an mußte ich aufgeben, doch manchmal gab es auch einen Geistesblitz.
Das hatte ich auch bei anderen Fragestellungen des öfteren erlebt und die Konsequenz daraus gezogen, Pausen zu machen. Wenn man sich in einer Sackgasse zu befinden scheint, lohnt es tatsächlich, den Gegenstand seiner Überlegungen auf Eis zu legen und sich später erneut dem Problem zu stellen.
Eindrucksvoll war dies tatsächlich bei Kreuzworträtseln, denjenigen, bei denen man um-die-Ecke denken soll. Man knobelt immer wieder, über Tage, und es wird nichts. Und irgendwann am nächsten Morgen schaut man darauf und sieht die Lösung unmittelbar vor dem geistigen Auge. Was wohl das Gehirn, wenn es zur Ruhe gekommen war, von sich aus unbewußt in-der-Nacht mit all' den Informationen macht, die wir tagsüber bewußt und unbewußt aufnehmen? Es heißt ja, man solle mal eine Nacht drüber schlafen. Ich glaube, das ist nicht verkehrt.
Es gibt sicher Wichtigeres im Leben, als Rätsel zu lösen - solange es indes Neugier erzeugt und Freude bereitet, würde ich hierin ein durchaus nutzbringendes Freizeitvergnügen sehen, das zudem den geistigen Horizont zu erweitern vermag.

Michael D. Lütgemeier   März 2020

Impressum
© Dr.Michael D. Lütgemeier 2020
Herstellung und Verlag:
BoD, Books on demand, Norderstedt
ISBN 978 3-7504-7081-1

Logische Rätsel   - Vertracktes mit Kniff -
Amüsante und kurzweilige Logeleien, nicht nur für Hochbegabte

Waren Sie nicht auch schon einmal stolz darauf, irgendein Rätsel als erster gelöst zu haben? Sie genießen Ihr Privileg, führen die anderen Rater noch bewußt in die Irre und schmunzeln innerlich insgeheim über die scheinbare Inkompetenz Ihrer Konkurrenten. Aber nur solange, bis es Ihnen beim nächsten Fall genauso geht. Niemand hat jedesmal im richtigen Moment oder als Erster den richtigen Gedanken oder Geistesblitz. Manche Rätsel können auch ganz ohne Geistesblitz gelöst werden. Bei vielen im Prinzip einfachen Aufgaben ist es oftmals nur eine Frage der Zeit, bis man sie gelöst hat; sie sind letztlich nur umfangreich oder umständlich. Leider dann auch ohne großen Anreiz, sie arten einfach nur in viel Arbeit aus. Trotzdem gibt es auch hier Herausforderungen, bei denen man weiß, daß überhaupt nur eine einstellige Prozentzahl der Ratenden die Lösung dann tatsächlich auch findet. Da kann einen schon doch der Ehrgeiz packen.

Im Folgenden werde ich in der Mehrzahl solche Aufgaben stellen, die nicht in Arbeit ausarten sollen. Man kann also getrost davon ausgehen, daß zur Lösung nicht seitenweise gerechnet werden muß. Ich könnte da allerdings Sachen erzählen - mit welchem nahezu ans Groteske grenzenden Aufwand manche Interessierten versucht haben, der Lösung näherzukommen.

Viele der Aufgaben habe ich über mehrere Jahre kontinuierlich immer wieder in unterschiedlichen Kreisen dargeboten und dabei vielerlei Lösungsstrategien, Argumente und Denkweisen kennen- und zu hinterfragen gelernt.

Auffallend ist, daß sich die Rater oft selbst Beschränkungen oder Bedingungen auferlegen, die gar nicht sein müssen. Aber das ist natürlich der Sinn vieler Rätsel - man muß eben selbst drauf kommen, daß die eine oder andere Bedingung gelten - oder nicht gelten - muß, damit eine Lösung überhaupt möglich ist. Ich komme hierauf bei entsprechenden Aufgaben zurück und nenne die scheinbaren Hindernisse dann beim Namen. Eines der Prinzipien nennt man die „negative Zielanalyse". Man muß sich ganz genau fragen, was im Sinne der Aufgabenstellung erlaubt ist oder erlaubt sein muß und was *nicht verboten* ist. Da gibt es so manchen relevanten Unterschied.

Ich möchte diese Sammlung aber nicht als Intelligenztest gewertet wissen; es kommt mir vielmehr auf den Spaß beim Raten oder Nachdenken an. Ich möchte aufzeigen, wo wir Menschen uns selbst im Weg stehen und solche Erkenntnis gezielt nutzen, um bei alltäglichen Vorgängen einmal das Nachdenken über die Position des Anderen zu empfehlen, bevor man ihn verunglimpft. Nur weil man sich einfach nicht in seine Lage versetzen will, aus Mangel an Vorstellungsvermögen, wie das Ganze sich wohl von seiner Seite aus darstellt. Denn Vieles ist relativ, um an Albert Einstein zu erinnern, aber nicht Alles. Es gibt überhaupt nur sehr wenig Absolutes in unserer Welt - fällt Ihnen da spontan etwas ein? Sie finden ein eindrucksvolles Beispiel am Anfang des Lösungsteiles.

Am interessantesten sind die Rätsel, die eine Fortsetzung haben, sozusagen einen zweiten Teil. Der erste, leichtere Teil wiegt die Kniffler erst einmal in Sicherheit, weil man schnell auf die Lösung kommen kann, die oftmals bereits schon etwas Lehrreiches enthält.
Doch dann kommt es knüppeldick. Das soeben erratene oder erschlossene Prinzip funktioniert nicht mehr - man hat nämlich nur die erste Ebene der Erkenntnis erreicht. Wenn man dann weiter kniffelt und die zweite Ebene erklimmt, also etwa das allgemeine, übergeordnete Prinzip zu erkennen glaubt, genau in dem Moment, wenn man die Lösung bereits vor Augen hat, schnappt dann die Falle zu - man ist auf den "Wuppdich" hereingefallen und die Lösung ist immer noch falsch, obwohl man den richtigen Weg gegangen ist.

Aber der führt am Ende nach rechts, und Sie sind geradeaus in den Sumpf gegangen. Nun denn, neues Spiel, neues Glück.

Ich möchte einmal die von mir so genannten Erkenntnisstufen etwas erläutern. Ich habe diese willkürlich in drei voneinander unterscheidbare Wissensebenen eingeteilt. Die erste dieser Erkenntnisstufen besteht darin, überhaupt um den Sachverhalt zu wissen, etwa durch einfaches Gelernthaben oder eine vermittelnde Erfahrung. Beispielsweise kann man gelernt haben, daß der Säuregehalt einer Flüssigkeit als pH- Wert gemessen wird. Die zweite Stufe der Erkenntnis besteht darin, mit diesem Wissen umzugehen, und dazu ist es notwendig, zu begreifen, was dieser Wert eigentlich darstellt, nämlich den „negativen dekadischen Logarithmus der Hydronium-Ionen-Konzentration". Übersetzt bedeutet dies etwa Folgendes: Man messe die Konzentration an Säureteilchen (z.B. als 10 hoch [minus 3] Millimol pro Liter) und nehme den Betrag des Exponenten als Meßwert. So wird aus der (-3) im Exponenten ein ph-Wert von „3". Eine Erhöhung des Säuregehaltes auf das Zehnfache bedeutet eine Änderung des Exponenten nach (-2) und ergibt einen pH-Wert von „2". (Was würde eine Erhöhung *um* das Zehnfache bedeuten?). Man wird sich fragen, was nun die dritte Stufe der Erkenntnis vermitteln soll. Normalerweise enden das Wissen und die Vorstellungskraft nämlich an diesem Punkt. Wenn aber die Menge der Säureteilchen innerhalb einer Flüssigkeit so immens groß wird, daß sie sich alle gegenseitig behindern, dann kommt es zu einer Einschränkung der möglichen Dissoziation der Teilchenmenge (und diese ist notwendig für die Ausbildung des Säuregehaltes), so daß sich praktisch ein anderer pH-Wert ergibt als rechnerisch. Man kann sich das so vorstellen wie ein Dutzend Karatekämpfer auf einem Haufen in einem sehr kleinen Raum, die sich alle gegenseitig behindern. Die Gesamt- Kampfkraft ist dann nicht so groß, wie sie bei einzelnen Kämpfern wäre, die sich frei bewegen können. Die liegen dann nämlich sozusagen alle übereinander und behindern sich selbst erheblich.

Und so bezieht sich denn die exakte Definition des pH-Wertes nicht auf die Hydronium-Ionen-**Konzentration**, sondern auf deren **-Aktivität**. Solches Wissen bezeichne ich als die dritte Stufe der Erkenntnis. Mehr gibt es dann nicht zu wissen.

Bei einigen Rätseln kann man gut die drei Stufen der Erkenntnis unterscheiden. Die erste, spontane Antwort ist falsch und entspricht Stufe 1. Nachdenken läßt auf eine bessere Antwort schließen und entspricht der Stufe 2. Die richtige Lösung ist dennoch anders und findet sich auf Stufe 3. Einige Aufgaben habe ich so strukturiert.

An dieser Stelle noch ein kurzer Ausflug zum Begriff des Intelligenzquotienten, IQ genannt. Es gibt in der Bevölkerung viele Mißverständnisse und Vorurteile, was diesen Begriff und seine Bedeutung angehen. In den Anfangszeiten der Forschung verwendete man für Jugendliche eine Berechnung, die auf dem sogenannten *Intelligenzalter* basierte. Dieser Begriff bezeichnet das Verhältnis eines Testergebnisses zum durchschnittlichen Ergebnis einer Altersstufe. Erreicht jemand mit 8 Lebensjahren bereits die durchschnittlichen Leistungen von 10- Jährigen, dann ist sein Intelligenzalter höher als der Durchschnitt. Der Quotient aus Intelligenzalter und Lebensalter, multipliziert mit Faktor 100, wurde dann als IQ bezeichnet. Im Beispiel ergibt sich ein IQ von 125. Man muß sich also schon ordentlich anstrengen, um einen solchen Wert zu erreichen. Die Formel besagt mithin, daß der durchschnittliche IQ bei 100 liegt und höhere Werte dann zustandekommen, wenn das betreffende Kind Leistungen zeigt, wie sie erst für Ältere durchschnittlich sind.

Im Erwachsenenalter kann man das so nicht berechnen - was hätte man auch schon von der Angabe, daß ein 40-Jähriger so schlau sei wie ein 42-Jähriger. Die Streubreite ist so groß, daß eine hierauf bezogene Angabe keinen Sinn ergibt. Außerdem wächst ja der IQ nicht einfach so ständig weiter. So entwirft man Tests für Erwachsene, die einer großen Anzahl von Probanden vorgelegt werden und vergleicht die Einzelwerte altersgewichtet mit dem Durchschnitt aller Test-Absolventen.

Um die Messwerte vergleichbar zu machen, wurde vereinbart, den IQ auf die Normalverteilung (Gauß'sche Glockenkurve) zu normieren und eine Skala festgelegt, in der bei *einer* Standardabweichung der IQ nach oben oder unten um 15 Punkte vom Mittelwert 100 abweicht.

Ein standardisiertes Verfahren wird bspw. auch von MENSA in Deutschland (MinD) angewendet. Jeder kann an einem solchen Test nach Anmeldung teilnehmen (Kosten etwa 50 Eur), eine aktuelle Liste findet sich unter https://mind.laterne.de/tests.htm. Grundsätzlich stehen Mensa und andere High- IQ- Gesellschaften jedermann offen. Es sind jedoch gewisse Voraussetzungen zu erfüllen, wenn man Mitglied werden möchte. Um Mensa beitreten zu können, ist ein Intelligenzquotient von 130 nachzuweisen; hier beginnt die Hochbegabung. Der IQ-Wert liegt im Bereich des sogenannten 98- er Quantils, d.h. daß man in einem standardisierten Test besser als 98 Prozent aller Teilnehmer abschneiden muß. Bei "Q99", der Deutschen Hochintelligenz-Interessen-Gemeinschaft, muß man sogar noch etwas besser sein und das 99-er Quantil erreichen. Nur eine Person von 100 liegt also statistisch gesehen auf diesem Niveau und benötigt dazu einen IQ von mindestens 135.

Nach oben hin wird es eng; einen IQ von 140 weisen nur etwa 0,5% der Menschen hier in Deutschland auf. Man darf dabei aber nicht vergessen, daß der IQ nicht Alles ist - er sagt nämlich nichts aus über die Fülle menschlicher Qualitäten, wie Mitgefühl, Einfühlungsvermögen und Ähnliches. So wie es gerissene Betrüger gibt, die Andere übers Ohr hauen wollen, gibt es genauso die lieben Omas, die uns nicht weniger lieb sein sollten, nur weil sie ein Rätsel nicht lösen können. Es ist also keine Schande, wenn man zugeben muß, bei einer Fragestellung nicht weiterzukommen. Wenn Sie hier jedes Rätsel sofort ohne groß zu denken lösen könnten, hätten Sie sicher auch keinen großen Spaß daran. Genau diesen aber möchte ich hier bescheren, es kann sehr zufriedenstellend sein, wenn man auf eine vertrackte Lösung selbst gekommen ist. Dazu muß man sich dem Rätsel aber erstmal stellen. In diesem Sinne möchte ich meine Aufgabenstellungen verstanden wissen. Es ist sicher auch das Ein- oder Andere Überraschende dabei, zum Beispiel die Aufgabe mit den beiden Zahlen, deren Summe und Produkt identisch (!) sein sollen. Kommen Sie drauf ?

Aber jetzt geht's erstmal los - nur Mut, es fängt ganz harmlos an.

1.) Die Fußball-Clique

An einem schönen Sommernachmittag versammelt sich eine Reihe Schüler des Ratsgymnasiums auf dem Goltzplatz, um Fußball zu spielen. Da werden die Tore abgesteckt, das Aus markiert, und letztendlich stellt man sich - etwas ungeordnet - auf, um Gruppen abzuzählen. Zuerst wird zu **zwei** abgezählt, wobei einer der Schüler übrigbleibt. Da dieser nicht freiwillig den Schiedsrichter geben möchte, zählen die Jungs zu **dritt** ab und stellen fest, daß dabei zwei Leute überbleiben - das ist es also auch nicht so richtig. Man zählt darauf zu **viert** ab - und wie zu erwarten stehen zum Schluß drei Jungs herum und schauen in die Runde. Die Zeit verrinnt und man beschließt nochmal zu **fünft** abzuzählen. Doch auch dies führt nicht wirklich zu echtem Spielvergnügen, denn am Ende stehen vier Leute abseits und finden das gar nicht gut.

Doch die Lösung kommt langsam näher. Einer von den vielen Möchtegern - Fußballern hat kurzerhand bereits eine grobe Schätzung durchgeführt und wirft in die Runde, daß es immerhin nicht mehr als 100 Mitspieler sein können. Und durch **sechs** ginge es auch nicht, das bräuchte man gar nicht zu probieren, da blieben fünf übrig. Man ist verwirrt - wieviele wollen denn nun eigentlich Fußball spielen, ist die Frage. Können Sie den Schülern raten, wie sie abzählen müssen ?

Die richtige Anzahl zu nennen, würde schon reichen. Bevor Sie aber beginnen, einzelne Zahlen auszuprobieren: Es lohnt sich, darüber nachzudenken, welche Zahlen aus ganz bestimmtem Grund überhaupt nicht in Frage kommen.

An dieser Stelle können Sie sich gleich überlegen, ob Ihnen die folgende Aufstellung eine Hilfe ist oder nicht ? Ich sage es Ihnen dann später!

$$
\begin{array}{cccccccccc}
1 & 3 & 5 & 7 & 9 & 11 & 13 & 15 & 17 & 19 \\
21 & 23 & 25 & 27 & 29 & 31 & 33 & 35 & 37 & 39 \\
41 & 43 & 45 & 47 & 49 & 51 & 53 & 55 & 57 & 59 \\
61 & 63 & 65 & 67 & 69 & 71 & 73 & 75 & 77 & 79 \\
81 & 83 & 85 & 87 & 89 & 91 & 93 & 95 & 97 & 99
\end{array}
$$

2) Die Beerdigung

„Der Mann muß ganz schön berühmt gewesen sein", denken sich die Fußballspieler aus dem ersten Rätsel, als sie nach dem Spiel nach Hause gehen wollen und auf eine große Beerdigungsprozession stoßen, die sich die Straße entlang zieht. Am Ende der Schlange ist die letzte Reihe nicht ganz vollständig besetzt, es fehlt eine Person. „Denen geht es ja wie uns", sagt einer und erfährt von dem letzten Teilnehmer, daß man am Anfang tatsächlich das gleiche Problem hatte wie die Fußballspieler. Nur sei dies ungleich schwieriger gewesen; man hatte sogar über sechs hinaus abgezählt und immer hatte einer gefehlt. Bei Siebener-Gruppen wären **sechs** übriggeblieben. Bei Achter-Gruppen wäre man glatt auf **sieben** Teilnehmern sitzengeblieben und bei Neunergruppen dann auf **acht**. Das Bilden von Zehnergruppen resultierte in einem Rest von **neun-** und ein Mathematiker unter ihnen hätte gesagt, durch elf zu teilen bräuchte man gar nicht erst zu probieren, das ginge auch nicht. Dieser habe dann noch die Gesamtmenge abgeschätzt und mitgeteilt, daß es zwar weniger als siebentausend Teilnehmer seien, aber wegen des Zeitdruckes müsse man jetzt zu einem Entschluß kommen. Naja, und dann sind sie eben spontan in einer nicht passenden Formation losgegangen.

Das Rätsel lautet also hiermit: Wieviele Teilnehmer hat die Beerdigungsgesellschaft ?

Zusatzfragen:

a) „Wenn wir uns dazu stellen würden", sagt einer der Fußballer nach einer Weile, „würde es gehen, und zwar in einer einzigen Weise."
Welche Gruppengröße hätte dann die Gesamtaufstellung? Dies kann unabhängig von der ersten Frage beantwortet werden.

b) Wie groß müßte die nächste Gruppe sein, für die sich das Problem in gleicher Weise stellen würde ?

c) Wieviele Teilnehmer einer fiktiven Veranstaltung wären aufmarschiert, wenn bis zu 20- er Gruppen immer einer fehlte ?

3) Einige Logeleien

Im Folgenden werde ich Sie mit einigen kleinen Logeleien konfrontieren, wie sie zur Schulzeit immer mal wieder auftauchten und zur Verwirrung dienten. Fallen Sie darauf herein ?

a) Ein Stein wiegt 20 Kilogramm und die Hälfte seines Gewichtes. Wieviel Kilogramm wiegt der Stein ?

b) Betrachten Sie ein Seil von 2 Meter Länge, das aus zwei verschieden gefärbten Stücken besteht - das kürzere Stück ist 2/3 so lang wie das längere Stück. Wie lang ist das längere Stück ?

c) Sie erhalten im Sonderangebot auf eine Ware 10% Rabatt. Da sie Ihnen nicht gefällt, versteigern Sie die Ware bei ebay wieder mit 10% Aufpreis. Welchen Verlust haben Sie gemacht ?

d) Es ist nicht Ihr Bruder, es ist nicht Ihre Schwester; aber es ist doch ein Kind Ihrer Eltern. Wer ist das ?

e) Im Sommer benutzen Sie das kleine Ein-Mann-Boot, mit dem Sie über den Fluß gelangen, um an der anderen Seite ein paar Äpfel vom Boden aufzusammeln. Was würden Sie entsprechend im Winter tun ?

f) Eine besonders knifflige Aufgabe:
- Unter diesen Aussagen sind zwei Fehler - welche ?
- Fünf mal fünf ist fünfundzwanzig
- alle Primzahlen sind ungerade - mit einer Ausnahme
- es gibt genau 900 dreistellige Zahlen
- die Zahl 60 hat 12 Teiler incl. Ihrer selbst
- die Wurzel aus 169 hat nur eine ganzzahlige Lösung
- das Produkt zweier unterschiedlicher Zahlen kann ihrer Summe entsprechen.
- Die Wahrscheinlichkeit für 6 Richtige im Lotto beträgt etwa 1 zu 13,9 Millionen.

g) Wieviele Prägestempel waren notwendig, um ein Markstück herzustellen ? (Die Mark wurde geprägt von 1950 bis 2001)

4) Das Monument

Zu dieser geschichtlichen Aufgabe gibt es mehrere mathematisch
mögliche Lösungen, doch nur eine von Ihnen ist im Grunde
plausibel. Nach dieser ist gefragt.
Es wird erzählt, daß ein alter Herrscher der Griechen einen
besonderen Sinn für Ästhetik gehabt habe. Er ließ seine Paläste,
Plätze und anderen Bauten gerne symmetrisch und unter
Beachtung mathematischer Regeln und Zahlen erbauen. Da
schaute er eines Tages zufrieden aus dem Fenster auf seine
neueste Errungenschaft hinaus. Er bewunderte den quadratischen
Platz aus regelmäßig geformten Steinplattenquadraten, welcher
aus genausovielen Einzelplatten bestand wie der in seiner Mitte
aufgebaute Würfel Einzelbausteine aufwies.
Aus wievielen Bausteinen bestanden der Platz und der Kubus ?

5) Die dreißigste Mark

Es begab sich, daß drei Geschäftsleute nach Abschluß eines
lukrativen Auftrages auf Geschäftskosten essen gingen. Das
Essen war gut und der Nachtisch wohlschmeckend; die
Gesamtsumme belief sich auf 25 DM. Großzügig, wie sie sind,
übergaben sie dem Ober zusammen glatt 30 DM - nämlich jeder
einen Zehnmarkschein. Davon solle dieser sich 5 DM Trinkgeld
nehmen. Der Ober entgegnete, daß ihm anzunehmen eine so
große prozentuale Summe nicht gestattet sei, und so gab er gerne
jedem Gast eine einzelne DM heraus. Damit aber hatte jeder der
Herren nicht mehr 10, sondern nurmehr 9 DM bezahlt, und der
Ober behielt für sich derer zwei. Wenn nun aber die Herren
einjeder 9 DM bezahlt haben, in der Summe daher 27 DM - und
der Ober für sich 2 DM Trinkgeld behalten hatte, so ergibt das
zusammen 29 bezahlte Mark. Wo aber ist die dreißigste Mark
geblieben ?
Hat die vielleicht der Rätselsteller erhalten? So könnte es denn
geschehen, daß für jedes Erzählen eine Mark unter dem Tisch zu
finden sein könnte. Ich schaue eben mal nach, solange Sie
versuchen, das Rätsel zu lösen.

6) Der merkwürdige Spaziergang

Das Sommerwetter in diesem Jahr ist außergewöhnlich gut. Es will gar nicht abreißen, und so geht Herr Hügelix mal wieder mit seinem Hund Laufefroh spazieren. Sie machen wie gewöhnlich einen Spaziergang bis zu einem nahegelegenen Berghügel, an dessen Fuß sich ein kleiner Bach mit frischem Wasser entlangschlängelt. Ausgehend von der Grundstücksgrenze des Herrn Hügelix bis zum Ufer des Baches sind es genau 1000 Meter Entfernung.

Herr Hügelix verläßt sein Anwesen und gibt seinem Hund das Laufkommando, als sie die Grundstücksgrenze erreicht haben. Während Herrchen mit gleichbleibender Geschwindigkeit von 1 km/h seinen Spaziergang beginnt, läuft das Hündchen mit 4-facher Eile auf den Berg zu. „Aber Wasser gibt es erst, wenn ich beim Bach bin", ruft das Herrchen noch hinterher. So bleibt Laufefroh nicht am Ufer des Baches stehen, sondern dreht flugs um und läuft wieder zu seinem Herrchen zurück. Ohne stehenzubleiben, wendet er wiederum auf der Stelle und rennt erneut Richtung Berg, woraufhin sich beim Eintreffen am Bachufer die Szene wiederholt, solange, bis Herrchen am Ufer eingetroffen ist. Herrchen ist erfrischt, und Hundchen ganz außer Atem - jetzt endlich darf er von dem erfrischenden Naß des Baches trinken, soviel er will.

Wir machen uns nochmal klar:
Als Herr Hügelix 250 Meter zurückgelegt hatte, ist Laufefroh gerade erstmalig am Ufer des Baches eingetroffen. Aber wie ging es dann weiter ?

Welche Strecke hat der Hund insgesamt zurückgelegt, während Herr Hügelix unterwegs war? Wir wollen dabei den Zeitverlust beim Wenden unberücksichtigt lassen und uns vorstellen, daß er immer gleichschnell gewesen ist während seiner zick-zack-artigen Reise.

7.) Ein noch merkwürdigerer Spaziergang

Laufefroh ist ein wahrer Superhund. In einem seiner Träume unternimmt Herr Hügelix wieder mal einen Spaziergang mit seinem Hund. Ein paar Spaßvögel haben dem Armen eine Blechbüchse an den Schwanz gebunden und amüsieren sich köstlich darüber, was passiert. Der Hund läuft anfangs mit einer konstanten Geschwindigkeit von einem Meter pro Sekunde los. Aufgrund eines Traumgesetzes verdoppelt er jeweils seine Geschwindigkeit, sobald er das Scheppern der auf den Boden aufschlagenden Blechdose hört. Diese schlägt nach Ablauf einer Sekunde jeweils hart auf.
Da schießt er los, der Superhund. Herr Hügelix will ihm noch etwas nachrufen, doch er ist schon so weit weg, daß er wegen des Schepperns nicht mehr auf ihn hören kann.
Nun - welches Ende nimmt dieser merkwürdige Spaziergang ?
Wir wollen aber gar nicht auf das Ende warten, sondern einfach folgende Frage stellen:
Mit welcher Geschwindigkeit bewegt sich Laufefroh nach 12 Sek. voran? Zusatzfrage: Kann ihn Herr Hügelix noch einholen ?

8.) Eine kleine Mogelei

Einst verlangte ein Herrscher von seinen Bauherren, ihm alle existierenden regelmäßigen Polyeder in übermannsgroßer Form zu erbauen. „Besteht die Oberfläche eines Polyeders aus lauter regelmäßigen, untereinander kongruenten n- Ecken, so spricht man von regelmäßigen Polyedern, platonischen Körpern oder kosmischen Körpern", belehrte er sie.
Die besten Architekten versammelten sich und erbauten daraufhin mit Hilfe einer Vielzahl von Helfern folgende Körper, die in einem regelmäßigen Sechseck angeordnet wurden:

a) ein Tetraeder   b) einen Würfel
c) ein Ikosaeder   d) eine Pyramide
e) ein Pentagondodekaeder   f) ein Oktaeder

War der Herrscher damit zufrieden ?

9.) Eine Art Milchkaffee

Herr Ratlos und seine Kollegin Frau Nimmerschlau möchten in ihrer Frühstückspause eine Tasse Kaffee trinken. Die Pause ist nicht allzu lang und der Kaffe sehr heiß, so daß man gemeinsam überlegt, wie man etwas Zeit sparen könnte.

„Ich gieße gleich die kalte Portion Milch in meinen Kaffee und lasse ihn 1 Minute stehen", sagt Herr Ratlos. Darauf entgegnet die Kollegin: "Ich lasse ihn lieber erst eine Minute stehen und gieße dann die Milch hinein, das scheint mir mehr abzukühlen."

Was meinen Sie - wie läßt sich diese fast alltägliche Situation in eine Weisheit verwandeln, von der auch Sie täglich profitieren können ?

10.) Eine andere Art Milchkaffee

Wieder einmal naht die Zeit der Frühstückspause. Da es solange dauert, bis der heiße Kaffee trinkbar wird, beschließt Herr Ratlos, heute einmal Kaffeemilch zu trinken. Er bestellt seiner Kollegin eine Tasse Kaffee und für sich hingegen eine Tasse kalte Milch.

Frau Nimmerschlau nimmt sich nun mit Erlaubnis einen Teelöffel kalte Milch aus der Tasse ihres Kollegen, füllt ihn in ihren Kaffee und rührt um. Die helle Farbe gefällt Herrn Ratlos und er erbittet sich seinerseits einen Teelöffel Milchkaffee aus der Tasse seiner Kollegin, um ihn in seine Milch zu schütten.

An dieser Stelle halten wir die Szene einmal an. Jeder der beiden hat einen kleinen Teil des Getränkes des Anderen in seine Tasse verbracht. Wir wollen davon ausgehen, daß die Menge auf dem Teelöffel in beiden Fällen die gleiche war. In der Milch des Herrn Ratlos findet sich nunmehr eine kleine Menge Kaffee, und in dem Kaffee der Frau Nimmerschlau befindet sich eine kleine Menge Milch ihres Gegenüber. Wie verhalten sich diese Mengen zueinander ?

Hat Herr Ratlos m e h r Kaffee in seine Milch getan als Frau Nimmerschlau Milch in ihren Kaffee ? Oder andersrum ?

Hm, was meinen Sie ? Schätzen Sie doch erstmal und überprüfen Sie Ihre Hypothese durch Nachdenken.

11.) ... und noch einmal Milchkaffee

In einem Restaurant wird bekanntlich häufig Kaffee verlangt. Um die Kunden schneller bedienen zu können, hat man gleich mehrere Tassen in Reihe gestellt. Insgesamt stehen 8 Tassen auf dem Tablett, von denen die ersten vier mit Kaffee gefüllt sind und die nächsten vier mit Milch. Die Aufgabe besteht darin, mit vier Zügen, bei denen man immer je zwei benachbarte Tassen aufnehmen und versetzen soll, die Reihenfolge dahingehend zu ändern, daß immer abwechselnd eine Tasse Kaffee neben eine mit Milch zu stehen kommt.
Es soll also aus der Reihenfolge

$$K \quad K \quad K \quad K \quad M \quad M \quad M \quad M$$

durch Versetzen je zweier Tassen in vier verschiedenen Zügen die Reihenfolge

$$M \quad K \quad M \quad K \quad M \quad K \quad M \quad K$$

entstehen. Wie macht man das ?

12.) Milchkaffee - Zauber

Herr Ratlos hat einen merkwürdigen Traum gehabt - da gab es in einem Restaurant magische Tabletts, die Alles, was man auf sie stellte, augenblicklich verdoppelten. Das erwies sich als ganz praktisch, weil man eine Gesellschaft mit 24 Personen schnell mit Milchkaffee zu bewirten hatte. Dazu standen insgesamt drei solcher Tabletts zur Verfügung. Wieviele Tassen Kaffee muß man auf das erste Tablett stellen, damit am Ende auf jedem Tablett genau gleichviele Tassen zu stehen kommen, so daß für die 24 Personen jeweils eine Tasse Kaffee vorhanden ist?

Herr Ratlos stellt sich zunächst ein Beispiel vor. Er stellt im Geiste 6 Tassen auf das erste Tablett, aus denen durch zauberhafte Verdoppelung dann sogleich 12 werden. Davon nimmt er 4 und stellt sie auf das zweite Tablett, woraufhin plötzlich 8 dastehen, soviel wie auf dem ersten verblieben sind. Hm, nein, so geht's nicht-können Sie ihm vielleicht helfen ?

13.) Neun Punkte

Sie sehen hier vor sich ein Raster aus neun Punkten. Ihre Aufgabe besteht darin, diese Punkte durch insgesamt nur v i e r gerade Linien miteinander zu verbinden, indem Sie an einer Stelle beginnen und im Verlauf ihrer Linien nicht absetzen.
Sie werden rasch feststellen, daß die Aufgabe mit fünf Linien leicht zu lösen ist, aber wie macht man es mit nur 4 Linien ?
Zur Klarstellung: Sie setzen an, zeichnen los, und dürfen dreimal die Richtung wechseln, ohne aber abzusetzen und etwa an anderer Stelle neu zu beginnen.

14.) Etwas gut Mögliches

Die untenstehende Figur wurde auf einer alten ägyptischen Zeichnung entdeckt. Demjenigen, dem es gelingt, diese Figur in einem einzigen Strich ohne abzusetzen nachzuzeichnen, wird auf der beiliegenden Schrift Glück und Reichtum prophezeit.
Gelingt Ihnen das Kunststück ?

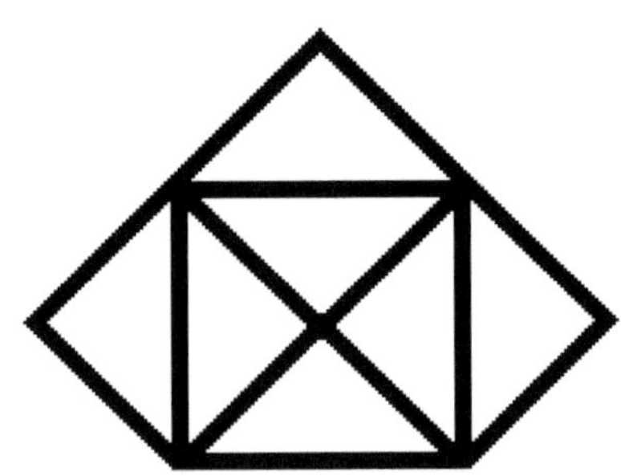

15.) Etwas Unmögliches (?)

Seit kurzer Zeit zieht der Fortschritt in das kleine Dorf Rechengau ein. Seit dort ein dritter Einwohner sein Häuschen gebaut hat, wurde von der Verwaltung der nahen Kreisstadt beschlossen, jedem eine Strom-, Gas- und Wasserversorgung bereitzustellen.

Wir sehen unten die Anordnung der drei Häuser und der Versorgungsbetriebe. Jeder Einwohner soll mit allen drei Werken durch je ein Kabel bzw. eine Leitung verbunden werden. Die Sache hat allerdings einen Haken. Die Kabel dürfen sich keinesfalls direkt berühren oder gar überschneiden, sonst gibt's einen Kurzschluß oder eine Explosion. Bitte nehmen Sie einen Stift zuhilfe und verbinden Sie die Häuser so, wie gewünscht.

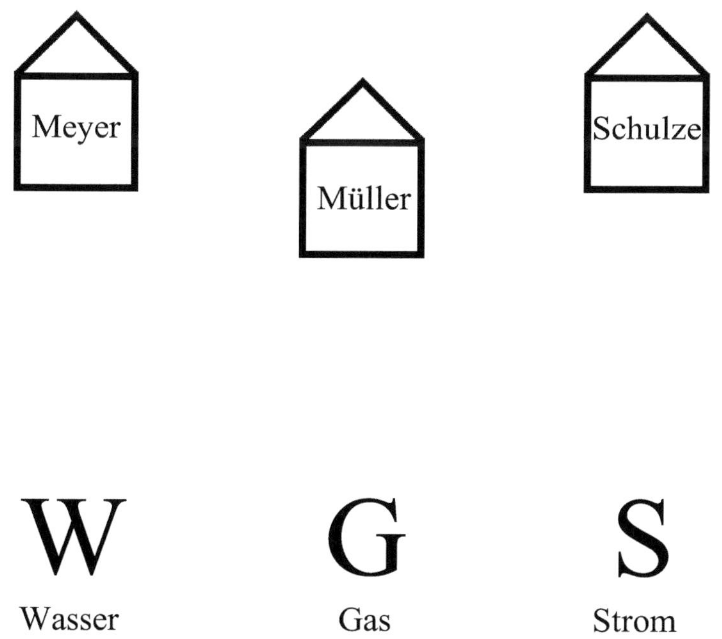

Wie jetzt - Sie können das nicht? Haben Sie denn auch alle Möglichkeiten bedacht ?   Muß ich's Ihnen wirklich zeigen ?

16.) Die magische Zahl

Es gibt Zahlen, die haben tatsächlich etwas Besonderes an sich, oder besser gesagt, **in** sich. Gesucht ist nach einer 10- stelligen Zahl, die alle zehn Ziffern nur einmal enthält und für die gilt: Die Zahl, die aus den ersten n Ziffern besteht, ist durch n selbst teilbar.

Für die erste Stelle ist das kein Problem, denn jede Ziffer ist durch 1 teilbar. Die zweiziffrige Zahl, die sich, von vorn gelesen, aus den ersten beiden Stellen ergibt, soll dann durch zwei teilbar sein und so weiter bis zum Schluß. Ich nenne Ihnen hier ein Beispiel für eine 4-stellige Zahl, die die Forderung erfüllt:

$$1 \quad 2 \quad 3 \quad 6$$

Bei Eintausenzweihundertsechsunddreißig ist die erste Stelle (1) durch 1 teilbar, die ersten beiden Stellen (12) sind durch zwei teilbar. Die Zahl aus den ersten drei Stellen (123) ist durch drei teilbar und 1236 selbst auch durch vier. Wenn Sie eine 5 ergänzen, ist die Zahl 12365 sogar durch 5 teilbar, mit der 4 im Anschluß geht es auch noch durch 6, aber dann ist Schluß. Es läßt sich keine der fehlenden Ziffern ergänzen, so daß die gesamte Zahl durch 7 teilbar wird. Also von vorne anfangen...
Nun sind Sie gefordert. Ich wette, Sie haben schon gemerkt, daß die letzte Ziffer die Null sein muß - oder ?

17.) Die 11. Regel

Die letzte Aufgabe hat uns die Schulmathematik in Erinnerung gerufen und erfragt, wann eine Zahl durch 2, durch 3 usw. teilbar ist. Unter den ersten zehn Zahlen gibt es nur für die sieben keine richtige Regel, wenn auch bei der Teilung ganzer Zahlen durch 7 immer dieselben Nachkommastellen auftauchen: 142857 als periodische Wiederholung. Wenn Sie die erste Stelle ermittelt haben, können Sie aufhören zu rechnen, denn die weitere Reihenfolge ist immer dieselbe. Was in der Schule meist unerwähnt bleibt, ist die Tatsache, daß es noch weitere Regeln gibt, zum Beispiel für die Teilung durch 11. Kommen Sie drauf ?

18.) Der Bücherwurm

Die Spezies des Vermix bibliothekaris ist vom Aussterben bedroht. Seit selbst große Büchereien dazu übergehen, ihre Werke auf CD und DVD zu übertragen, wird die natürliche Nahrung immer knapper und wertvoller. Besonders alte Bücher mit ihren durch die Zeit ausgetrockneten und mürbe gewordenen Seiten, die früher eher verschmäht wurden, sind mittlerweile bei den Jungen zu einem Leckerbissen geworden.

In einer namhaften Bibliothek ereignete sich kürzlich etwas Besonderes. Ein betagter Bücherwurm namens Vermiculus XIV hatte ein altes Regal entdeckt, in dem sich auf acht verschiedenen Ebenen jeweils 10 Bände einer Enzyklopädie noch so eingeordnet fanden, wie sie vor mehreren Jahrzehnten hinterlassen wurden. Offenbar waren sie der modernen Verewigung bisher entgangen - sicher übersehen worden, dachte der Wurm bei sich. Er konnte sehr genau die Beschreibung auf den seitlichen Buchdeckeln erkennen, es handelte sich um ein bedeutsames historisches Werk. Mühsam schaffte er es, sich bis auf die erste Ebene zu begeben und hatte die zehn Bände direkt vor sich. Jeder Band bestand aus insgesamt einhundert einzelnen Seiten, die beiden äußeren Buchdeckel mitgerechnet. Welch ein Schmaus. Vermiculus begann bei Seite 1 des ersten Buches und fraß sich bis Seite 100 des zehnten Buches inclusive durch, bis er satt war und fast vom Regal zu fallen drohte. Nach einem ausgiebigen Schlaf beschloß er, seine Brüder und Verwandte über diesen Fund zu informieren und ihnen mitzuteilen, wieviele Seiten er da eben für sich allein durchgefressen hatte. Nachdem er wahrheitsgemäß berichtet hatte, brachen die Mitglieder seiner Familie allesamt in Beifall aus, der gar nicht aufhören wollte. „Tausend Seiten auf einmal, welch ein Schmaus", hörte man aus der Menge jemanden sagen. Vermiculus wollte gerade darauf eine Antwort geben, da kam ihm schon jemand bevor: „Nana, wir wollen mal nicht übertreiben".

In der Tat mußte sich Vermiculus dieser Aussage anschließen, denn er hatte sich wirklich nicht durch 1000 Seiten gefressen. Wissen Sie denn, wieviele es waren ?

19.) Streichholzrätsel : Zum Ersten...

Es gibt ganze Bücher über Rätsel, die mit Streichhölzern zu tun haben. Es handelt sich dabei großenteils um Lege- und Verschieberätsel, die sich im Grunde gleichen und in verschiedenen Variationen vorkommen. Oftmals wird eine Rechenaufgabe vorgestellt, bei der man ein Hölzchen umlegen muß, damit die Gleichung stimmt. Solche Aufgaben gibt es Hunderte. Ich möchte hier einige alternative Rätsel vorstellen, die außergewöhnliche Lösungen haben und besonders weitsichtiges Denken erfordern.

Die erste Aufgabe klingt einfach: Bilden Sie mit sechs Streichhölzern vier gleichseitige Dreiecke.
Es gibt einige Möglichkeiten, mehr als vier Dreiecke zu erzeugen und solche, die nicht gleichseitig sind. Manchmal stehen Streichhölzer teilweise über und fügen sich nicht in die Figur ein. Ich meine hier jedoch eine Lösung, bei der exakt 4 gleichseitige Dreiecke entstehen und kein Stück übersteht.

20.) Streichholzrätsel: Zum Zweiten...

Diese Aufgabe läßt sich auch mit Zigaretten oder Mikadostäbchen durchspielen. Fangen Sie jedoch ruhig mit einigen Streichhölzern an, bis Sie das Problem erkannt haben.
Ihre Aufgabe besteht darin, die folgende Bedingung zu erfüllen: Legen oder positionieren Sie jeweils **n** Streichhölzer derart, daß <u>jedes der Hölzchen jedes andere berührt</u> und tun Sie dies sukzessive, d.h. nacheinander, für n = 1, 2, 3, 4, ... und soweit sie kommen. Schätzen Sie vorher einmal, bis wohin, d.h. bis zu welcher Anzahl dies möglich sein könnte.

Wenn Sie meinen, das mögliche Maximum erreicht zu haben, ist die Zeit gekommen, im Lösungsteil nachschauen, ob Sie Recht haben. Dort finden Sie Angaben über mögliche Konstellationen bei diversen n und den Hinweis auf Lösungen mit einem größeren n, sofern Sie nicht so weit gekommen sein sollten. Es empfiehlt sich, die Aufgabe mit mehreren Ratern anzugehen. Viel Spaß !

21.) Streichholzrätsel: Zum dritten...

Hier sehen Sie ein Rätsel der besonderen Art, für das es mehrere Lösungen gibt. Versuchen Sie, drei Lösungen zu finden, die durch Umlegen eines Hölzchens aus dem folgenden, mit Streichhölzern eben zu legenden Gebilde etwas Plausibles, mathematisch Korrektes, machen. Es bleibt dabei völlig offen, ob man in der Aufgabenstellung römische Zahlen sehen möchte oder nicht. Es kommt nur darauf an, daß etwas Sinnvolles und die dazugehörige Erklärung dargestellt werden können.

Im Allgemeinen wird dies für ein schweres Rätsel gehalten, einige MENSA- Mitglieder haben für das Finden einer der Lösungen bis zu 30 Minuten gebraucht. Ich selbst hatte dann wohl Glück mit meinen fünf Minuten. Können Sie das toppen ?

$$V \; I \; V \; = \; I \; I \; I$$

22.) Streichhölzer - einmal anders.

Nehmen Sie sich eine gefüllte Streichholzschachtel und legen Sie etwa 15 bis 20 Hölzchen auf den Tisch. Wenn Sie nichts weiter als die Hülle der Streichholzschachtel benutzen und die Hölzchen auch nicht mit den Fingern berühren dürften, würde es Ihnen dann gelingen, einen größeren Teil dieser Hölzchen hochzuheben und in die Schachtel zurückzulegen ?

Mit etwas Geschick ist dies möglich, und wer nicht auf die Lösung kommt, wird hinterher sagen, das hätte er auch gekonnt. So wie diejenigen, denen Kolumbus beweisen sollte, daß er ein gekochtes Ei zum Stehen auf einer Seite bringen könne. Er setzte es bewußt ein bißchen hart auf, so daß die Schale einbrach. Auf die Entrüstung hin soll er gesagt haben:

„Der Unterschied, meine Herren, ist der, daß Sie es so gemacht *hätten*, ich es aber so gemacht *habe*“.

23.) Palindrome

Ein Palindrom ist eine Reihe von Buchstaben oder Zahlen, die symmetrisch angeordnet sind und sich von links und rechts gleichermaßen lesen lassen, z.B. Lagerregal oder Reliefpfeiler. Hier ein langer Satz: "Geist ziert Leben, Mut hegt Siege, Beileid trägt belegbare Reue, Neid dient nie, nun eint Neid die Neuerer, abgelebt gärt die Liebe, Geist geht, umnebelt reizt Sieg."Wenn man das rückwärts liest, ergibt sich genau der gleiche Satz. Ein längeres Pendant gibt es im Englischen:„Doc,note: I dissent-a fast never prevents a fatness, i diet on cod." Das bedeutet soviel wie: *Doktor, wissen Sie, Ich widerspreche. Ein Fasten bewahrt niemals vor Fettsucht, ich mache eine Diät mit Kabeljau.*

Und wie sieht es mit Zahlen aus? Nennen Sie doch einmal eine palindromische Zahl, deren Quadrat ebenfalls ein Palindrom darstellt. Suchen Sie nach palin-dromischen Quadratzahlen, die gerade und ungerade Anzahlen von Ziffern haben.

24.) Eine Schicksalszahl

Dieser Begriff klingt auf den ersten Blick merkwürdig- aber so etwas gibt es wirklich. Schicksalszahlen sind selten und es gibt nur eine Einzige unter den ersten 100 Zahlen. Diese sollen Sie herausfinden, zugegeben mit etwas Probieren und Glück. Dazu nenne ich Ihnen die Eigenschaften einer solchen Schicksalszahl.
Viele Zahlen, insbesondere die geraden, habe so viele Teiler, daß deren Summe mehr als doppelt so groß ist wie die Zahl selbst. Ein Beispiel ist die Zahl 60. Ihre Teiler sind die Zahlen 1 bis 6 , und dann noch die 10, 12, 15, 20 und 30. Die Summe aller Teiler ist immerhin 108 ! Solche Zahlen nennt man *abundant*. Analog dazu bezeichnet man Zahlen, die nur wenige Teiler haben, so daß deren Summe nicht einmal so groß wird wie die Zahl selbst, als *defizient*. Da steckt der Begriff Defizit drin, so als ob etwas fehlen würde. Fast alle abundanten Zahlen lassen sich als <u>Teilsumme einiger ihrer Teiler</u> darstellen. Schicksalszahlen *nicht*. Suchen Sie also die einzige Zahl unter 100.

25.) Magische Quadrate

Der Begriff *magisches Quadrat* wird seit jeher gebraucht für die Anordnungen von Ziffern innerhalb von Quadraten mit unterschiedlicher Anzahl von Feldern, bei denen die Summen längs, quer und manchmal auch diagonal immer gleich sind.

Ich stelle hier ein besonderes Quadrat der Seitenlänge 4 vor, bei dem nicht nur die Längs- und Querreihen als Summe die Zahl 34 ergeben, sondern neben den Diagonalen noch zusätzlich die vier möglichen Quadranten, die entstehen, wenn man das Quadrat in vier Eck-Quadrate aufteilt. Selbst die 4 Felder im Mittelpunkt haben als Summe die 34.

Gelingt es Ihnen, das vollständige Quadrat zu erstellen, wenn zwei Zahlen vorgegeben sind ?

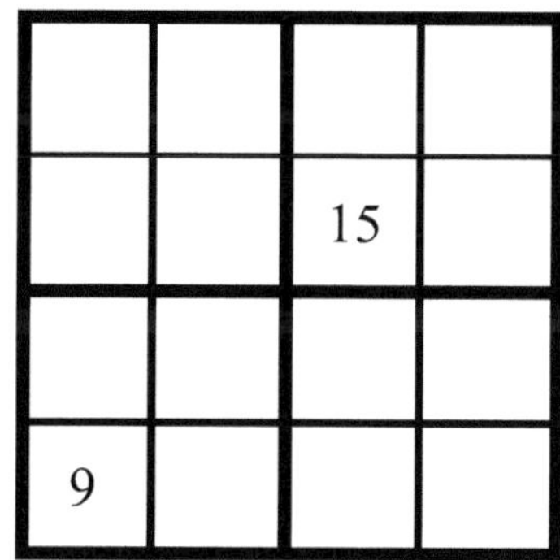

Wenn Ihre Lösung richtig ist, dann trifft sogar noch eine Besonderheit zu: Die Summe der Kuben (= 3.Potenzen) der in den Diagonalen stehenden Zahlen ist 68^2 bzw. gleich 4624.

26.) Vollkommene Zahlen

Eine Zahl wird dann vollkommen genannt, wenn Sie sich aus der Summe aller ihrer Teiler ergibt, natürlich ausgenommen sich selbst. Das erste Beispiel ist die Zahl 6, sie ist die Summe aus ihren Teilern, nämlich 1, 2 und 3. Es folgt die 28, Summe aus 1, 2, 4, 7 und 14. Alle vollkommenen Zahlen enden auf 6 oder 28. Können Sie die nächstfolgende vollkommene Zahl errechnen? Sie liegt knapp unter 500 und endet auf 6.

27.) Ein wahrlich großer Abstand

Die folgende Aufgabe ist gut geeignet, das Vorstellungsvermögen auf die Probe zu stellen. Die Erde hat einen Durchmesser von etwas über 12.000 Kilometern und ist an den Polen leicht abgeflacht. Ihr Umfang am Äquator wird mit etwa 40.000 Kilometern angegeben.

Man stelle sich einmal vor, es würde ein sehr langes Seil um den gesamten Äquator der Erde gelegt werden - so, daß es der Oberfläche, einer idealisierten Oberfläche, fest und straff aufliegt. Dann gehen Sie daher und verlängern dieses Seil genau um 1 Meter. Sie sehen dann sozusagen eine Schlaufe vor sich. Verteilen Sie dieses Stückchen Länge nun über den ganzen Umfang von 40.000 Kilometern, so daß das Seil überall ein Stückchen absteht von der Erdoberfläche. Und jetzt schätzen Sie mal, um wieviel Zentimeter - oder vielleicht Milli- oder Mikrometer steht das Seil an jeder Stelle ab ? Können Sie diesen Abstand berechnen ?

Zusatzaufgabe: Wenn man nicht die Erde, sondern einen großen Ball nimmt, bspw. mit einem Umfang von 1 Meter, um wieviel steht das Seil in diesem Fall ab? Können Sie eine Schachtel Streichhölzer darunter schieben ?

Zur Berechnung benötigt man die *Kreiszahl* Pi. Diese ist die berühmteste und bemerkenswerteste Zahl überhaupt. Sie ist definiert als Verhältnis von Kreisumfang zu Kreisdurchmesser oder auch als Fläche des Einheitskreises. Pi hat einen Wert von 3,1415926 535 8 979 323... mit einer nie endenden weiteren Zahl von Stellen. Für die Praxis, selbst für astronomische Belange, benötigt man höchstens die ersten fünf bis sechs Stellen nach dem Komma. Bis heute ist die Zahl der Nachkommastellen bis zu einer zweistelligen Millionenzahl bekannt. Im Lösungsteil finden Sie eine einfache Schleife zur Berechnung mit einem Taschenrechner oder Computer. Frühere Näherungen von Pi beruhten z.B. auf geometrischen Überlegungen des indischen Genies *Ramanujan*:

$$\left(9^2 + \frac{19^2}{22} \right)^{1/4} = 3{,}14159265...$$

28.) Die Inschrift

Bei Ausgrabungen wurde in jüngster Vergangenheit ein altes Dokument in Form einer Steinplatte gefunden, auf der offenbar eine Art Rechenaufgabe zu sehen war. Möglicherweise hatte ein antiker Baumeister hiermit etwas berechnen wollen. Leider war durch das Alter der Platte ein Teil der Aufgabe unleserlich geworden, es war nicht mehr alles zu erkennen. Das Fragment sehen sie untenstehend; die nicht leserlichen Bereiche wurden jeweils durch ein X gekennzeichnet.

Einige Ziffern sind jedoch noch einwandfrei zu sehen. Gelingt es Ihnen, durch logisches Denken die Gesamtaufgabe zu rekonstruieren ?

$$
\begin{array}{r}
X\,X\,X\,X\,X\,X\,X : X\,X\,X = 8\,X\,8\,X\,X \\
\underline{X\,X\,X} \\
X\,X\,X\,X \\
\underline{X\,X\,X} \\
X\,X\,X\,X \\
\underline{X\,X\,X\,X} \\
0
\end{array}
$$

29.) ... und noch einmal Streichhölzer

Kennen Sie die dicken, gut 10 cm langen Streichhölzer? Bauen Sie sich eine solche Streichholzschachtel mit einer Länge von ca. 12 cm und Breite sowie Höhe von ungefähr 3 cm. Zeichnen Sie in die Mitte beider Laschen ein kleines Markierungskreuz. Jetzt machen Sie bitte genau 2,5 Zentimeter *oberhalb* des einen und 2,5 Zentimeter *unterhalb* des anderen einen kleinen Punkt. Dieser liegt dann höchstens einen halben Zentimeter von der Kante entfernt. Jetzt überlegen Sie, welches wohl die kürzeste Verbindung von einem Punkt zum anderen sein könnte. Sie müssen also mit einem Bleistift über mehrere Flächen hinweg die Punkte verbinden. Wie wird es richtig gemacht ?

30.) Spielereien

Es folgen einige Aufgaben, bei denen mit Hilfe einzelner Ziffern und ggf. Rechensymbolen, also Bruchstrich, Plus und Minus, Punkt und Komma und was noch so existiert, irgendeine Zahl gebildet werden soll. Manchmal muß man sich da ganz schön etwas einfallen lassen.
Nehmen Sie sich zunächst fünf mal die Ziffer Neun und machen Sie daraus genau Eintausend. Dann nehmen Sie bitte sechs mal die Ziffer Neun und machen daraus genau Einhundert. Alles klar ?

31.) Eine wahrlich große Zahl

„Nehmen Sie sich drei beliebige Ziffern und machen Sie daraus unter Zuhilfenahme von Rechensymbolen eine maximal große Zahl" - diese Aufgabe stellte der Lehrer seinen Schülern in der Oberstufe. Offenbar sollte es sich um drei Neunen handeln, denn alles andere kann nur kleiner sein. Wie also macht man das - ich wette, ich kann eine noch größere Zahl nennen, als Sie hier als Lösung anbieten werden.
Um etwas Verwirrung zu stiften, nenne ich ein paar Beispiele - wären Sie auf alle Genannten gekommen? Schätzen Sie zunächst einmal ab, welche der unten Aufgeführten kleiner und größer sind.

$$\text{a) } 9^{99} \qquad\qquad \text{b) } 9^{9^{9}}$$

$$\text{c) } 99^{9}$$

$$\text{d) } \binom{99}{9}$$

Die Angabe unter d) spricht man „ Neun aus 99". So werden beispielsweise auch Angaben beim Zahlenlotto gemacht. „Sechs aus 49" heißt es ja auch. Denken Sie sich einen Bruch, in dessen Zähler die sechs Zahlen 49, 48, 47, 46, 45 und 44 stehen, während im Nenner die Zahlen 1 bis 6 aufgeführt sind. Dieser Bruch ergibt 13.983.816, die Zahl der möglichen Kombinationen beim Lotto (Erklärungen siehe Lösungsteil).

32.) 1, 2, 3... wer will nochmal

Was kann man nicht alles mit den ersten drei Ziffern anfangen. Eine unterhaltsame Aufgabe ist es, aus den Ziffern 1, 2 und 3 alle möglichen Zahlen zu bilden, wobei jede Ziffer exakt 1 Mal verwendet werden soll und sonst nur bekannte Rechensymbole benutzt werden dürfen.

Fangen wir mit der Summe Null an: $3 - 2 - 1 = 0$.

Soweit, so gut. Weiter geht es mit $3 - (2 * 1) = 1$.

Ihre Aufgabe besteht darin, Lösungen anzugeben bis zur Summe von 40 (!). Machen Sie sich nichts daraus, wenn Sie nicht gleich so richtig weiterkommen. Scharfes Nachdenken- zum Beispiel darüber, was nicht verboten ist- führt oft zum Erfolg. Denken Sie an alle möglichen mathematischen Verknüpfungsregeln und -zeichen.

Im Lösungsteil finden Sie, falls Sie aufgeben wollen, zuerst ein paar Tips, bevor die Aufgabe komplett aufgelöst wird. Hier schon ein erster Tip: Die 19 wird Ihnen Schwierigkeiten bereiten, lassen Sie sie ruhig erstmal aus.

33.) Verflixte Potenz !

Kennen Sie das 8-er Einmaleins ? Einmal 8 ist 8, zweimal 8 ist 16. 8 mal 8 sind 64, eine Quadratzahl. Man kann auch sagen acht hoch zwei seien 64, geschrieben 8^2. Haben Sie schon einmal darüber nachgedacht, acht hoch wieviel 16 sind ?

Nochmal zum Mitschreiben: 8 hoch *wieviel* ist 16, ausgeschrieben

$$8^X = 16$$

Diese Aufgabe bereitet manchem ziemlichen Verdruß. Man soll aber hier nicht seitenweise Logarithmen ausrechnen, sondern logisch vorgehen. Schließlich sind 8 und 16 Potenzen einer gemeinsamen Basis. Hilft Ihnen das weiter ?

34.) ...und weil es so schön war !

Nachdem sich die Schüler an der Aufgabe , 8 hoch *wieviel* wohl 16 sei, die Zähne ausgebissen haben, fragt der Lehrer unerbittlich weiter.

$$9^X = 27$$

will er jetzt wissen und zu guter Letzt noch die Angabe für

$$X^{0.5} = 0.5\,X$$

Was werden die Schüler hierauf antworten ?

35.) Die Vertretungsstunde

Ein Lehrer ist verhindert. Ausgerechnet der Klassenlehrer der 5a, in die der Sohn von Herrn Ratlos geht. Die Klasse ist schwer in den Griff zu bekommen. Der Vertreter hat die Aufgabe, eine Doppelstunde Mathematik zu unterrichten. Er beschließt, den Schülern eine komplizierte Aufgabe zu geben, an der sie mindestens die zwei Schulstunden zu rechnen hätten. Gleich zu Beginn der Stunde verkündet er, keine Hausaufgabe zu geben, woraufhin er die Klasse erst einmal in positiver Weise beeindruckt. Dann stellt er folgende Bedingung: Zählt die Zahlen von 1 bis 100 zusammen, überprüft Euer Ergebnis und nennt mir die richtige Lösung. Für diesen Fall gibt es keine Hausaufgabe und Ihr könnt nach Hause gehen, wenn Ihr fertig seid. Überzeugt davon, daß für die Doppelstunde nun Ruhe einkehren würde, nimmt er sich ein gutes Buch zur Hand und beginnt zu lesen. Nach knapp 10 Minuten bereits meldet sich Robert Ratlos zu Wort und verkündet die korrekte Lösung. Der Lehrer ist völlig verwundert und fragt sogleich, wie Robert das wohl gemacht hat. Wie würden Sie dieses Problem angehen?

Und wie lange brauchen Sie ?

Würfelspiele

Spiele mit Würfeln haben etwas Aufregendes an sich. Die Kalkulation mit der Wahrscheinlichkeit kann für manchen glatt zur Sucht werden. Es gibt jedoch kaum Gebiete, auf denen soviel Mißverständnisse und Fehlinterpretationen vorkommen wie im Bereich der vergleichenden Statistik und Stochastik - der Wahrscheinlichkeitsrechnung. Die folgenden Rätsel sollen einen Einblick geben in das teils verwirrende, aber durchweg interessante Geschehen und dazu beitragen, für zukünftige Alltagsgeschehnisse besser gewappnet zu sein.
Aus der Studienzeit kommt die Weisheit: „Glaube nie einer Statistik - es sei denn, Du hast sie selbst gefälscht". Da ist was Wahres dran; natürlich nicht das mit der Fälschung, sondern das Glauben. Wissen ist besser als Glauben, und so empfiehlt es sich tatsächlich, manchen Dingen auf den Grund zu gehen , bevor man sie kritiklos hinnimmt. Es läßt sich beispielsweise durch statistische Erhebungen „beweisen", daß Frauen, die **viel** Coca Cola trinken, gesündere Kinder zur Welt bringen als Frauen, die **wenig** Coca Cola trinken- - und das stimmt wirklich! Was nicht stimmt, ist die kausale Verknüpfung des Ganzen, was anzunehmen aber dem Leser suggeriert werden soll. Hier treffen einfach zwei Häufigkeitsgipfel zusammen. Jüngere Frauen haben meist gesunde Kinder und trinken öfter Cola als ältere Frauen. Ältere Frauen trinken weniger Cola und haben -davon ganz unabhängig- eben auch nicht so gesunde Kinder, nämlich aufgrund der im Alter zunehmenden Wahrscheinlichkeit für Erbschäden. Das Eine hat also mit dem Anderen gar nichts zu tun, und es wäre völlig sinnlos und abstrus, älteren Damen mit Kinderwunsch eine Cola aufzuschwatzen - aber wer weiß oder ahnt sowas schon bei komplexen Zusammenhängen in Untersuchungen der Umwelt - da kann der Laie ganz schön leicht aufs Glatteis geführt werden.
Beginnen wir mit einigen einfachen Überlegungen zu Würfeln, Würfelpaaren und Würfelspielen. Ein Würfel hat definitionsgemäß sechs Seiten, acht Ecken und zwölf Kanten. Manchmal ist

es wichtig, die Dimensionen und Längen des Einheitswürfels zu kennen, um leichter auf den Trick innerhalb eines Problems zu kommen, daher „verrate" ich hier schonmal einige Kennzahlen. Wer weiß - vielleicht brauchen Sie das später mal ...

Ausgehend von der Seitenlänge eines Würfels, die man mit einem kleinen a bezeichnet, gilt zunächst $a = 1$ cm.

Die Fläche einer der sechs Würfelseiten ist $a * a$ bzw. a^2 und damit genau 1 cm².

Die Diagonale einer solchen Fläche ist nach dem Satz des Pythagoras, welcher für rechtwinklige Dreiecke gilt, Wurzel aus 2, gleich 1,414- nämlich Wurzel aus $(1^2 + 1^2)$, was sich aus den Seitenlängen ergibt.

Geht man über ins Dreidimensionale und fragt nach der Länge der Raumdiagonalen im Würfel, so ergibt sich diese zu Wurzel aus 3, das ist gleich 1,732. Sie entspricht nämlich der Hypotenuse des pythagoräischen Dreieckes mit den beiden Katheten a (je eine Seitenlänge) und einer Flächendiagonale ($\sqrt{2}$). Die Wurzel aus der Summe beider Quadrate ergibt nach Pythagoras die Raumdiagonale = Wurzel aus $[1^2 + (\text{Wurzel aus } 2)^2]$.

An dieser Stelle frage ich Sie mal was: Welche Länge hat wohl die Diagonale der 4. Dimension, die des Hyperraums? Einige interessante Rätsel befassen sich mit Spielchen innerhalb des Hyperraumes.

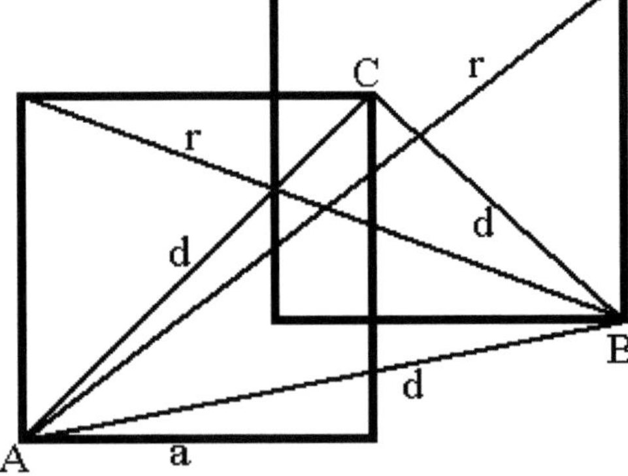

a = Seitenlänge		a = 1,000
d = Diagonale	es gilt : $a^2+a^2=d^2$	d = 1,414
r = Raumdiagonale	es gilt : $a^2+d^2=r^2$	r = 1,732

36.) Etwas Selbstverständliches

Sie kennen sicher Monopoly, ein Spiel, bei dem man mit zwei Würfeln für das Fortkommen auf dem Spielplan sorgt. Haben Sie sich je klargemacht, daß die Würfelzahlen nicht mit gleicher Wahrscheinlichkeit kommen, daß nämlich eine drei seltener auftaucht als eine acht? Welche Zahl ist am wahrscheinlichsten zu erwarten, und welche ist die seltenste Zahl ?

37.) Etwas Schwieriges

Nehmen wir an, Sie möchten, daß die Zahlen beim Verwenden zweier Würfel alle mit gleicher Wahrscheinlichkeit kommen sollen- wie müßten die beiden Sechsflächner beschriftet werden ?

a) Stellen Sie sich zuerst vor, es handele sich um die Zahlen 1 bis 12.

b) Denken Sie sich dann eine Lösung aus für die Zahlen 2 - 12.

38.) Wahrscheinlich oder sicher ?

Die Wahrscheinlichkeit, eine der Zahlen 1 bis 6 zu würfeln beträgt bei einem idealen Würfel ein Sechstel. Wie groß schätzen Sie die Wahrscheinlichkeit, eine 6 zu würfeln, wenn Sie dazu 6 mal würfeln dürfen ? Ist das etwa sechs mal ein Sechstel (und damit sicher) ? Wie würden Sie das rechnen ?

39.) Quass

Kennen Sie Yazzi ? Dieses Würfelspiel wird im Allgemeinen mit fünf Würfeln gespielt. Eine Steigerung des Spieles nenne ich *Quass*. Hier benutzt man 6 Würfel. Das Analogon mit 8 Würfeln hieße Oktoban, ich habe auch schon mal Deziban gespielt - da kommt man aber leicht durcheinander. Nehmen Sie an, sie haben sechs Würfel. Wie groß ist die Wahrscheinlichkeit, auf einmal sechs Sechsen zu werfen ?

Seit jeher wurde und wird beim Würfeln auch betrogen. Als Laie kann man so gut wie keine Vorstellung davon haben, mit welcher Raffinesse so etwas abläuft.

Es gibt beispielsweise sogenannte *Tops*, das sind quasi gezinkte Würfel, die anders, nämlich falsch, gepunktet sind. In Europa ist die Würfelbeschriftung immer gleich; wenn man einen Würfel so vor sich hinlegt, daß man links die 1, oben die 2 und rechts die 3 sehen kann, dann sind diese drei Ziffern im Uhrzeigersinn orientiert. Anders kann man den Würfel nicht hindrehen, er „dreht" immer rechtsherum. Ein Top ist ein Würfel, der 3 Zahlen doppelt aufweist, oftmals genau die 1, 2 und 3 auf je gegenüberliegenden Seiten. Da man niemals mehr als drei Seiten eines Würfels gleichzeitig sehen kann, fällt das gar nicht auf, besonders, wenn der Top nur kurzzeitig im Spiel ist. Eine der Sequenzen „dreht" jedoch linksherum, anders kann man den falschen Würfel nämlich nicht punkten, und einem erfahrenen Spieler fällt sowas natürlich dann doch auf. Daher findet man in Spielhöllen oft die Beleuchtung ausschließlich von oben, damit die Seitenflächen des Würfels weitgehend im Schatten bleiben.

Hätten Sie das alles gewußt? Enthält ein Zweierwurf so einen Top, können Sie natürlich niemals eine Zehn, Elf oder Zwölf werfen, die Spanne reicht maximal bis 9. Dafür werden die kleinen Zahlen viel wahrscheinlicher.

Eine andere Art, Würfel zu beeinflussen, ist durch die Veränderung einzelner Flächen möglich. Je nach Untergrund, glatter oder rauher Oberfläche, verhält sich ein Würfel anders, wenn man eine Seite aufrauht oder glättet. Gestaltet man eine Seite leicht konkav, bleibt der Würfel mit dieser Seite auf einer glatten Oberfläche diskret angesaugt, wenn er im Fallen gerade aufsetzt, und die nach oben zeigende Seite wird etwas häufiger auftauchen. Abgeschliffene Ecken und inhomogenes Material mit Verlagerung des Schwer- punktes aus der Mitte erzeugen für sich ebenfalls andere Wahrscheinlichkeitsmuster. Man kann auch noch mit integrierten Magneten arbeiten, dann muß allerdings der Untergrund auch magnetisch sein. Probieren Sie es mal aus.

Selbst kleine Unterschiede in der Häufigkeit der Zahlen erhöhen die Chancen eines Falschspielers auf Dauer schon relevant.

Hier ist noch ein Beispiel eines Rätsels, daß sich die Mißinterpretation von Wahrscheinlichkeiten zu Nutze macht.

Ein Spieler bietet Ihnen zunächst 2 Euro an, wenn Sie mit zwei regelrechten Würfeln eher eine 7 würfeln als er eine 8. Bei Verlust müssen Sie nur 1 Euro zahlen. Da Sie inzwischen wissen, daß die 7 um 1/36 häufiger ist als die 8 , würden Sie sich wohl auf die Wette einlassen. Alsdann bietet man Ihnen das gleiche Spiel an mit der sechs; Sie bekommen 2 Euro, wenn Sie eher eine 7 würfeln als der Spieler eine 6. Das verhält sich genauso wie vorher.

Dann aber will der Spieler jetzt eine größere Summe, sagen wir 50 Euro darauf wetten, daß er eher eine 6 und 8 bekommt als Sie zweimal die 7. Wie würden Sie jetzt entscheiden - nehmen Sie die Wette an ?

Die Antwort muß lauten: Nein.

Es wäre nur dann das Gleiche mit etwas besserer Chance für Sie, wenn der Spieler sich auf die Reihenfolge festgelegt hätte, mit der er die 6 und die 8 würfeln will. So aber hat er zunächst **zwei** Möglichkeiten mit zusammen 10/36 Wahrscheinlichkeit gegen Ihre 6/36 - Chance auf die 7.

Er wird also rasch seine erste Zahl bekommen, und insgesamt stehen die Chancen jetzt gegen Sie.

40.) Große und kleine Straße

Beim Quass muß man u.a. eine große Straße zusammenwürfeln. Das ist die Sequenz aus allen Zahlen von 1 bis 6. Eine kleine Straße wäre in diesem Spiel die Sequenz 1 bis 5 oder 2 bis 6. Nehmen Sie an, sie hätten nur einen einzigen Wurf frei. Wie groß ist dabei die Wahrscheinlichkeit, eine große Straße zu werfen? Die Frage hängt zusammen mit derjenigen, was wahrscheinlicher ist: 6 Gleiche oder 6 Ungleiche mit einem Wurf? Vielleicht schätzen Sie vorher mal.

41.) Nichts Unmögliches

Sie erhalten den Auftrag zur Herstellung zweier sechs-flächiger Spielwürfel, mit denen man mindestens die Zahlen 01 bis 32 darstellen kann. Dies soll allerdings nicht durch Zusammenzählen der Augen geschehen, sondern Sie sollen Ziffern auf die Flächen schreiben, durch deren Ablesen beim Zusammenfügen jeweils eine zweistellige Dezimalzahl entsteht. Wie würden Sie dieses Problem angehen? Ich versichere Ihnen, daß es eine plausible Lösung gibt, wenn auch die einzelnen Zahlen nicht mit gleicher Wahrscheinlichkeit gewürfelt werden können - aber das ist auch nicht gefordert.

42.) Etwas Dreidimensionales

Nehmen Sie sich ein Handvoll Würfel und ordnen Sie diese so an, daß ein Zentralobjekt von möglichst vielen anderen Würfeln berührt wird. Dabei soll es sich um eine Flächenüberschneidung handeln, die nur punktförmige Berührung an den Ecken gilt hier nicht. Im einfachsten Fall kann man zum Beispiel auf jede Fläche einen weiteren Würfel setzen - Sie hätten dann 6 Stück, die alle den zentralen Körper berühren. Aber mit etwas Phantasie kann man noch mehr Würfel auf andere Weise anordnen. Bis wohin kommen Sie? Es gibt eine interessante Abhandlung über dieses Thema, die ich Ihnen im Lösungsteil vorstellen werde.

43.) General und Blanke Sieben

Herr Ratlos stellt seinem Sohn das Würfelspiel *Böse Sieben* vor. Bei diesem geselligen Vergnügen spielt man mit drei Würfeln, die man alle gleichzeitig wirft und die Augen des Ergebnisses zweier Würfel zu *Sieben* ergänzen muß. Die Augenzahl des dritten Würfels bilden den die Höhe des Wurfes entscheidenden Zusatz: „7- eins" ist dabei kleiner als „7- zwei" usw. bis „7-sechs". Schafft man es nicht, die Augen zu 7 zu ergänzen, zählt man einfach alle zusammen. So ergibt sich der niedrigste Wurf, mit dem man also immer verliert, zu 4 Augen. Drei Einsen bzw. drei Gleiche sind nämlich ein sogenannter **General**, und der zählt mehr als „7-sechs". Der größte Zahlenwurf ist 17, denn 18 ist schon wieder ein **General**. Interessant wird das Ganze dadurch, daß man maximal drei Würfe hat; man kann es also nach einem ersten nicht so guten Ergebnis nochmals versuchen. Die Mitspieler haben immer soviele Versuche, wie der Erste vorlegt. Jetzt kommt die Frage: Zwischen „7-sechs" und den Generals liegt noch die *Blanke Sieben,* das sind genau 7 Augen mit drei Würfeln. Wie wahrscheinlich ist eine Blanke Sieben im 1. Wurf?

Hier noch einmal die möglichen Würfe in aufsteigender Reihenfolge, damit Sie eine Orientierungshilfe haben. Versuchen Sie das Spiel mal mit vier oder fünf Teilnehmern, Sie werden Ihr Vergnügen haben. Der Erste legt vor, und derjenige mit dem schlechtesten Wurf „kassiert" einen Bierdeckel. Nachdem man z.B. 11 Deckel verteilt hat, geht es andersrum. Einer legt vor, und der mit dem höchsten Wurf darf einen Deckel ablegen. *„Blanke"* zählt zwei Deckel, ein General 3 Deckel ! Auf geht's !

Zahlenwürfe		Siebener	„Blanke"	General		
4	12	7 - 1		1	1	1
5	13	7 - 2		2	2	2
6	14	7 - 3	7	3	3	3
8	15	7 - 4		4	4	4
9	16	7 - 5		5	5	5
10	17	7 - 6		6	6	6
11						

44.) Warten auf den *General*

Beim Spiel *Böse Sieben* bilden 3 Gleiche einen General. Wie groß ist die Wahrscheinlichkeit, einen General auf Anhieb, beim ersten Wurf, zu bekommen?
Wenn Sie 1-mal nachwürfeln müssen, welche Wahrscheinlichkeit ergäbe sich dann? Da man insgesamt drei Würfe hat, interessiert natürlich auch die zusammengesetzte Gesamtwahrscheinlichkeit für einen Versuch mit allen drei Würfen.

45.) Quadrat, Kubus und Hyperwürfel

Stellen Sie sich bitte einmal ein Schachbrett vor. Es besteht aus einander abwechselnden weißen und schwarzen Feldern. Jedes weiße Feld wird an seinen vier Seiten von vier schwarzen Feldern umgeben und umgekehrt. Nehmen Sie den Mittelpunkt eines schwarzen Feldes, setzen dort einen Zirkel an und zeichnen einen Kreis um das Feld mit einem Radius bis zu einer Ecke des Feldes. Dies soll dann mit allen vier schwarzen Feldern, die die Nachbarn eines weißen Feldes bilden, so gemacht werden.
Wenn Sie sich nun das Brett anschauen, sehen Sie, daß die Fläche des weißen Feldes im Zentrum Ihrer vier Kreise an allen ihren Seiten von einem Kreisbogen begrenzt wird. Wieviel Prozent der Fläche nehmen die vier Kreisbogenabschnitte ein? Und wie weit recht ein Bogen in das Feld hinein? Nehmen wir hierzu an, daß Länge und Breite eines Feldes je 2 cm betragen.
Stellen Sie sich, nachdem Sie die Aufgabe gelöst haben, die Felder des Schachbrettes als Würfel vor. Der Mittelpunkt eines Würfels ist jetzt gleichzeitig das Zentrum einer Kugel, deren Radius wiederum bis zu einer Ecke des Würfels reicht. Der Rauminhalt des zentralen, weißen Würfels wird nun durch das Volumen der in ihn hineinreichenden Kugeln begrenzt. Wieviel Prozent des Volumens nehmen die Kugelabschnitte ein? Wie weit reicht ein solcher Kugelabschnitt in den Würfel hinein? Nachdem Sie diese Aufgabe mit Bravour gelöst haben, tun Sie dies bitte eben noch mit Hyperwürfel und Hypersphäre in der 4. Dimension.

46.) Intransitive Würfel

Das hier haben Sie noch nie gehört- wetten ? Sie werden es kaum glauben, und doch ist es wahr. Sie werden staunen, wie leicht Sie selbst hinter's Licht geführt werden können, ohne es zu ahnen und eine Vorstellung davon bekommen, was mit Unredlichkeit zu erreichen ist und wie leicht es professionellen „Spielern" fällt, unwissende Menschen über's Ohr zu hauen.

Zentrale Rolle spielt der Begriff der Transitivität. Er ist vielleicht bekannt aus der Deutschstunde, da gibt es transitive Verben. In der Mathematik gibt es das Transitivgesetz. Dieses besagt etwa Folgendes: Wenn eine Zahl a größer ist als b, und b wiederum größer ist als c, dann folgt daraus, daß auch a größer als c ist. Das ist natürlich ganz logisch. Fünf ist größer als 3. Drei ist größer als 1. Also ist auch 5 größer als 1 - klare Sache.

Wenn also $Z_1 < Z_2$ und $Z_2 < Z_3$ dann ist auch $Z_1 < Z_3$.

Das ist aber nicht immer so. Ich stelle Ihnen hier anschließend die Falt-Schemata von 4 Würfeln zur Verfügung, deren Beschriftung besonders ausgeklügelt ist. Erstellen Sie sich die Würfel analog aus Pappe und würfeln Sie drauflos. Sie werden dabei feststellen, daß immer ein Würfel besser ist als ein anderer, also im Schnitt höhere Zahlen produziert. Es gibt aber keinen besten Würfel. Sie können zwar eine Reihenfolge aufstellen, bei der der „bessere" Würfel auf den „schlechteren" folgt, aber seltsamerweise wird der von Ihnen als „bester" eingeordnete Würfel dann von dem „schlechtesten" übertroffen. Im Grunde müssen Sie die Würfel in einem Kreis anordnen, in dem der „bessere" immer im Uhrzeigersinn angeordnet ist.

Ihre Aufgabe ist es, diese Reihenfolge herauszufinden, entweder durch logisches Nachdenken oder durch Spielerfahrung.

Zweitens sollen Sie bestimmen, welche Chancen Sie haben, wenn Sie sich auf dieses Spiel mit einem professionellen Spieler einlassen und sich Ihren Würfel als erster aussuchen „dürfen".

Viel Spaß (und Verwunderung!).

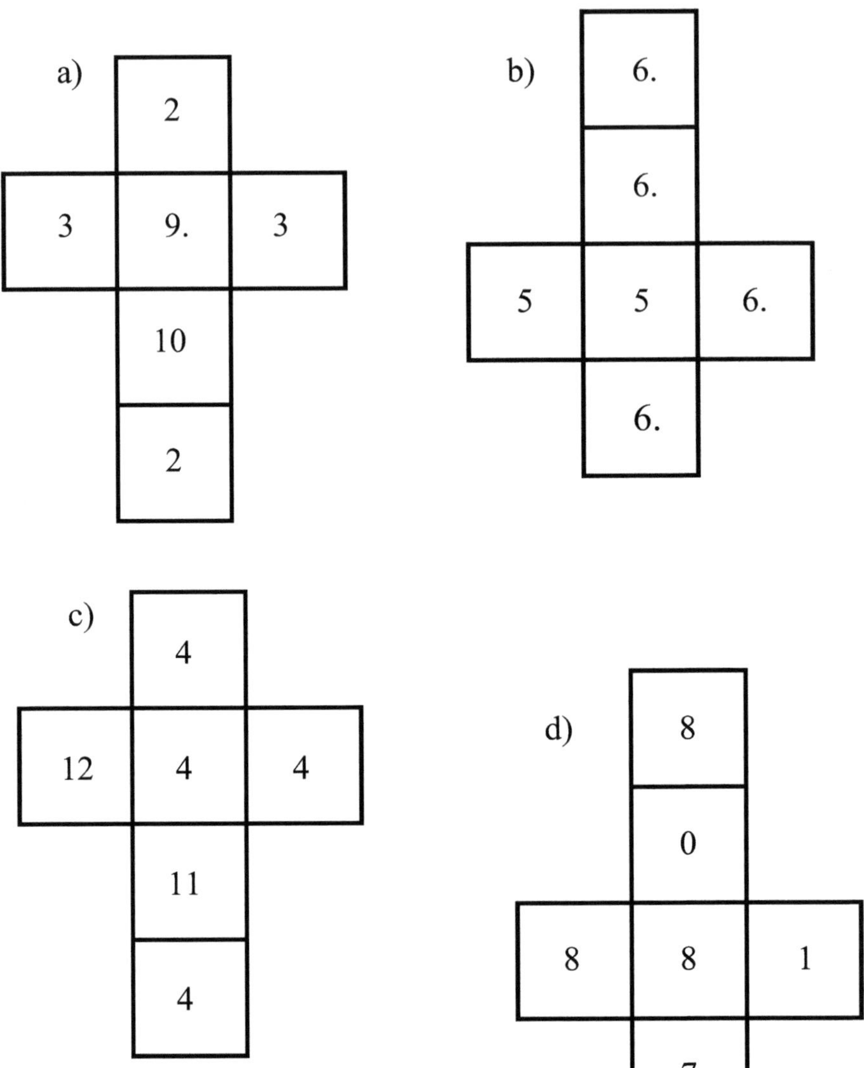

47.) Ganz einfach ... ?

Auf dem Tisch vor Ihnen liegen 5 Würfel eng nebeneinander in einer Reihe, von denen Sie nur die obenliegenden Flächen (1-4-2-6-4) und die beiden Außenseiten (3 und 2) einsehen können.

Wie groß ist die Zahl der Augen, die sich auf den 5 Unterflächen, mit denen die Würfel auf der Tischplatte liegen, befinden ?

48.) Zehntausend

Ein bekanntes Würfelspiel nennt sich *Zehntausend*. Man würfelt zu mehreren Mitspielern mit 6 Würfeln, um möglichst viele Punkte zu bekommen bzw. als Erster 10.000 zu erreichen.

Die 5 zählt 50, die 1 Hundert Punkte. Man muß mindestens einen Zähl-Würfel nach jedem Würfeln herauslegen und dabei aber als Minimum 350 Punkte zusammenbekommen, um aufschreiben zu lassen. Wenn man z.B. dreimal eine 5 gewürfelt hat, braucht man nur eine davon herauszulegen und kann die beiden anderen wieder mitbenutzen in der Hoffnung, daraus noch Einsen oder mehr zu machen. Dreier- und Vierer-Gruppen, die sich gleichzeitig in einem Wurf befinden, zählen wie folgt:

2-2-2	=	200 Punkte	2-2-2-2 =	2000 Punkte
3-3-3	=	300 Punkte	3-3-3-3 =	3000 Punkte
4-4-4	=	400 Punkte	4-4-4-4 =	4000 Punkte
5-5-5	=	500 Punkte	5-5-5-5 =	5000 Punkte
6-6-6	=	600 Punkte	6-6-6-6 =	6000 Punkte
1-1-1	=	1000 Punkte	1-1-1-1 =	10000 Punkte

Es gibt dann noch die „Große Straße" (1-6) mit 2000 Punkten und die „Kleine Straße" (1-5 oder 2-6) mit 500 Punkten. Fällt überhaupt kein zählender Würfel mehr, endet der Wurf mit 0 Punkten - der nächste Spieler ist dran. Man muß also beizeiten aufhören und aufschreiben lassen, um nicht seine aktuell erworbenen Punkte zu verlieren.

Wenn man beim ersten Wurf mit allen 6 Würfeln ein Triplett

bekommt, kann man 1000 seiner Punkte setzen und den Versuch unternehmen, durch Nochmalwürfeln mit den verbliebenen 3 Würfeln daraus einen Vierer zu machen. Gelingt es, bekommt man den Vierer gutgeschrieben und kann noch weiterwürfeln. Wenn nicht, verliert man die gesetzten 1000 Punkte und der Wurf ist zu Ende.

Wenn man das Spiel noch interessanter gestalten will, kann man verschiedene Zusatzoptionen einführen. Beispielsweise kann es erlaubt werden, 1000 Punkte zu setzen, obwohl man diese nicht im Haben hat und bei Verlust ins Minus gerät. Oder man legt Null als Untergrenze fest - dann hätte man am Anfang allerdings überhaupt kein Risiko.
Als spannend hat es sich erwiesen, von vorn zu beginnen, nachdem alle 6 Würfel als zählende Treffer herausgelegt werden konnten. Es stehen dann nochmals alle 6 Würfel zur Verfügung, solange bis man *kalte Füße* bekommt und lieber aufschreiben läßt. Noch kribbeliger gestaltet sich das Ganze, wenn derjenige mit 6 Zählern dieses anschließend *bestätigen* und weiterwürfeln *muß*, bis er mindestens 4 weitere Zähler erhalten hat.

Bevor Sie aber loslegen, besteht Ihre erste Aufgabe darin, die Chance zu berechnen, mit der Sie 3 Einsen im ersten Wurf zu *Zehntausend* machen können. Sie haben also genau einen Wurf mit drei Würfeln frei. Wie groß ist die Wahrscheinlichkeit, mindestens eine Eins zu würfeln ?

Wenn Sie das herausbekommen haben, möchte ich noch wissen, wie groß eigentlich die Chance war, auf einmal die drei Einsen hinzulegen ?

Und wenn Sie dann noch Lust haben und nicht völlig frustriert sind, können Sie vielleicht eine Antwort darauf finden, wie groß die Hoffnung sein darf, im zweiten Wurf noch einen Vierer zu bekommen, wenn Sie bereits eine 1 herausgelegt und nur noch fünf Würfel haben.

Wie sieht es eigentlich aus mit 10.000 gleich beim ersten Wurf ? Dann wäre das Spiel ganz schnell zu Ende.

49.) Die Konstruktion

Sie wollen aus Draht das Skelett eines Würfels erbauen. Da Sie wissen, daß ein Würfel 12 Kanten hat, haben Sie sich bereits zwölf je 10 cm lange Drahtsegmente vorgefertigt. Diese wollen Sie an den 8 Ecken jeweils zusammenschweißen. Da kommt Ihnen Herr Ratlos zu Hilfe und regt an, die Zahl der Schweißstellen zu vermindern, indem man ein- oder mehrere doppelt so lange Drahtsegmente benutzt, die man an einigen Ecken zu rechten Winkeln biegen könne. Was halten Sie von diesem Rat - wieviele Schweißstellen werden dann im Vergleich zu Ihrer Überlegung (8 Schweißnähte) benötigt?

50.) Das Problem mit der Wahrscheinlichkeit

Jemand sagt Ihnen, im Nachbarhaus befinde sich eine mit Gold gefüllte würfelförmige Schatulle, deren Ausmaße von einem Zufallsgenerator festgelegt worden seien. Es sei bekannt, daß sie eine Seitenlänge nicht unter 1 Dezimeter und auch nicht über 3 Dezimetern habe. Wenn Sie schlüssig, das heißt streng logisch gedacht, die korrekte Wahrscheinlichkeit für den Fall einer bestimmten Seitenlänge vorhersagen könnten, würde er Ihnen die Hälfte des Inhaltes abgeben. Was halten Sie davon? Wie würde Ihre Antwort lauten?
Wieviel Gold wäre eigentlich jeweils in der Schatulle ?

51.) Nur eine Kleinigkeit

Herr Ratlos und sein Sohn spielen mit mehreren handelsüblichen Würfeln. Plötzlich fällt ihnen auf, daß die Würfel offenbar verschieden sind. Sie sind zwar gleichgroß und gleichschwer, gefertigt aus dem gleichen Material und auch wie üblich elfenbeinfarben, aber verschieden beschriftet. Und doch tragen sie alle die gleiche Bezifferung mit den bekannten Augen-symbolen von 1 bis 6. Was ist hier passiert ?
Wieviele derart verschiedene Würfel kann es maximal geben ?

52.) Das Raumproblem

Nehmen Sie im Geiste einen Würfel von 2 cm Kantenlänge und beschreiben Sie diesem Würfel eine maximal große Kugel ein. Machen Sie es anschließend umgekehrt, indem Sie eine Kugel von 2 cm Durchmesser nehmen und dieser einen maximal großen Würfel einbeschreiben.

In welchem der beiden Fälle wird das zur Verfügung stehende Volumen mehr bzw. besser ausgefüllt ?

Mit anderen Worten: Ist es günstiger, eine Kugel in einen Würfel zu packen oder umgekehrt ?

Angehen könnten Sie das Problem zunächst so, daß Sie anstatt Würfel und Kugel deren zweidimensionale Analoga nehmen, also ein Quadrat und einen Kreis.

Hier zu Hilfe nochmals die wichtigsten Formeln zur Berechnung von Fläche und Volumen zwei- bzw. dreidimensionaler Objekte.

a) Kreisumfang $\qquad$ $U = 2\,\pi\,r$
b) Kreisfläche $\qquad$ $F = \pi\,r^2$
c) Quadratumfang $\qquad$ $U = 4\,a$
d) Quadratfläche $\qquad$ $F = a^2$
e) Kugeloberfläche $\qquad$ $F = 4\,\pi\,r^2$
f) Kugelvolumen $\qquad$ $V = 4/3\,\pi\,r^3$
g) Würfelvolumen $\qquad$ $V = a^3$

53.) Die Verdoppelung

Sie haben einen Einheitswürfel vor sich - also einen solchen mit einem Zentimeter Kantenlänge. Nun wollen Sie sich einen Würfel mit dem doppelten Volumen basteln.
Wie groß muß dessen Kantenlänge sein ?

Nehmen Sie einmal an, vor Ihnen lägen 1000 Einheitswürfel. Zu wievielen Kuben können Sie diese zusammensetzen, so daß ein Rest von einem Einheitswürfel überbleibt? Welche Seitenlängen haben diese Kuben ?

54.) Das Raumproblem (II)

Wie oft haben Sie sich schon beim Packen Ihrer Koffer geärgert, daß nicht alles hineinzupassen scheint. Manchmal liegt es daran, daß es eben wirklich zuviel ist, in anderen Fällen kann man durch geschicktes geordnetes Packen noch Raum gewinnen und dann paßt so Manches doch noch mit hinein.
Stellen Sie sich einen großen Würfel mit einer einzigen voll einbeschriebenen Kugel vor. Es bleibt ein stattliches Volumen frei, das Sie mit Kleinkrams auffüllen könnten. Ist es möglich, den Würfel besser auszufüllen, wenn man anstatt einer großen Kugel sehr viele kleine Kugeln nimmt, deren Durchmesser Teiler des Durchmessers der großen Kugel sind, um Vergleichbarkeit zu gewährleisten ?
Praktisch befinden sich bspw. statt <u>einer</u> Kugel mit 40 cm Durchmesser jetzt pro Reihe 10 Kugeln mit je 4 cm Durchmesser, oder noch kleinere, etwa 100 Stück mit d = 0,4 cm. Was bedeutet das für das ausgefüllte Volumen des Würfels ?

55.) Spiegelungen

Man nehme einen gänzlich unbeschrifteten Würfel und zeichne auf eine Seite längs oder quer eine Seitenhalbierende. Egal, wie Sie es machen, ein solcher Würfel ist eindeutig beschriftet, weil es nur eine einzige Möglichkeit gibt - sämtliche andere Beschriftungen ließen sich durch Drehung ineinander überführen. Nun soll jede einzelne Seite des Würfels mit solch einer Seiten-Halbierenden gekennzeichnet werden. Wieviele verschieden beschriftete Würfel, also solche, die nicht durch Drehungen ineinander überführbar sind, sind auf diese Weise möglich?

Die Aufgabe erfordert logisches Denken
und eine gute Vorstellungskraft.

Kartenspiele

Unter den Kartenspielen gibt es Glücks- und Strategiespiele. Verschiedene Tricks haben mathematische Grundlagen, die schwer durchschaubar sind, wenn man sich damit noch nie befaßt hat. Dazu kommt eine gehörige Portion Fehleinschätzung, wie einige scheinbar recht einfache Rätsel anschaulich belegen können.

Man bedient sich zuweilen recht unterschiedlicher Blätter, die ich kurz aufzählen möchte, da sich die einzelnen Aufgaben damit befassen werden. Am bekanntesten ist wohl das Skatspiel, das aus 32 Blatt besteht. Von den vier Farben Kreuz, Pik, Herz und Karo finden sich Werte ab der 7 bis zum As hinauf, also genau 8 Stück von jeder Farbe. Mit so einem Blatt kann man auch Mau-mau spielen. Daneben wird häufig auch Doppelkopf favorisiert; das Blatt enthält in der Regel jede Karte zweimal, und zwar von der 9 bis zum As hinauf, zusammen also 48 Karten. Man kann auch mit der zusätzlichen 8 spielen, so daß sich 56 Karten ergeben.

Das Rommé- Spiel enthält alle Spielkarten doppelt von der 2 bis zum As und dazu noch 6 Joker, hier kommt man auf 110 Karten. Ein relativ unbekanntes Spiel ist das Narrenspiel. Dies wird in zehn verschiedenen Runden gespielt, wobei das Blatt im Prinzip ein einfaches Rommé-Blatt zu 52 Karten darstellt und anstatt der Joker zwei weitere Spielwerte vorkommen, der Narr -zwischen 9 und Bube- und die Elf, auch Hercules genannt - zwischen 10 und As. So kommt man auf genau 60 Karten. Da die 60 eine Vielzahl mathematischer Raffinessen ermöglicht, ist dies von besonderer Bedeutung. Manche Sonderspiele verlangen fünf oder mehr Spielfarben, dort gibt es außer Kreuz, Pik, Herz und Karo noch Stern, Perl und Stech.

So etwas macht auch Sinn, wenn man eines der gewöhnlichen Kartenspiele mit einem-Spieler-mehr veranstalten möchte, man muß nur etwas Phantasie entwickeln für eine individuelle Lösung. Bei vielen Spielen kommt es nicht nur auf Glück an, sondern auf die Fähigkeit, seine Chancen richtig einschätzen und danach entscheiden zu können. Wie leicht man hier auf Glatteis gerät, können Sie sicher bald selbst feststellen.

56.) Ein faires Spiel (?)

Die Frage ist ganz einfach. Nehmen Sie zwei Buben und zwei Asse, mischen Sie die Karten und legen Sie diese mit der Rückseite nach oben auf einen Tisch. Sie sollen dann zwei Karten aufdecken.
Wie groß ist die Wahrscheinlichkeit, zwei Gleiche aufzudecken ?

57.) Vorstellungsvermögen

Jetzt wollen wir mal testen, ob Sie weitsichtig sind. Man nehme aus einem Skatblatt die Bilder heraus, also je 4 Buben, Damen und Könige. Die Aufgabe besteht darin, diese Karten in einer ganz bestimmten Weise anzuordnen bzw. zu stapeln, damit Folgendes erreicht wird: Aus dem mit der Rückseite nach oben weisenden Stapel decken Sie die oberste Karte auf. Das soll der Karo Bube sein. Dann stecken Sie eine Karte nach unten und decken die nächste auf. Dies muß dann die korrespondierende Dame sein. Stecken Sie wiederum eine Karte nach unten unter den Stapel und decken Sie als nächstes den Karo König auf und so weiter, bis zum Schluß Kreuz Bube, - Dame und - König als letzte Karten aufgedeckt werden. Vor jedem Aufdecken muß also eine Karte hintergesteckt werden.Können Sie das Problem lösen ? Wenn Sie es denn geschafft haben, nehmen Sie das ganze Skatblatt und lösen Sie die Aufgabe für alle Karten von Karo 7 bis Kreuz As. Es gibt wie gesagt auch Rommé -Blätter...

58.) ...ein übler Trick

Keine Angst, es wird nicht so schlimm. Doch die Lösung zu dieser Aufgabe werden Sie wahrscheinlich nicht selbst herausfinden können, weil ein Trick dahintersteckt, auf den man kaum durch probieren kommen kann. Jemand wählt eine Anzahl Karten, z.B.18, danach eine Karte, z.B. Kreuz As. Bilden Sie einen Stapel, Rückseite nach oben, und legen Sie das Kreus As an die vierte Stelle. Decken Sie immer eine Karte auf und stecken die nächste nach unten. Zum Schluß erscheint das Kreuz As. Warum ?

59.)..Skat

Wie groß schätzen Sie die Wahrscheinlichkeit, beim Skatspiel vier Buben zu bekommen? Ist es wahrscheinlicher, 4 Asse zu erhalten? Wieviele mögliche Verteilungen gibt es überhaupt ? Können Sie hierfür eine Formel angeben ?

60.) ein Trumpf kommt selten allein

Bleiben wir beim Skat. Es ist immer mal wieder überraschend, wieviele Verteilungsmöglichkeiten diverser Karten sich bieten. Man kann zwischen keinem und 4 Buben bekommen. Wieviele verschiedene Möglichkeiten der Bubenverteilung unter den drei Spielern sind möglich? Denken Sie daran, daß auch der Skat einen oder zwei Buben enthalten kann !
(Zur Information: Es werden je 10 Karten an drei Spieler verteilt und 2 in die Mitte getan, dies ist der sogenannte Skat. Derjenige, welcher das anschließende Spiel wagt, darf den Skat aufnehmen und hat so ggf. die Möglichkeit, sein Blatt zu verbessern.)

61.) Etwas Banales

Wie groß ist die Chance, bei einem normalen Skatspiel zwei Buben im Skat vorzufinden ?
Fangen Sie mit der Überlegung an, wie groß die Chance ist, keinen Buben im Skat zu finden.

62.) Der Narr im Spiel

Beim Narrenspiel gibt es 15 verschiedene Karten pro Farbe. Wie groß ist die Wahrscheinlichkeit, daß genau 2 Spieler eine Farbe vollständig erhalten?
Überlegen Sie dann noch einmal, welche Chance besteht, daß genau drei Spieler je eine vollständige Farbe zugeteilt bekommen. Und wie sieht es bei drei Spielern aus, wenn zu fünft gespielt wird mit einer Zusatzfarbe ?

63.) Logik

Beim Narrenspiel geht es darum, möglichst viele Pluspunkte bzw. wenig Minuspunkte zu bekommen. Am Ende wird nach Punkten abgerechnet. Eine der zehn Runden mit 4 Spielern wird so gespielt, daß man vor Beginn ansagen muß, wieviele Stiche man zu machen gedenkt von den 15 Möglichen. Liegt man einen daneben, bekommt man 20 Minuspunkte. Für den zweiten Stich neben seiner Schätzung kassiert man 40 Minuspunkte und für jeden weiteren 60 Punkte.

Stellen Sie sich folgende Frage: Vorausgesetzt, man will das Spiel möglichst gewinnen, also seine relativ beste Position unter den Spielern „herausspielen". Ist es egal, ob man in der Runde „Stiche ansagen" einen zuviel oder einen zu wenig kassiert ? Typischerweise setze ich bei solchen Fragen hinzu: „Wenn ja, warum - wenn nein, warum nicht ?"

64.) Bilder und Punkte

Es gibt 16 „Bilder" im Narrenspiel, nämlich die je 4 Narren, Buben, Damen und Könige. In einer der zehn Runden kommt es darauf an, möglichst keine Bilder in seinen Stichen einzufangen, denn das wird mit Minuspunkten geahndet. Für das erste Bild erhält man noch keine Punkte, dies ist sozusagen noch „Spaß". Dann kommt es knüppeldick - das zweite Bild wird mit zehn Punkten bestraft und jedes weitere mit 30 Minuspunkten.

Wieviele Minuspunkte kann diese Runde maximal bringen, bezogen auf alle 4 Mitspieler ?

65.) ein Notstand

Es ergibt sich zuweilen, daß beim Skat ein Vierter mitspielen möchte. Das Problem wird gelöst, in dem alternierend immer einer als Geber fungiert und dabei selbst aussetzt. Beim Narrenspiel nimmt man für fünf Spieler kurzerhand eine weitere Spielfarbe hinzu, *Sternchen* genannt. Es gibt dann 75 Karten. Wie groß ist die Chance, daß alle Sternchen auf einer Hand sitzen ?

66.) reine Magie

Hier stelle ich Ihnen einen Kartentrick vor, den Sie mit Freunden durchspielen können. Freuen Sie sich an der Ratlosigkeit in den verblüfften Gesichtern, wenn Sie „Ihre Karten aufdecken"...
Das Ganze ist im Prinzip völlig klar, aber eben nicht für das „Opfer" im Spiel. Nehmen Sie eine ganzes Kartenspiel und mischen Sie vor den Augen Ihrer Versuchspersonen durch oder lassen diese selbst mischen. Dann nehmen Sie den Stapel mit der Rückseite nach oben und - **aufgepaßt!** merken sich die oberste oder als zweite von oben liegende Karte genau. Sie breiten den Stapel möglichst breit auf dem Tisch aus und behaupten kühn und selbstbewußt, alle Karten *dieses* Spieles seien für sie durchsichtig. Als Beweis wollen Sie drei der Karten benennen und diese dann herausziehen. Die Versuchsperson soll sich merken, welche Karten Sie benannt haben und diese dann in der Reihenfolge aufzählen.
Sowie die Person eine Karte nennt, nehmen Sie diese aus Ihren drei gezogenen Karten heraus und werfen sie vor sich hin.
Wetten, daß man Sie (vorübergehend) für einen Magier hält ?
Die Kunst besteht darin, durch gekonntes Erzählen ein bißchen abzulenken. Sie kennen die eine Karte außen, nehmen wir an, Herz As. Fühlen Sie auf den anderen herum, erst hier, dann da, sagen Sie, Sie suchen ein As, und nach kurzer Zeit dann:„Ah, da ist ja das Herz As", und dann nehmen Sie einfach *irgendeine* Karte. Lassen Sie sich nicht anmerken, daß Sie diese Karte kurz anschauen. Am besten, Sie gucken genau in die Augen Ihres Opfers, sagen irgendetwas Belangloses und halten die gezogene Karte kurz (!) so, daß Sie sie im unteren Blickwinkel erkennen können. Dämmert es jetzt schon? Natürlich „ziehen" Sie als nächste Karte genau die, die Sie jetzt schon haben. Und die dritte Karte ist dann die, die Sie sich anfangs gemerkt haben. Vor dem Ziehen sagen Sie nun einfach *die* Karte an, die eben zuvor gezogen wurde. Wie durch ein Wunder halten Sie nun die drei von Ihnen genannten Karten in der Hand - Sie haben sie zwar völlig falsch angesagt, aber das weiß und ahnt das Opfer ja nicht. Wenn sie geschickt sind, kommt man Ihnen *nie* drauf, wetten ?

67.) ein Paritätsproblem

Der folgende Kartentrick ist etwas für geschickte Spieler. Es geht darum, jeweils fünf Bildseiten oder aber fünf Rückseiten zu „erhalten", doch wie durch Zauber gelingt es nur Ihnen, nicht aber den aufgeforderten Mitspielern.

Man verteile jeweils 5 Karten eines normalen Blattes für sich und jeden Mitspieler. Alle breiten dann die Bildseiten fächerförmig in der Hand aus, damit jeder sieht, daß gleiche Anfangsbedingungen herrschen. Während des im Anschluß beschriebenen Trickes müssen Sie immer ein bißchen herumreden, um Ihre Opfer abzulenken und sich von ihnen als Redender anschauen zu lassen, dann gucken sie Ihnen weniger auf die Finger. Leiten Sie die Mitspieler an, Ihnen alles genau nachzumachen, während Sie es vormachen. Der aufgefächerte Stoß wird nun zusammengeschoben und umgedreht, so daß die Rückseiten nach oben zeigen. Nehmen Sie die 1.Karte herunter und schieben Sie sie *umgekehrt* unter den Stapel. Zeigen Sie diesen kurz von unten, damit man sieht, daß jetzt eine Rückseite nach unten zeigt. Nehmen Sie dann die 2.Karte und verkünden, daß diese *richtigherum* untergesteckt werden soll. Zeigen Sie wieder kurz die Unterseite. Während dann die anderen ihren Zug erledigen, schieben Sie Ihre unterste Karte ein Stück weiter nach hinten, daß ein Zentimeter auf Sie zuragt. Verbergen Sie dies- denn diese Karte soll später mit einer anderen zusammen herausgezogen und umgedreht werden- sie brauchen diesen Zentimeter, oder wenn Sie später geübt sind, einen halben Zentimeter, um dort anzufassen und zu ziehen. Die dritte und vierte Karte werden wieder beide umgekehrt nach unten gesteckt. Labern Sie ein bißchen herum, fragen Sie einen Mitspieler, was Sie mit der vierten Karte machen sollen- vielleicht sagt er das Richtige. Wenn nicht, sagen Sie, man müsse gezielt die Reihenfolge unterbrechen und die vierte <u>auch</u> umkehren, sonst ginge es nicht. Und dann kommt der schwierige Teil. Während Sie sagen, daß die 5.Karte „auf den Kopf" gedreht werden soll, müssen Sie diese <u>zusammen mit der herausragenden zweiten Karte</u> zu sich hin herausziehen (so daß beide exakt übereinanderliegen), alsdann nach vorne umwenden und auf den Stapel legen. So gelingt es Ihnen, alle Karten letztlich gewendet zu haben, während Ihre Mitspieler die 2.Karte nicht umdrehen konnten. Lassen Sie zum Abschluß den ganzen Stapel wieder wenden, so daß die Bildseiten nach oben kommen und fächern Sie dann auf. Sie haben nun 5 perfekte Bildseiten, und die Mitspieler finden verwundert 4 Bildseiten und eine Rückseite vor. Diesen Trick kann man noch in mehreren Abwandlungen durchführen. Innerhalb eines „Zauberkartenspieles" dient hierzu zum Beispiel eine Karte, die auf beiden Seiten ein Bild aufweist. Daher kommt das erforderliche Wenden des Stapels vor dem Auffächern, das sonst nicht nötig wäre.

Wenn Sie keine solche Doppelkarte besitzen, können Sie vor dem Trick heimlich zwei ähnliche Bildkarten an den Rückseiten zusammenkleben, zum Beispiel durch Befeuchten mit ein paar Tropfen Wasser. Man darf in diesen Fällen dann bei der 2.Karte seinen Stapel nur nicht auffällig von unten vorzeigen, um sich nicht zu entlarven.

Es empfiehlt sich, den Trick mit einer Doppelkarte zu beginnen, denn bei der Wiederholung wollen die Spieler Ihre Karten oft besser sehen oder anfassen, so daß man eine doppelte Karte nicht mehr verbergen kann. Dann spielt die Geschicklichkeit eine Rolle, mit der die zweite Karte unbemerkt zusammen mit der fünften herausgezogen und umgedreht werden kann. Beim ersten Versuch kann es daher opportun sein, die fünfte Karte, die auf den Kopf gedreht wird, einem Mitspieler zur Prüfung in die Hand zu geben. Damit verliert er seinen Argwohn bzw. Verdacht, daß der Trick hier ablaufen könnte. Aber beim zweiten Mal wird es genau an dieser Stelle gemacht - und die Anderen verstehen die Welt nicht mehr.

Kurzanleitung:

a) Fünf Karten mit gleicher Seite nach oben aufnehmen.
b) 1. Karte umgekehrt hinterstecken
c) 2. Karte *richtigherum* hinterstecken und etwas weiterschieben
d) 3. Karte umgekehrt hinterstecken
e) 4. Karte umgekehrt hinterstecken
f) 5.Karte mit der 2.Karte zusammen herausziehen und umdrehen.

68.) Hochzeit

Beim Doppelkopf (DoKo), der zu Viert gespielt wird, gibt es zwei Parteien, die gegeneinander spielen. Eine Partei wird gebildet aus den beiden Spielern, die jeweils die Kreuz- Dame besitzen. Man findet sich dann irgendwann im Spiel, wenn die Kreuz-Damen fallen - oder durch geschicktes Ausspielen und kombinierendes Denken, das macht den besonderen Reiz dieses Spieles aus. Wenn jemand zwei Kreuz-Damen erhält, muß er sich einen Partner suchen, in der Regel ist das derjenige, der den ersten Stich auf eine Fehlfarbe macht. Beide Kreuz - Damen auf einer Hand werden als *Hochzeit* bezeichnet. Wie groß ist die Chance, beim DoKo eine Hochzeit zu bekommen, wenn mit Neunen und Achten gespielt wird ?

69.) Mehrere Unbekannte

Wieviele Möglichkeiten gibt es beim Skatspiel, während des Gebens zwei verschiedene Karten in den Skat zu legen ?
Das haben sich neulich fünf Skatbrüder gefragt, die sich seit langen Zeiten wöchentlich treffen. Einem von Ihnen war gerade aufgefallen, daß sie bisher jede Woche eine andere Sitzordnung an ihrem Stammtisch, welcher 6 Stühle besitzt, gehabt hatten. Reicht Ihnen diese Angabe, um herauszufinden, seit wie vielen Wochen die Skatbrüder höchstens schon zusammen spielen? Wie sähe die Rechnung aus, wenn sie zu sechst gewesen wären ?

70.) Damensolo

Beim Doppelkopf kann man verschiedene Soli spielen. Im Damensolo werden die Damen, von denen jede doppelt vorkommt, zu Trümpfen erklärt. Es gibt also 8 Damen im Spiel. Wie groß ist die Chance, genau 7 von ihnen auf die Hand zu bekommen, wenn man

a) ohne die Achten spielt
b) mit Achten spielt
c) nach einem Spiel vor dem Teilen nicht neu mischt ?

71.) Königs - Skat

Eine interessante Variante des Skatspieles ist der Königsskat. Wie der Name fast verrät, sind anstatt der Buben die Könige die höchsten Trümpfe. Endlich mal ein Spiel, das dem Rang der Könige adäquaten Tribut zollt. Ich darf hier noch bekanntgeben, daß es sich um eine meiner Schöpfungen handelt.

Besitzt ein Spieler gleichzeitig die zugehörige Dame, wird diese als „Queen" bezeichnet und ebenfalls zur Trumpfkarte. Das hat einige abwechslungsreiche Folgen: Spielt man nämlich den König aus, verliert die Dame ihre Eigenschaft als *Queen* und wird wieder der entsprechenden Spielfarbe zugeordnet. Es kann also vorkommen, daß jemand Pik sticht, später aber dann die Pik-Dame bedienen muß, weil er inzwischen seinen Pik-König abgegeben hat.

Beim Reizen wird eine Queen den Königen nachgeordnet und nur berücksichtigt, wenn sie vorhanden ist. Vier Könige mit Kreuz Queen wären also das Gleiche wie diese Könige ohne Queen, dafür aber mit Trumpf As. In jedem Falle zählt man mit 5, Spiel 6.

Sonst läuft der Reizvorgang ganz normal ab.

Die erste Frage an Sie ist eigentlich einfach: Wieviele Trümpfe kann ein solches Spiel maximal haben ?

Die zweite Frage ist schon schwieriger zu beantworten. Wie wahrscheinlich oder eigentlich unwahrscheinlich ist es, die vier Könige und a l l e dazugehörigen Königinnen zu bekommen, so daß man mit 8, Spiel 9 reizen könnte ?

Haben Sie auch schon einmal überlegt, wie das Skatspiel abliefe, wenn man die Sechsen mit dazunehmen würde? Man muß einfach mal probieren, was passiert. Lassen Sie der Phantasie ihren Lauf und starten mal eine solche Runde.

72.) die umgedrehte Karte

Nehmen wir an, vor Ihnen sind 4 Könige nebeneinander mit dem Bild nach oben ausgebreitet. Während Sie nicht hinsehen, dreht jemand einen der Könige um 180 Grad in der Ebene herum, so daß das obere Ende jetzt untenliegt.
Wenn Sie sich die Karten vorher genau angesehen haben, könnten Sie dann die umgedrehte Karte herausfinden ?

73.) eine unbekannte Strecke

Der kleine Robert Ratlos hat in der Schule einen Trick gelernt. Nun muß gleich der Vater herhalten für einen ersten Versuch. Er soll die Karten eines ganzen Romméblattes so anordnen, daß er über alle Karten hinweg einen einzigen maximal langen Strich ohne Unterbrechung zeichnen kann. Er darf weder die Richtung dabei wechseln, noch dürfen sich Teile des Striches kreuzen. Wie lang ist der längst-mögliche Strich, wenn die Karten eine Abmessung von jeweils 12 mal 8 Zentimetern haben ?

74.) eine einfache Rechnung

Diese Aufgabe setzt die Kenntnis des Skatspieles und seiner Regeln voraus. Wie kann es ein Spieler schaffen, nach 3 abgelaufenen Spielen, die er alle selbst als Alleinspieler bestritten hat, genau einen Punkt zu besitzen? Die Lösung ist nicht unbedingt schwierig, aber doch für einen normalen Spielverlauf ungewöhnlich.

75.) eine kurze Rechnung

Beim Skatspiel während eines Bereitschaftsdienstes sind erst zwei Spiele gelaufen, als der eine Teilnehmer aus wichtigem Grund abberufen wird. Er hat zu diesem Zeitpunkt für seine beiden Spiele insgesamt genau 1 Punkt erreicht.
Welche beiden Spiele hat er angesagt ?
Diese Aufgabe hat mehrere Lösungsmöglichkeiten.

76.) Ungewöhnliches

Auf einer Wiese, die als Baugebiet erschlossen werden soll, liegt ein langgestrecktes, nicht gebogenes Kanalisationsrohr von zehn Metern Länge und einem Durchmesser von knapp 1 Meter. Jemand schaut von der einen Seite herein. Jemand anderes schaut von der anderen Seite herein. Die beiden können sich jedoch nicht sehen. Nennen Sie fünf logische Begründungen dafür, warum dies so zutreffen kann.

77.) die Überfahrt

Das folgende Rätsel kommt in vielen Abwandlungen vor; hier ist eine der interessantesten Aufgabenstellungen: Eine kleine Gruppe möchte über einen Fluß übersetzen. Dazu steht ihr ein Boot zur Verfügung, das maximal zwei Personen aufnehmen kann.
Es handelt sich um 3 Priester, die drei Kannibalen gefangen genommen haben. Zwei davon sind gefesselt und vermögen daher nicht zu rudern. Es ist darauf zu achten, daß sich niemals Kannibalen in der Überzahl an einem Ufer befinden dürfen, da diese sonst die Übermacht erreichen würden. Wie ist die Aufgabe zu lösen? Am Ende sollen alle wohlbehalten am anderen Ufer angekommen sein - und aus logischen Erwägungen ist hierfür eine ungerade Anzahl an *Übersetzungen* erforderlich.

78.) eine Überfahrt (I I)

Wieder soll eine Gruppe über einen Fluß gebracht werden. Diesmal handelt es sich um einen Bauern, der Hund, Katze und eine Maus mit sich trägt. Es versteht sich von selbst, daß hierbei weder Hund und Katze, noch Katze und Maus allein an einem Ufer zurückbleiben dürfen. Die Lösung ist leicht zu ermitteln.

79.) Fünfer- Quintett

Nehmen Sie fünf Fünfen und bilden Sie damit 125. Auf wieviele Lösungsmöglichkeiten kommen Sie ?

80.) die Rolltreppe

Das kennen Sie sicher auch: Die Rolltreppe ist ausgefallen. Ärgerlich und beschwerlich zugleich, wenn man die Stufen selbst heraufgehen muß. So denkt auch Herr Ratlos, als ihn diese Situation unverhofft trifft.
Er macht sich also auf den Weg nach oben und braucht dazu zwei Minuten. Kaum ist er oben, springt die Rolltreppe wieder an und er ärgert sich. Um festzustellen, wie sehr er sich ärgern muß, beobachtet er die Rolltreppe und registriert, daß diese, um einmal komplett heraufzufahren, genau 1 Minute benötigt. „Wenn ich auf der fahrenden Treppe nach oben *gegangen* wäre", überlegt er sich, „um wieviel Zeit früher wäre ich dann oben angekommen?"

81.) Schützenfest

Wie jedes Jahr geht Herr Ratlos mit seiner Familie auch einmal zum Schützenfest. Robert möchte gern Riesenrad fahren. Der Vater erfüllt ihm diesen Wunsch gern. Auf ihrer Reise herauf und herunter ist Robert beeindruckt - „Schau mal Papa", ruft er. „Auf dem Schild steht das Riesenrad sei 30 Meter hoch und wiege 1000 Tonnen. Was würde denn ein Modell wiegen, wenn man es aus dem gleichen Material im Maßstab 1 zu 1000 für unser Spielzimmer anfertigen würde ?" Können Sie das aus dieser Angabe ermitteln?

82.) der Luftballon

Nehmen Sie einmal einen Luftballon mit Helium, also so einen vom Jahrmarkt, der nach oben wegfliegt, wenn Sie ihn loslassen. Befestigen Sie diesen an der Kopfstütze im Auto, so daß er gerade frei in dem Zwischenraum zum Dach schweben kann. Jetzt denken Sie logisch: Was passiert, wenn Sie plötzlich beschleunigen? Bleibt der Ballon in Ruhe so stehen, wie er ist, oder bewegt er sich?
Falls er sich Ihrer Meinung nach bewegt - wohin dann? Nach vorne oder nach hinten? Begründen Sie Ihre Antwort.

83.) das Eisenbahnunglück

Mitten im Bahnhof von Ratheim ist eine Diesellok entgleist. Die Strecke muß vorübergehend gesperrt werden. Doch von Denkendorf aus wird der schnelle D-Zug erwartet. Dieser wird trotz des harten Winters pünktlich Ratheim passieren. Wegen der strengen Kälte ist der Funk ausgefallen und ein Streckenwärter muß dem Zug, wie in alten Zeiten, zu Fuß entgegengehen und seine Eisenbahner- Streckenleuchte schwingen. Kennen Sie diese Lampen? In einem fast geschlossenen Kasten, der nur eine kleine Luftöffnung enthält, befindet sich eine Kerze. Der Eisenbahner schwingt diesen Kasten von rechts nach links, in der Hoffnung, rechtzeitig gesehen zu werden und den Zug noch anhalten zu können.
Haben Sie jemals überlegt, was die Kerzenflamme in dem Kasten tut, wenn dieser nach rechts oder links beschleunigt wird ?
Das ist jetzt Ihre Aufgabe.
Wohin bewegt sich die Kerzenflamme initial, wenn der Kasten rasch nach rechts geschwungen wird ?
Sie haben die Auswahl zwischen 3 Antworten.

84.) Etwas Geometrisches

Zeichnen Sie ein Koordinatensystem mit positiver x- und y-Achse und beschriften Sie die Achsen mit Längenwerten zwischen 1 und 10 Einheiten. Mit einem Zirkel tragen Sie einen Kreisbogen ein mit dem Radius von genau 10 Einheiten.
Wählen zu zufällig einen Punkt a) im oberen Drittel der Y-Achse.
Ziehen Sie eine Linie von a) horizontal bis auf den Kreisbogen. Diesen Punkt bezeichnen wir mit b).
Fällen Sie das Lot auf die X-Achse bis zum Punkt c).
Jetzt verbinden Sie Punkt a) mit c) durch eine gestrichelte Gerade.
Man kann nun erkennen, daß ein Dreieck abc entstanden ist.
Die Aufgabe klingt etwas ungewöhnlich und erfordert streng logisches Denken:
Geben Sie die Länge der Strecke ac an.

85.) die Balkenwaage

Wenn man früher auf dem Markt einkaufte, wurden diverse Produkte mithilfe von Balkenwaagen und Gewichten abgewogen. Da es unvorteilhaft ist, einige Dutzend Kleingewichte von 1 Gramm vorzuhalten, gab es Gewichte zu 2 Gramm, 5 Gramm, 10 Gramm und so weiter. Unter der Prämisse, mit so wenig Gewichten wie möglich auskommen zu wollen, werden Sie hier gefragt, welche Gewichte notwendig wären, um die einzelnen Gramm- Mengen zwischen 1 Gramm und 120 Gramm abwiegen zu können. Dabei soll jedes mögliche Gewicht darstellbar sein. Beispielsweise kann man 8 Gramm darstellen durch ein Gewicht zu 10g links und eines zu 2g rechts auf der Balkenwaage. Damit wäre es möglich, genau 8 Gramm Zucker abzuwiegen, welche zusätzlich rechts aufgebracht werden müßten.

86.) 9 Kugeln

Sie dürfen erneut eine Balkenwaage benutzen. Man übergibt Ihnen 9 Kugeln, von denen eine schwerer ist als die anderen acht. Wie oft müssen Sie mindestens wiegen, um die schwerere Kugel mit Bestimmtheit herausfinden zu können?
Es geht also nicht darum, vielleicht zufällig beim ersten Wiegen die Richtige zu erwischen, sondern um die Angabe, mit wievielen Wägevorgängen Sie es <u>auf jeden Fall schaffen</u>, diejenige Kugel zu identifizieren. Um dies herauszufinden, haben Sie anfangs mehrere Möglichkeiten der Bildung von Gruppen. Maximal können 4 Kugeln links und 4 rechts gewogen werden. Sie können sich aber auch für Dreier- oder Zweiergruppen entscheiden.

87.) ein ungleich schwierigeres Problem - 12 Kugeln

Wieder haben Sie eine Balkenwaage zur Verfügung und diesmal zwölf Kugeln, von denen man Ihnen sagt, daß eine unter ihnen *anders* als die anderen sei; sie kann also schwerer *oder* leichter sein. Wie oft müssen Sie jetzt wiegen ?

88.) Vorsicht, Falschgeld !

Das Erkennen von Falschgeld ist gar keine leichte Angelegenheit. Das sollte Herr Ratlos am eigenen Leibe zu spüren bekommen, als er auf einer Sicherheitsveranstaltung der Polizei für die Bürger von Ratheim ausgewählt wurde, als Testperson an einer Aufgabe teilzunehmen. Den Probanden wurden zehn kleine Säcke mit Geld übergeben. In jedem Sack befanden sich 10 Münzen, die jeweils 10 Gramm pro Stück wogen. Alle Teilnehmer erhielten daraufhin die Information, daß sich ein Sack mit Falschgeld darunter befände, dessen Münzen jeweils nur 9 Gramm wögen.

Als einziges Hilfsmittel stand den Probanden eine Digitalwaage zur Verfügung, die sie zu genau einem Wägevorgang benutzen durften. Es wurde klargestellt, daß ein einziger Wert von dem Display abzulesen und die Aufgabe damit eindeutig zu lösen sei. Wie hat Herr Ratlos diese Aufgabe gemeistert ?

89.) Vorsicht, Giftpillen !

Nun auch das noch! Die Apotheke von Ratheim ist ausgeraubt worden. Glücklicherweise ist man den Tätern rasch auf die Spur gekommen und hat deren Lager ausgehoben. Beim Einsortieren der Ware wird jedoch nach einem anonymen Hinweis festgestellt, daß sich unter einer bestimmten Charge auch falsche Gefäße mit unverträglichen, giftigen Pillen befinden. Die zwölf vorhandenen Flaschen werden in einer Reihe aufgestellt. Sie enthalten jeweils 1000 kleine Pillen zu je einem Gramm. Als einzigen Hinweis hat der Anrufer bekannt gegeben, daß wohl die falschen Pillen pro Stück nur 0,9 Gramm wiegen sollen. Man weiß aber nicht, welche Flaschen giftige Ware enthalten, und es können ggf. auch mehrere Flaschen falsch sein. Zur Prüfung steht eine Digitalwaage bereit, mit der man einen einzigen Wägevorgang durchführen und einmalig ablesen darf.

Wie lautet die Lösung für den Fall, daß 1 Flasche falsch ist ?

Wieviele Flaschen dürfen bzw. können maximal Giftpillen enthalten, damit die Aufgabe lösbar bleibt ?

90.) etwas für Denker

Herr Ratlos möchte für seine Familie einen Swimming- Pool in seinem Garten installieren lassen. Es gibt mehrere Größen zur Auswahl, zu denen jeweils unterschiedlich starke Pumpen gehören. So läßt sich zum Beispiel Pool A in 2 Stunden auffüllen. Bei Pool B dauert das Füllen lediglich 1 Stunde. Man teilt Herrn Ratlos noch mit, daß das Leerlaufen des Bassins aufgrund des angepaßten Querschnittes seines jeweiligen Ausflusses in jedem Fall 40 Minuten beträgt.

Herr Ratlos, auf maximales Schwimmvergnügen aus, bestellt sich den größeren Pool B mit zugehöriger Pumpe und zusätzlich eine Pumpe, wie sie zu Pool A gehört. Diese habe 40% der Stärke von Pumpe B. Um die Effizienz und den Wahrheitsgehalt der Verkäuferinformation zu testen, beschließt er, die Pumpen auszuprobieren. Aus Rationalisierungsgründen läßt er beide Pumpen bei geöffnetem Ausfluß voll laufen und mißt die Zeit, bis der Pool aufgefüllt ist. Hat er das richtig gemacht ?

In welcher Zeit müßte der Pool voll aufgefüllt sein, wenn die zugesagten Parameter tatsächlich stimmen ?

91.) der Wasserdruck

Stellen sie sich eine normale Konservendose vor, zum Beispiel eine solche mit Ananasstückchen. Nehmen wir an, die Dose sei etwa 12 Zentimeter hoch, dann faßt sie ungefähr 850 ml. Öffnen Sie sie und verspeisen Sie den Inhalt. Wenn Sie dann noch auf ein Rätsel Lust haben, bohren oder stoßen Sie drei gleichgroße Löcher untereinander in die Dosenwand, und zwar auf den Höhen 2 cm, 5 cm und 8 cm über dem Boden.

Füllen Sie die Dose randvoll mit Wasser, während Sie die Öffnungen zuhalten und stellen Sie sie dann gerade hin. Lassen Sie dann plötzlich los und beobachten.

Sagen Sie bereits an dieser Stelle voraus, welcher der drei Wasserstrahlen wohl am weitesten herausspritzen wird.

Begründen Sie Ihre Antwort.

92.) ein Mathegenie

Robert Ratlos tut sich im Mathematikunterricht sehr hervor. Er behauptet kühn, zwei Zahlen zu kennen, deren Summe genau so groß wie das Produkt beider sei. „Das kann es gar nicht geben" kontert Egon Exponent. Als Robert der Klasse beweist, daß 2 + 2 genausoviel ergibt wie 2 * 2, kehrt zunächst Stille ein. „Das gilt nicht", wendet dann Wolfgang Würfel ein, „das sind ja zwei gleiche Zahlen". Doch als Robert zwei andere, nicht gleiche Lösungen nennt, weiß keiner mehr etwas dagegen zu sagen.
Nehmen wir an, die eine Zahl sei die 3 gewesen. Welche korrespondierende Angabe steht für die zweite Lösung ?
Um zu sehen, ob Sie die Aufgabe tatsächlich völlig durchschaut haben, nennen Sie bitte noch die zugehörige zweite Lösung für den Fall, daß die erste Zahl 10.000 (zehntausend) beträgt.

93.) wer A sagt, muß auch B sagen

Robert Ratlos stellt seinen Klassenkameraden in der nächsten Stunde noch etwas Ungewöhnliches vor. Er zeigt zunächst auf, das 2 *hoch* 2 Vier ergibt, genau wie 2 *mal* 2. Hier sind also <u>Produkt</u> und <u>Potenz</u> identisch. Sie ahnen es schon; nennen Sie zwei andere, ungleiche Zahlen, für die gilt, daß deren Potenz und Produkt den gleichen Wert ergeben, nach folgender Formel:

$$a * b = a^b$$

94.) ...höhere Mathematik

In der Schulklasse herrscht Verwirrung. Die einen sagen, das geht gar nicht. Die anderen sind unsicher. Einige meinen, es gibt eine Lösung. Was ist geschehen? Herbert Hyperbel hat eine neue Aufgabe gestellt. Er sagt, wenn a+b gleich a*b sein kann, dann müsse auch a - b = a : b möglich sein.
Helfen Sie da mal eben; setzen Sie a = 2 und verraten Sie den Schülern die zweite Lösung.

95.) das Produkt

In der Schule geschehen verrückte Dinge. Jeder denkt sich neue Aufgaben aus, und keiner der Schüler weiß, ob diese Aufgaben überhaupt lösbar sind. Peter Parabel schlägt zum Beispiel vor, man könne ja mal die Zahl 14 in zwei Summanden zerlegen, deren Produkt ebenfalls 14 ergibt. Auf die Konterfrage, ob das überhaupt ginge, antwortet Marion Mantisse, das hätte man ja schon bei einer der zurückliegenden Fragestellungen gesehen. Hier müssen Sie schon wieder helfen. Teilen Sie 14 in zwei Teile, so daß Summe und Produkt der beiden Zahlen identisch sind.

96.) das unmögliche Produkt

Die Schulklasse von Robert Ratlos ist außer Rand und Band. Eben hat man gesehen, daß 14 in zwei Teile zerlegt werden kann, deren Produkt auch 14 ergibt. „Macht mal 49" draus, ruft Albert Abszisse in die Runde, „ist doch langweilig - 7 mal 7" entgegnet Egon Exponent spontan, „aber versucht es mal mit 50!". Da kehrt Stille ein. Sollte das möglich sein? Eifrig beginnen die Schüler zu rechnen. Und Sie ahnen es schon wieder. Überlegen Sie sich, was die Schüler zu Papier gebracht haben. Könnte das Produkt zweier Summanden von 14 auch Zehntausend ergeben ?

97.) da geht manchem ein Licht auf

Karla Komplexa ist mit ihrer Familie umgezogen. Auf dem Dachboden gibt es drei Lampen, für die drei Sicherungen verantwortlich sind, die sich allerdings im Keller befinden. Leider ist die Beschriftung unleserlich geworden. Karla hat natürlich keine Lust, einen Schalter nach dem anderen auszuprobieren und dreimal auf den Boden zu klettern, um zu schauen, welche Lampe jeweils brennt. Sie überlegt, wie sie es mit *einem* Mal schaffen kann- und das ist hier die Aufgabe. Man nehme also irgendeine Schaltung vor, so daß man nach einigen Minuten auf dem Dachboden die Zuordnung ermitteln kann.

98.) eine kleine Umformung

Das Rechnen mit Potenzen führt immer einmal wieder zu kleinen Überraschungen. Leicht lassen sich Ausdrücke mit gleicher Basis multiplizieren, denn die Exponenten werden dabei nur addiert. So ist 10^{17} mal $10^{18} = 10^{35}$.

Wie aber verhält es sich beim Addieren? Können Sie einen Ausdruck angeben für

a) $10^{17} + 10^{18}$

b) $5^{17} + 5^{18}$

c) $4^{16} + 4^{18}$?

99.) Etwas Seltenes: Ungerade und abundant

Gerade Zahlen haben oft viele Teiler. Die Summe aller Teiler übersteigt die Ursprungszahl häufig erheblich. Solche Zahlen nennt man *abundant.* Alle ungeraden Zahlen unter 1000 haben nicht soviele Teiler, als daß deren Summe größer wäre als die Ursprungszahl (man nennt diese Zahlen defizient) - mit einer Ausnahme. Welches ist die erste ungerade, nicht defiziente Zahl ? Da man das nur durch Probieren herausfinden kann, will ich den Bereich etwas eingrenzen. Die gesuchte Zahl liegt zwischen 900 und 999 und hat eine Quersumme, die durch 3 teilbar ist.

100.) befreundete Zahlen

Man nennt zwei Zahlen befreundet, wenn jede der Zahlen gleich der Summe der Teiler der anderen ist. Das ist ein ganz seltenes Ereignis. Hier soll das kleinste Zahlenpaar im Folgenden herausgefunden werden. Beide Partner liegen in dem Bereich zwischen 200 und 300. Wie bisher schon bekannt, muß eine der Zahlen abundant sein, d.h. es handelt sich um eine gerade Zahl. Der Einfachheit halber sei erwähnt, daß die andere Zahl auch gerade ist. Kommen Sie drauf ? Bereits Pythagoras soll dieses Zahlenpaar gekannt haben. Später wurde auch eine Regel gefunden, mit der man solche Paare ausfindig machen kann. Diese stammt von dem Mathematiker *Thabit ibn Qurra*. Man suche eine Zahl n und setze sie in die folgenden drei Formeln ein:

$$a = 3 * 2^n - 1 \qquad b = 3 * 2^{n-1} - 1 \qquad c = 9 * 2^{} - 1$$

Wenn alle drei Ausdrücke prim werden, dann bilden die Zahlen

$$2^n * a * b \quad \text{und} \quad 2^n * c \quad \text{ein Paar befreundeter Zahlen.}$$

Ein weiteres Beispiel für befreundete Zahlen sind 2620 und 2924. Benutzt man die o.a. Formel und setzt 4 ein, kommt man auf 17.296 und 18.416.

Die nächste Zahl, die die Kriterien erfüllt, ist die 7 und führt zu den befreundeten Zahlen 9.363.584 und 9.437.056, die 1638 von Descartes gefunden wurden. Können Sie sich vorstellen, daß bis heute etwas mehr als 1000 Paare (!) befreundeter Zahlen bekannt geworden sind? Eines der größten Paare unter ihnen hat 2 Zahlen mit je 152 Dezimalstellen und schreibt sich etwa so:

$$3^4 * 5 * 11 * 5281^{19} * 29 * 89 \, (2 * 1291 * 5281^{19} - 1)$$

und

$$3^4 * 5 * 11 * 5281^{19} \, (2^3 * 3^3 * 5^2 * 1291 * 5281^{19} - 1)$$

101.) eine *starke* Zahl

Es gibt tatsächlich starke Zahlen; genaugenommen nennt man sie *stark zusammengesetzte* Zahlen. Dieser Begriff wurde von dem berühmten Mathematiker **Ramanujan** geprägt. Man versteht darunter Zahlen, die erstmals einen Maximalwert für die Anzahl ihrer Teiler besitzen. Die maximale Anzahl möglicher Teiler bei Zahlen unter 100 ist zwölf. Die erste Zahl mit 12 Teilern (einschließlich ihrer selbst) ist die 60. Eine Zahl mit 13 oder 14 Teilern gibt es nicht, denn als Nächste erscheint die 120 auf der Liste, und diese hat gleich 4 Teiler mehr als 60 und damit sechzehn. Wie geht die Folge weiter - welches sind die nächsten stark zusammengesetzten Zahlen und wieviele Teiler haben sie ?

102.) Einhundert

Wie kann man aus den Ziffern 1 bis 9 genau 100 machen, wenn man sie durch normale Operatoren einschließlich der Klammern verbinden darf ? Es gibt mehrere Lösungen. Versuchen Sie eine zu finden, die mit möglichst wenig Operatoren auskommt.

103.) 400

Im Mathematikunterricht hat der Lehrer einige Kuriositäten für seine Schüler parat. So ist die Zahl 371 beispielsweise gleich der Summe der Kuben ihrer Ziffern, also $3^3 + 7^3 + 1^3$, die Summe ergibt $27 + 343 + 1 = 371$. Trifft das ebenfalls für 370 zu - was meinen Sie ? Und wie sieht es mit 407 aus ?

Die Aufgabe besteht aber darin, die Zahl 400 als Summe verschiedener Potenzen ein- und derselben Zahl darzustellen.

104.) Kuriositäten

Sie ahnen gar nicht, was es alles gibt. In der Schulklasse ist gerade von *multiplikativer Beharrlichkeit* die Rede.

Man nehme irgendeine mehrstellige Zahl und multipliziere deren Ziffern miteinander. Dann ergibt sich eine neue Zahl. Mit dieser macht man das genauso und so weiter, bis man auf eine einstellige Ziffer kommt, die übrigbleibt. Bei 111 z.B. geht das schnell- schwupps ergibt sich die 3 und die Sache ist zu Ende. Die multiplikative Beharrlichkeit ist hier 1, weil man nach 1 Vorgang schon fertig ist. Wie siehts aus bei der 72 ? Sieben mal zwei ist 14, dann 4 , und Schluß. Wir brauchen 2 Schritte. Die Zahl 246 benötigt schon 3 Schritte bis zum Ende der Angelegenheit, nämlich 48, 32 und 6. Ich liefere Ihnen gern auch einen Vierer, wenn Sie möchten, z.B. 557: 175, 35, 15 und 5. Sie sollen jetzt aber die erste Zahl finden, deren multiplikative Beharrlichkeit gleich 5 ist. Können Sie auch eine Zahl für 6 Schritte finden? Alles Weitere bleibt Ihnen selbst überlassen. Viel Spaß beim Ausprobieren.

105.) 1634 et altri

Diese Zahl läßt sich schreiben als Summe aller ihrer in einer bestimmten Potenz stehender Ziffern, also $1^n+6^n+3^n+4^n$. Gleiches gilt für die Zahl 8208. Finden Sie jeweils **n** heraus. Solche Zufälligkeiten im Bereich noch kleiner Zahlen kommen ab und an vor und stellen ein relativ seltenes Ereignis dar. Noch seltener ist der folgende Fall: 145 ergibt sich als Summe aus den einzelnen Fakultäten ihrer Ziffern, 1! + 4! + 5! . Die einzige andere Zahl, die sich so darstellen läßt, ist - abgesehen von den trivialen Lösungen 1 und 2 - die Zahl 40585. Dies wurde erst im Jahr 1966 herausgefunden.

106.) ein einmaliges Ereignis

Es gibt noch andere Ereignisse, die so selten sind, daß wir sie niemals wieder erleben werden. Da ist zum Beispiel das Jahr 1999. Gegen Ende dieses Jahres schrieb man ein Datum, daß als das Letzte seiner Art für Jahrhunderte keine Wiederholung haben wird. Was war das Besondere am 19. November 1999 ?

107.) auffällige Primzahlen

Es gibt unendlich viele Primzahlen, die bis auf die 2 naturgemäß allesamt ungerade sind. Auf die ersten Hundert Zahlen kommen 25 Primzahlen, auf die ersten Tausend Zahlen zusammen 144.
Die erste nach Hundert ist die 101, eine palindromische Primzahl. Wie sieht es aus mit 1001 ? Sie ergibt sich aus 7 * 11 * 13 .
Und wie verhält es sich mit 10001 ? Ich verrate Ihnen, daß dies keine Primzahl ist; sie hat genau 2 Faktoren, von denen einer zweistellig und der andere dreistellig ist. Die beiden Zahlen bestehen nur aus den Ziffern 1, 3 und 7. Welche sind es ?

Wollen Sie noch weitermachen mit 100001? Auch diese Zahl hat zwei Faktoren, von dcnen einer zwischen 10 und 20 liegt.
Wie würden Sie vorgehen, um die Zahl *Eine Million und eins* auf Faktoren bzw. Primzahleigenschaft zu prüfen?

108.) Der Staubsaugervertreter

Man kann sich ja nicht immer alle Vertreter vom Leibe halten, und es gibt ja auch nette unter ihnen. Aber ausgerechnet an einem schönen Frühlingstag, wenn man seine Ruhe haben will... Als es an diesem Tag an der Haustür klingelte, öffnete Olga Ordinate die Tür und sah einen Staubsaugervertreter vor sich. „Gestatten, Putzefix", sagte er und begann geschwind, die Vorteile seines Schmutzfix- Systemes vorzustellen. Doch die Mutter unterbrach ihn rasch dabei und kündigte an, nur dann einen Staubsauger kaufen zu wollen, wenn der Vertreter die Alter ihrer drei Töchter herausfinden könne. Dazu gab sie ihm zwei Informationen.
„Das Produkt der drei Alter meiner Töchter ist 36", begann sie. „Und die Summe der drei Alter ergibt unsere Hausnummer". Bums, war die Haustür zu und der Vertreter sich selbst überlassen. Er setzte sich, begann, etwas auf einen Zettel zu notieren und resignierte nach einiger Zeit. Ob sich die Mutter dabei etwas gedacht hat, fragte er sich. Er klingelte nochmals und sagte „Also verzeihen Sie, das geht doch gar nicht, da fehlt doch etwas!".
„Oh, Entschuldigung", entgegnete die Mutter daraufhin, „Sie haben ja Recht. Ich hatte vergessen zu erwähnen, daß meine älteste Tochter neulich bei dem Gewitter fast einen Dachziegel auf den Kopf bekommen hätte". „Das ist ja interessant", rief der Vertreter aus, „dann habe ich es ja jetzt!" Und er nannte flugs die drei Alter der drei Töchter.
Ihre Aufgabe ist es, sich in die Gestalt des Vertreters zu versetzen und die drei Alter herauszufinden.

Während Sie überlegen, muß unbedingt noch erzählt werden, daß der Vertreter natürlich seinen Staubsauger verkaufen konnte. Bei einem anschließenden gemeinsamen Kaffeestündchen fanden Frau Ordinate, die unlängst geschieden worden war, und der Vertreter sogar Gefallen aneinander und haben, nachdem sie viele Gemeinsamkeiten bei sich feststellen konnten, sogar inzwischen geheiratet. So kann's kommen im Leben !

Ach ja, vergessen Sie nicht: Wie alt sind die drei Töchter ?

109.) Der Weinvertreter

Eines schönen Sommertages klingelt es bei Familie Fakultät an der Haustür. Der junge Felix Fakultät erscheint an der Tür und fragt den Herrn, der mit einem Köfferchen dort wartet, was er denn wohl möchte. Es stellt sich heraus, daß es sich um einen Weinvertreter handelt. „Ich kann Ihnen nichts abkaufen", sagt Felix, „ich bin erst neun, und da darf ich noch keinen Alkohol trinken". Schon erscheint auch Frau Fakultät an der Tür und erkundigt sich, worum es geht. Sie ist zwar recht angetan von dem Wein, aber zurückhaltend. Als Lehrerin versteht sie es, ein bißchen small-talk zu arrangieren. Sie bietet dem Vertreter an, etwas Wein abzunehmen, wenn er die drei Alter ihrer Töchter herausfinden könne. Dazu gibt sie ihm zwei Informationen: „Das Produkt der drei Alter meiner Töchter ist 72", beginnt sie. „Und die Summe der drei Alter ergibt unsere Hausnummer". Bums, war die Haustür zu und der Vertreter sich selbst überlassen. Er setzte sich, begann, etwas auf einen Zettel zu notieren und resignierte nach einiger Zeit.

Er mußte daher nochmals klingeln und sagte:„Also verzeihen Sie, das geht doch gar nicht, da fehlt doch etwas!".
„Oh, Entschuldigung", entgegnete die Mutter daraufhin, „Sie haben ja Recht. Ich hatte vergessen zu erwähnen, daß mein ältestes Kind neulich bei dem Gewitter fast einen Dachziegel auf den Kopf bekommen hätte"."Das ist zwar interessant", rief der Vertreter aus, „aber das nutzt mir so immer noch nichts". „Ach ja" sagte Frau Fakultät, „das jüngste Kind war mit dabei - aber sagen Sie es keinem!" „Na bitte, es geht doch!" rief dann der Vertreter und nannte sogleich die drei Alter der Töchter, woraufhin er eine ganze Kiste Rotwein verkaufen konnte !

Wie alt sind die drei Töchter ?

Nachsatz: Der Weinvertreter ist verheiratet, daher gibt es nichts weiter zu diesem Rätsel zu berichten.

110.) Position Alpha Zulu

In der Schule wird eine Erdkunde-Klassenarbeit geschrieben. Die meisten Aufgaben hat der schlaue Peter Parabel schon geschafft, da liest er folgenden Text: „Ich gehe einen Kilometer nach Süden, dann einen Kilometer nach Osten und dann einen Kilometer nach Norden - und komme wieder an meinem Ausgangspunkt an. Wo stehe ich ?"
Nach einigem Überlegen schreibt Peter seine Antwort auf. Ich nehme an, daß auch Sie diese Antwort kennen. Aber jetzt kommt's erst: Nennen Sie mir *noch einen anderen Punkt* auf der Erde, für den die beschriebene Situation gilt.

111.) die Büroklammer

Ich spekuliere darauf, daß es immer noch jemanden gibt, der dies Problem noch nicht kennt, obwohl es bereits Vielen aus der Kindheit bekannt ist.
Wie kann man es mit etwas Geschicklichkeit bewerkstelligen, in einem ganz normalen mit Leitungswasser gefüllten Trinkglas eine Büroklammer zum Schwimmen zu bringen? Auf die gleiche Weise funktioniert dies auch mit einer Rasierklinge oder mit Heftklammern. Anschließend soll der jeweilige Gegenstand auf Kommando versenkt werden, ohne ihn oder das Glas zu berühren.

112.) der Eiswürfel

Nehmen Sie ein mit Wasser gefülltes Glas und bringen Sie einen Eiswürfel hinein, möglichst so, daß die Oberfläche nicht gleich vollkommen naß wird. Dieser Eiswürfel soll nun aus dem Glas herausgenommen werden, wobei dies mit einer einzigen Büroklammer geschehen soll, ohne den Würfel mit den Fingern zu berühren. Es muß kein Riesenwürfel sein; sagen wir, es sei ein Volumen eines Zuckerwürfels von etwa 1cm^3 ausreichend.

Welche Lösungsmöglichkeit würde Ihnen hierzu einfallen ?

113) der Traum

Herr Ratlos hat einen angenehmen Traum. Er befindet sich in einer fernen Zukunft, in der es den Menschen besser geht als heute. Man beherrscht die schwierigsten Techniken und hat den Mars als Lebensraum erobert. Aus gewissen Gründen hat man die Erdbewegung mit der des Marses synchronisiert, sie dreht sich nunmehr andersherum. Das bringt mit sich, daß die Sonne nun im Westen auf- und im Osten untergeht. Weiter hat man nichts verändert, insbesondere nicht die Bahn der Erde um die Sonne, das wäre ein zu großes Unterfangen gewesen.

Sie sind aufgefordert zu überlegen, wie sich dieser Zustand auf die Zahl der Tage eines Jahres auswirkt. Bleibt die Anzahl der Tage unverändert - oder werden es mehr oder weniger ?

Zweitens sollen Sie einen Vorschlag machen, wie man einen Zustand gestalten könnte, der dazu führt, daß während eines ganzen Jahres nur ein einziger Tag vergeht.

114.) eine ganz normale Frage

Wieviele Monate im Jahr haben 28 Tage ?
Die Beantwortung dieser Frage sollte Ihnen keine besonderen Schwierigkeiten bereiten, sie entspricht dem Niveau von Dritt- bis Viertkläßlern..

115.) Sprachprobleme

Wir Deutschen haben neben den gewöhnlichen Vokalen noch einige zusätzliche *Umlaute,* die wir wie selbstverständlich auch in unsere Zahlenbegriffe aufgenommen haben. Das machts es richtig schwierig für Ausländer, deutsche Zahlbegriffe zu lernen.
Denken Sie mal scharf nach und beantworten Sie folgende Frage:
Wie lautet die kleinste Zahl, in deren deutschem Namen sämtliche fünf Vokale und darüberhinaus die beiden Umlaute **ö** und **ü** vorkommen?

116.) merkwürdige Reihen

Eigentlich kann man nicht wirklich darauf kommen, wie die folgenden Reihen konstruiert werden. Es hat etwas mit Zahlen zu tun. Versuchen Sie, die nächsten Glieder zu finden.

    a) e, z, d, v, f, s, s, a, ...
    b) o, t, t, f, f, s, s, e, ...

117) merkwürdige Worte

Können Sie sich ein einsilbiges Wort vorstellen, das aus insgesamt zehn Buchstaben besteht ? Nennen Sie ein Beispiel.
Suchen Sie dann nach einem Wort, daß die Buchstabenfolge **xtkr** enthält. Wenn Sie auch das geschafft haben, finden Sie noch einen Ausdruck, der dreimal den Buchstaben „i" hintereinander enthält.
Immerhin ist solch ein Wort kürzlich in der Tageszeitung in ganz gewöhnlichem Zusammenhang mit einem Sportereignis benutzt worden.

118.) ...nicht allzu schwer.

In südlichen Ländern werden Schnaps und Wein zuweilen in größeren Glasgefäßen verkauft. Ein solcher Weinballon steht jetzt gerade auf einer Waage und zeigt 19 Kilogramm Gewicht an, dabei ist er nur halb gefüllt. In vollem Zustand beträgt sein Gewicht hingegen 35 Kilogramm.
Wie schwer ist der leere Weinballon ?

119.) fünfte Wurzeln

Es hört sich vielleicht merkwürdig an, aber man kann in kürzester Zeit, also sicher unter 1 Minute, die drei folgenden Aufgaben lösen.

a) Fünfte Wurzel aus   161051
b) Fünfte Wurzel aus   759375
c) Fünfte Wurzel aus 7962624

120.) 45 Minuten

Herr Ratlos hat von einer Aktion im großen Warenhaus gehört.
Man sucht heute nach dem ein-millionsten Kunden, der eine
Überraschungsprämie erhalten soll. Von einem Insider konnte
Herr Ratlos soeben erfahren, daß es nach etwa 45 Minuten soweit
sein müsse. Dummerweise hatte er seine Uhr vergessen und als
Hilfsmittel nur eine Schachtel Streichhölzer und zwei Kerzen zur
Verfügung. Die Kerzen würden normalerweise jeweils genau eine
Stunde brennen, jedoch nicht linear mit der Zeit, denn sie sind
wechselnd dick und dünn geformt. Man kann also nicht mitten
durchschneiden und eine halbe Stunde daraus machen.
Wie ist es Herrn Ratlos trotzdem möglich, die 45 Minuten
ziemlich genau abzupassen, so daß er noch eine Chance auf den
Gewinn bekommt ?

121.) das Urteil

Es begab sich im alten Lande von 1001 Nacht, daß der Khalif
Geburtstag hatte. Zu diesem Tage war es dort üblich, einige
Gefangene zu begnadigen oder Sklaven freizusprechen, wenn sie
schlau genug waren, eine Probe zu bestehen. Diesmal waren vier
Insassen im Gefängnis, und alle zusammen wurden von den
Dienern des Khalifen vorgeführt. Die Aufgabe bestand darin, eine
Tatsache durch logisches Denken herauszufinden, ohne zu raten.
Die vier Gefangenen mußten in der gezeigten Anordnung
Aufstellung beziehen; einer rechts und drei links von einer
undurchsichtigen Wand. Sie bekamen die Anweisung, sich nicht
nach rückwärts umdrehen zu dürfen. Dann wurden ihnen die
Augen verbunden und jeder bekam einen Hut aufgesetzt. Daß es
zwei schwarze und zwei weiße Hüte sein würden, wurde ihnen
gesagt. Auf Kommando wurden dann die Augenbinden entfernt.
Wenn einer von ihnen mit Sicherheit sagen könnte, was er für
einen Hut aufhat, dann wären alle frei. Eine falsche oder geratene
Antwort jedoch brächte alle wieder in den Kerker.

Was meinen Sie, ist passiert ?

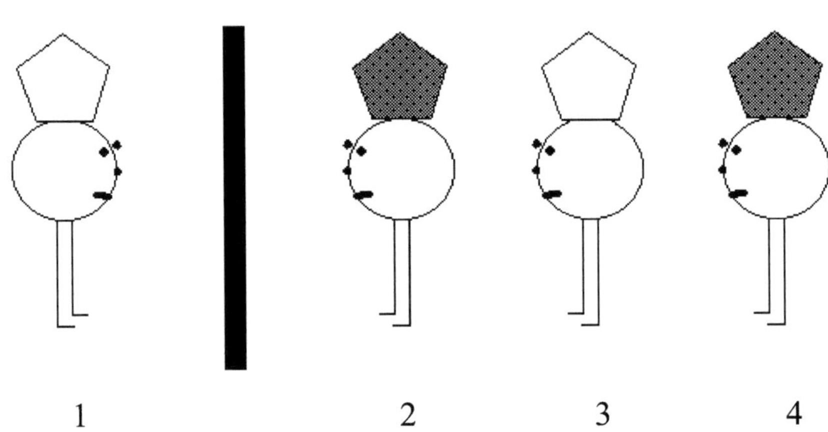

Abb. zu Aufgabe 121: Welcher der Gefangenen kann auf die
Farbe seines Hutes schließen ?

122) Das Palindrom- Datum

Eine Palindromzahl ist eine solche, die vorwärts und rückwärts gleich geschrieben wird, das Gegenstück von "otto" sozusagen. Sie gehören als Leser vermutlich zu denjenigen, die schon ein Palindrom-Datum erlebt haben. Wann war das ?

123.) die Klassenarbeit

Es steht wieder mal eine Mathematik- Arbeit an. Alle Kinder haben bereits fleißig geübt. Nachdem der Lehrer Peter Potenzius die Fragebögen verteilt hat, bemerkt er, daß eine Seite des Skriptes nicht leserlich ist - offenbar waren die Aufgaben durch Wassereinwirkung teilweise unleserlich geworden. Herr Potenzius beschließt, diese Aufgaben herauszunehmen, da er keine Zeit mehr hat, neue Kopien anzufertigen. Bei der Korrektur der Arbeiten stellt er jedoch verwundert fest, daß einige Kinder die beiden Aufgaben trotz ihrer Unleserlichkeit richtig gelöst haben. Wie war das möglich ?   Können Sie das nachvollziehen ?

a)
$$
\begin{array}{l}
4\,x\,x\,x : x\,x = 1\,x\,x \\
\underline{x\,8} \\
x\,5\,6 \\
\underline{x\,x\,x} \\
\quad x\,x\,x \\
\quad \underline{x\,x\,x} \\
\qquad 0
\end{array}
$$

b)
$$
\begin{array}{l}
x\,x\,x\,x : x\,x = x\,x\,x \\
\underline{8\,6} \\
x\,x\,x \\
\underline{8\,6} \\
x\,x\,x \\
\underline{x\,8\,x} \\
\quad 0
\end{array}
$$

124.) Vier

Hier noch eine Aufgabe zum knobeln: Stellen Sie die natürlichen Zahlen 1 bis 20 dar unter Benutzung von je 4 mal der Ziffer *vier* und bekannten Rechensymbolen, also plus, minus, mal, Bruchstrich etc. Sowas kann viel Spaß machen und erfordert Kreativität.

125.) Die Aufteilung

Für die Lösung dieser Aufgabe bedarf es eines streng logischen Denkens und guten Vorstellungsvermögens. Man muß gar nicht viel rechnen, sondern ein wenig kreativ sein.

Auf einem Kreisbogen wurde ein beliebiger Punkt P ausgewählt und von diesem aus eine gerade Linie auf irgendeinen anderen Punkt gezogen, nennen wir diesen Z_1.

Von P aus soll nun eine zweite Linie gezogen werden, auf widerum irgendeinen zufällig ausgewählten anderen Punkt des Kreisbogens, genannt Z_2.

Geben Sie die Wahrscheinlichkeit dafür an, daß die Länge der Strecke PZ_2 größer bzw. kleiner ausfallen wird als die Länge PZ_1.

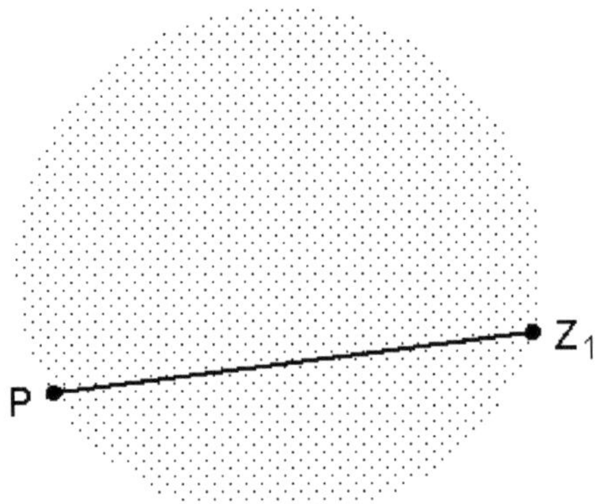

126.) Die Seerosen

An einem schönen Teich wächst seit einiger Zeit eine Seerose. Da der ansässige Angelverein seine Sommerferien begeht, hat diese ausreichend Zeit, sich zu vermehren. Innerhalb von 10 Tagen hat sie durch tägliche Verdoppelung ihrer Flächenausdehnung den gesamten See bedeckt.

Zwei Fragen kommen auf Sie zu:
1) Wann war die halbe Fläche des Sees mit der Seerose bedeckt ?
2) Wie lange würde es dauern, wenn 2 Seerosen ansässig wären ?

127.) der Quadreis

Die abgebildete Figur möchte ich als *Quadreis* bezeichnen. Das besondere an diesem Quadreis ist, daß die von dem Kreis abgeschnittenen Ecken des Quadrates mit den vom Quadrat abgeschnittenen Kreissegmenten flächengleich sind.

Für diesen Fall stehen die Kantenlänge des Quadrates *a* und der Kreisradius *r* in einer bestimmten Beziehung zueinander, nach der hier gefragt ist.

Lösen Sie die Gleichung bitte nach a auf, also a = ?

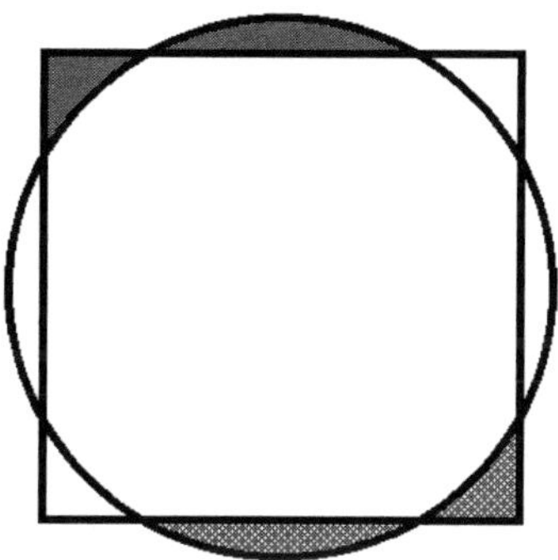

128.) Tage und Monate

Es gibt einige schöne Beispiele für ungewöhnliche Kalender, die besonders ausgeklügelt sind. Es geht einmal darum, die Beschriftung für zwei Würfel bzw. deren Flächen zu finden, mit der man alle Tagesdaten zwischen 01 und 31 darstellen kann. Dieses Problem wurde bereits in einer der bisherigen Aufgaben bei den Würfelspielen in anderem Zusammenhang gelöst.

Nun soll für drei Würfel eine Beschriftung derart ausgesucht werden, daß man damit die mit drei Buchstaben abgekürzten Namen der 12 Monate des Jahres korrekt darstellen kann. Wir nehmen hier die englische Schreibweise an, also sind folgende Namenszüge zu verwenden:

jan, feb, mar, apr, may, jun, jul, aug, sep, oct, nov, dec.

Vielleicht interessiert es Sie zu erfahren, daß diese Aufgabe bereits im Jahre 1971 gelöst wurde.

129.) Roulette

Wir betrachten ein original - französisches Roulettespiel. Es besteht aus einem grünen Filzteppich, auf dem der Spielplan aufgezeichnet ist, der bekannten Schüssel mit laufender Kugel und einer Spielanleitung. Wenn Sie auf Zahl setzen und Ihre Zahl gewinnt, bekommen Sie den 35- fachen Einsatz als Gewinn. Setzen Sie auf einen Zweier und gewinnen, beträgt die Ausschüttung noch das 17- fache Ihres Einsatzes. Die anderen Chancen sind nach unten weiter abgestaffelt.

Überlegen Sie hier einmal spontan: Wie groß ist die Wahrscheinlichkeit, einen Treffer auf Zahl bzw. auf einen Zweier zu bekommen, nach dem die Kugel zum Rollen gebracht und „rien ne va plus" erklärt wurde ?

130.) Kleinigkeiten

Bleiben wir beim Roulette. Kennen Sie die Antworten auf die folgenden, kurzen Fragen ?

a) Wie groß ist die Chance, daß ein- und dieselbe Zahl zweimal hintereinander auftritt ?

b) Welchen Gewinn gibt ein Vierer (4 Zahlen im Quadrat)?

c) Mit welcher Wahrscheinlichkeit kommt *schwarz* ?

d) Würden Sie mir glauben, daß ich vor einiger Zeit 17 malhintereinander schwarz erlebt habe ?

e) Ist es gleich, die Kombination *manque /pair /noir* oder *manque /pair /rouge* zu setzen ?

f) Wieviele Möglichkeiten gibt es, je 12 Fixzahlen zu setzen (die sogenannten Drittelchancen) ?

g) Welche Chance können Sie *nicht* setzen ?
   1-er, 2-er, 3-er, 4-er, 6-er, 9-er

h) Wieviele verschiedene 4-er Kombinationen gibt es ?

i) Woran scheitert das Spielsystem, bei dem man bei den 1- fachen Chancen jeweils den Einsatz verdoppelt ?

j) Wieviele Möglichkeiten gibt es, 1 und 2 gleichzeitig zu setzen ?

131.) die Rundfahrt

Um sich fit zu halten, fährt Herr Ratlos alle paar Tage mit seinem Sportrad eine Tour um seinen Wohnort herum, die etwa 10 km lang ist. Er benötigt dazu meist etwa 1 Stunde bei relativ gemächlicher Fahrt. In letzter Zeit wird er öfter überrundet von einem anderen sportlichen Fahrer auf demselben Weg. Dieser erzählt stolz von seiner Durchschnittsgeschwindigkeit um 20 km/h. Gehen wir mal von idealen Bedingungen aus - die Strecke betrage genau 10 km und Herr Ratlos habe eine Runde mit einer durchschnittlichen Geschwindigkeit von 10 km/h bereits hinter sich gebracht. Wie schnell muß er direkt im Anschluß eine zweite Runde fahren, um insgesamt auf die von dem anderen Sportler vorgelegten 20 km/h im Durchschnitt zu kommen ?

132.) Wüstendurchquerung

Glück im Unglück - beim Absturz eines Flugzeuges über Wüstengebiet konnten sich alle sieben Personen retten. Die Absturzstelle findet sich in der Nähe einer verlassenen Oase, und bis zur nächsten bewohnten Siedlung, bei der man Hilfe finden kann, sind es nach der letzten Positionsmeldung etwa 6 Tagesmärsche. Bei den extremen Bedingungen im Wüstenklima verbraucht ein Mensch auf einem Marsch gut 4 Liter Wasser am Tag. Das Flugzeuggepäck enthält zufällig ein Dutzend Kanister mit je 16 Liter Inhalt. Damit käme ein Mann aber nur 4 Tage weit. Wieviele Personen müßten mit voll gefüllten Kanistern losgehen, wobei davon auszugehen wäre, daß pro Person nur jeweils ein Kanister mitgenommen werden kann, damit alle überleben und zumindest einer die 6 Tage-Reise überstehen kann ?

133.) gewöhnliches Wasser

Wasser kocht bei 100 Grad Celsius, wie jedermann weiß. Wie ist es möglich, einen Liter Wasser bereits bei 88 Grad zum Kochen zu bringen?

134.) Der Tunnel

Dieses Rätsel hat etwas Gespenstisches - es geht um einen 400 Meter langen Eisenbahntunnel, der ohne Beleuchtung in einem langen Bogen verläuft, so daß man vom einen Ende das andere nicht sehen kann. Durch den Tunnel passen immer nur zwei Personen gleichzeitig, und auch nur zusammen mit einer Taschenlampe, also nur mit Licht. Vier Personen stehen auf der einen Seite des Tunnels und müssen alle hindurch.
Es handelt sich um einen Marathon- Läufer, welcher den Tunnel für sich allein in einer Minute durchlaufen könnte. Der Zweite ist ein Jogger, der immerhin 2 ganze Minuten für einen Durchlauf benötigt. Alsdann verbleiben noch ein Rentner, der 4 Minuten benötigt und zuletzt ein leicht gehbehinderter Mann, der die Strecke nach 5 Minuten bewältigt haben würde.
Allen zusammen ist eine Taschenlampe gegeben, die noch für exakt 12 Minuten Licht geben wird. Und nach 12 Minuten und wenigen Sekunden wird auch der nächste Zug Einfahrt in den Tunnel halten, und der kommt den Personen von vorn entgegen und nicht von hinten. Wie kommen die vier durch den Tunnel ?
Hat dieses Rätsel eine natürliche - oder nur eine gespenstische Lösung?

135.) das Preisausschreiben

Der Vater von Siggi Schlaumeier ist Lehrer für Sprachen in einem Gymnasium. Er erzählt seinem erwachsenen Sohn, daß für die Lösung eines Rätsels vom 12. Jahrgang ein Preis ausgesetzt worden sei. Es ginge um eine Frage. Er sagt:

"Wäre die Frage auf englisch, wäre die Antwort 40.
Wäre die Frage auf französisch, wäre die Antwort 2, 5, 10 und 100.
Und wäre die Frage auf deutsch, wäre die Antwort eins und acht."

Wie lautet die Frage ?

136.) Wasserstreit

Da sitzen die beiden Rentner in ihren Schrebergärten und streiten um die Wasserrechnung. Sie nutzen einen gemeinsamen Grundanschluß, um dessen Gebühr es geht. Jeder hat zwar für seinen Garten unterschiedlich viel Wasser verbraucht, aber die Gerundgebühr solle deshalb durch zwei geteilt werden, weil beide jeweils eine rechteckige Grundfläche mit gleichem Umfang besitzen. „Du mußt anteilig mehr bezahlen" ruft Richard Ratmeier ärgerlich aus. „Stimmt nicht" entgegnet Dietmar Damelack, „das läßt sich auch leicht nachweisen". In der Tat hat jedes Grundstück genau die gleiche Zaunlänge, das stimmt bis auf die Latte genau. Können Sie vielleicht den Streit schlichten ?

137.) schlechte Zeiten

Das Rauchen ist nicht nur gefährlich - es wird auch immer teurer. Viele Schüler sind dazu übergegangen, wie zu Großvaters Zeiten Zigarettenkippen zu sammeln. Mit einigem Geschick gelingt es immer wieder, sechs solcher Kippen zu einer richtigen Zigarette zusammenzufügen.
Mit dem deutlichen Hinweis darauf, dies nicht nachzumachen, hat Karli Kalkulus 36 Kippen gesammelt und ist dabei, diese zu verarbeiten. Wieviele Zigaretten kann er sich insgesamt aus den 36 Kippen herstellen ?

138.) natürliche Zahlen

Die Menge der natürlichen Zahlen ist die bekannteste unter allen, es handelt sich um die Reihe, die bei 1 anfängt und sich immer weiter fortsetzt. Die meisten dieser natürlichen Zahlen lassen sich darstellen als Summe einiger fortlaufender Vorgänger, z.B. ist 9 die Summe aus 4+5. Die Zahl 23 könnte man darstellen als Summe von 11+12. Die 24 ergibt sich aus 7+ 8+ 9.
Welche natürlichen Zahlen lassen sich aber *nicht* als Summe mehrerer fortlaufender Zahlen darstellen ?

139.) Das Wettschwimmen

Im Sommer gehen alle Menschen gerne einmal baden um sich zu erfrischen. Ein besonderes Vergnügen machen sich die Schüler um Robert Ratlos, in dem sie versuchen - einer schneller als der andere- einen See zu durchschwimmen. Mehrere Schüler, allen voran Fabian Flink, sind fast gleichschnell. Man beschließt, nunmehr hin- und zurückzuschwimmen, vereinbart aber aus Sicherheitsgründen eine 5- minütige Zwangspause am anderen Ufer.

Es kommt die Reihe an Konrad Kraulus und Daisy Delphin. Um die Sache interessanter zu gestalten, starten beide vom entgegengesetzten Ufer aus. Daisy ist tatsächlich etwas schneller als Konrad; auf dem Hinweg treffen sie sich 75 Meter vom nächstgelegenen Ufer entfernt. Nachdem beide ihre Pause hinter sich gelassen haben und auf dem Rückweg sind, treffen sie sich erneut 35 Meter vom anderen Ufer entfernt.

Sie werden es kaum glauben, aber die zu dieser Geschichte passende Frage lautet: Wie breit ist der See ?

140.) die Seerose

Vielleicht erinnern Sie sich an die Seerosen aus Frage 121. Nachdem die Angler aus dem Urlaub zurückgekommen sind, haben sie den Teich wieder freigelegt. Einige einzelne Seerosen ragen jetzt noch über die Wasseroberfläche hinaus.

Volker Vieleck sitzt mit seinem Vater angelnd in einem Boot auf dem See, als das Wetter sich verschlechtert und Wind aufkommt. Die Seerosen wiegen hin- und her. Eine von ihnen fällt den beiden besonders auf. Bei Windstille hatte sie ihre Blüte eben noch 10 cm über das Wasser getragen, jetzt beugt sie sich der Böe, und die Blüte liegt genau 40 cm seitlich dem Wasser auf.

„Wir sollten ein Stück weiter zur Mitte fahren" sagt Volker in dem Moment, „hier werden wir nichts fangen". Auf die Frage nach dem warum antwortet er: „Der See ist hier nicht tief genug."

Sagen Sie mal: Wie tief ist es denn an der Stelle ?

141.) Die Schafherde

In der Schule wird der Unterricht heute ganz naturnah gestaltet. Der Lehrer berichtet von seinen beiden Onkeln, denen einmal eine Schafherde gehört habe. Als die Zeiten schlechter wurden und dazu noch einige Tiere erkrankten, überlegten sie sich, die ganze Herde zu verkaufen. Nach einigem Hin- und Her hatten sie tatsächlich einen Käufer gefunden, der bereit war, die von den beiden gewünschte Summe so ungefähr zu bezahlen. Es war aber nicht ganz soviel, wie sie erhofft hatten. Der Käufer hatte ein bißchen gehandelt und dann die Summe in kleinen Scheinen und Geldstücken bezahlt. Da lag nun der ganze Haufen und es dauerte eine Weile, bis man das nachgezählt hatte. Der eine Onkel stellte anhand der Summe fest, daß zufällig für jedes Schaf genausoviel Euro bezahlt worden waren, wie der Anzahl Tiere in der Herde entsprach. Um nicht alle 10 Eur- Scheine nochmals zur Kontrolle und wegen der Aufteilung zählen zu müssen, beschlossen die Brüder, sich jeweils zu gleichen Teilen an dem Haufen Geld zu bedienen. Einer fing an und nahm sich einen 10 Eur- Schein. Der andere nahm den zweiten Schein. Dann nahm sich wieder der erste Bruder einen Schein und so weiter, bis alle Scheine aufgeteilt waren und nur noch ein paar 1 Eur- Stücke vor ihnen lagen, als der zweite Bruder an der Reihe war. Da sagte der erste: „Du bist nochmal dran; statt einem 10 Eur-Schein kannst Du die Euro-Stücke nehmen, und ich stelle Dir dann über die Differenz einen Scheck aus." „Abgemacht" erwiderte der Bruder. Und nun sagen Sie mal: Auf welche Summe lautet dieser Scheck ?

142.) merkwürdige Edelsteine

Frau Oktaeder bekommt von ihrem Mann einen Edelstein zum Geburtstag geschenkt. Er sagt: „Dieser Stein wiegt 100 Gramm minus die Hälfte seines Gewichts." Was wiegt er wirklich ?
Frau Ikosaeder erhält ebenfalls ein wertvolles Geschenk von ihrem Ehemann. „Dieser Stein wiegt 100 Gramm geteilt durch die Hälfte seines Gewichtes". Was wird er tatsächlich wiegen ?

143.) Die Wanduhr

Früher hatte fast jeder so eine Uhr an der Wand. Dunkelbraunes Holzgehäuse von gut 70 Zentimeter Länge, langes goldfarbenes Pendel innendrin und anbei ein großer Schlüssel zum Aufziehen des federgetriebenen Laufwerkes und des klingenden Läutwerkes. Den ganzen Tag hörte man das beruhigende und behäbige Tick-tack wie einen ständigen Lebensbegleiter. Zu jeder vollen Stunde ertönte der Gong, bis zu 12 mal, natürlich auch nachts.
Stellen wir uns einmal eine moderne elektronische Uhr vor ohne Tick-tack, aber mit Gong. Der Gong tönt ein wenig dumpf, weil er keinen Nachhall haben soll und daher „abgefedert" ist. Wenn dieses Zeitmeßinstrument 6 Uhr schlägt, macht es sechs mal gong. Vom ersten bis zum sechsten Gong dauert das genau 30 Sekunden. Sie sollen jetzt herausfinden, wie lange es wohl dauern wird, wenn es um Mitternacht, also zur Geisterstunde, 12 Uhr schlägt.

144.) die beiden Läufer

Thomas Tangente und Siggi Sekante sind beide gute und schnelle Läufer. Meist siegt bei kurzer Strecke aber der Siggi, weil er schneller im Anlauf ist. Um sich einmal auf längerer Strecke zu messen, vereinbaren die beiden, den Anlauf aus der Wertung zu nehmen. Sie suchen sich eine längere Strecke von 500 Metern aus, auf der sich alle 25 Meter eine Fahne zur Markierung befindet mit Beginn am Anfang der zu wertenden Rennstrecke. Der Anlauf soll dann 25 Meter vor diesem Punkt erfolgen, so daß beide Läufer beim Passieren des Anfangspunktes bereits ihre höchstmögliche bzw. ihre gewünschte Laufgeschwindigkeit haben. Auf Kommando laufen also beide los. Sobald sie den Anfangspunkt erreicht haben, beginnt die jeweilige Wertung, und die Zeitmessung wird gestartet. Siggi hat einen guten Anlauf und erreicht genau 8,4 Sekunden nach Beginn der Zeitmessung die dritte Strecken- Fahne. Wann erreicht er dann, gleichbleibende Geschwindigkeit vorausgesetzt, die letzte Fahne am Ziel nach 500 Metern ?

145.) Eine ganz dumme Sache

Wieder sind die Gefängnisse des Khalifen überfüllt und es droht der Ausbruch von Krankheiten. Die Nahrung, so wenig man auch den Eingeschlossenen gibt, ist knapp und teuer. Da beschließt der Khalif, sich auf raffinierte Weise mehrerer Gefangener zu entledigen. Man sucht nach Freiwilligen und bietet ihnen ein Schicksalsspiel an. Es soll ein Losziehen veranstaltet werden, für jeden Gefangenen werden zwei Lose vorbereitet, die jeweils mit großen Lettern *Tod* und *Leben* beschriftet werden. Wer Glück habe, der würde begnadigt, im anderen Fall aber hingerichtet.

Doch der Khalif ist heimtückisch. Nachdem einem Gefangenen die Lose gezeigt worden waren, ließ er heimlich und schnell das Glückslos verschwinden und gegen ein zweites Todeslos austauschen.

Die Sache lief gut, aus Sicht des Khalifen, und die Zahl der zu versorgenden Gefangenen verringerte sich. Da aber keiner von ihnen zurückkam, begannen die Verbliebenen zu ahnen, was da vorging. Einer von ihnen faßte daraufhin einen Entschluß und überlistete den Khalifen. Er wurde tatsächlich freigesprochen.

Wenn <u>Sie</u> das gewesen wären, was hätten Sie getan ?

146.) Mathetest

Die Schulklasse von Robert Ratlos bekommt ohne vorherige Ankündigung einen Mathetest aufgebrummt. Der Lehrer verlangt von den Schülern, einzelne Zahlen den ihnen entsprechenden Symbolen zuzuordnen. Prüfen Sie, wie weit Ihre Kenntnisse gehen. Können Sie die multiple-choice- Aufgabe lösen ?

1)	π	a)	-1
2)	$\sqrt{3}$	b)	1,414.213.562
3)	$\ln 10$	c)	1,732.050.807
4)	$\sqrt{2}$	d)	2,302.585.092
5)	$e^{i\pi}$	e)	2,718.281.828
6)	$\sqrt{10}$	f)	3,141.592.653
7)	e	g)	3,162.277.660

147.) „Multi-kulti-soziorell"

Ich erhielt vor einiger Zeit ein Fax mit einer Rätselaufgabe. Zunächst stand da: „Gehörst Du zu den 2% der intelligentesten Personen auf der Welt?" Nun - das scheint *nicht* das eigentliche Rätsel gewesen zu sein, denn es ging weiter im Text: „Es gibt keinen Trick bei diesem Rätsel, nur pure Logik. Also viel Glück und nicht aufgeben."

Obwohl dann eine Anzahl verschachtelter Angaben folgte und die ganze Sache zu den Rätseln zu gehören schien, von denen ich eingangs als Langweiler berichtet habe, fand ich die Aufgabe letztlich interessant. Würde ich sie lösen können - man möchte ja zu den 2% gehören, Sie wissen schon. Außerdem war das Fax von meiner *schlauen* Schwester geschickt worden, um mich anzustacheln, und mein Neffe wollte auch miträtseln. Kurzum: Die Aufgabe erreichte mich um 11.40 Uhr. Gegen 12.13 Uhr konnte ich die Lösung zurückfaxen.

Nehmen Sie die Wette an ?

Bei dem Rätsel geht es um die richtige Zuordnung gewisser Attribute. Erklärend wird hinzugefügt, daß es insgesamt fünf Häuser in je einer anderen Farbe gibt, in denen je eine Person unterschiedlicher Nationalität lebt. Jede Person bevorzugt sowohl eine bestimmte Zigarettenmarke als auch ein bestimmtes Getränk und hält ein bestimmtes Haustier. Es folgt eine Reihe von Informationen, die die relativen Gegebenheiten untereinander beleuchten und die Zuordnung erleichtern helfen bzw. überhaupt erst möglich machen.

Die eigentliche Frage lautet anschließend schlicht und einfach, und wenn Sie wollen, mit Zeitvorgabe von 35 Minuten:

Wem gehört der *Hase* ?

Die Hinweise :

⊗ 1   Der Brite lebt im roten Haus
⊗ 2   Der Schwede hält einen Hund
⊗ 3   Der Däne trinkt gern Tee.
⊗ 4   Das grüne Haus steht links vom weißen Haus.
⊗ 5   Der Besitzer des grünen Hauses trinkt Kaffee.
⊗ 6   Die Person, die Pall Mall raucht, hält einen Vogel.
⊗ 7   Der Mann, der im mittleren Haus wohnt, trinkt Milch
⊗ 8   Der Winfield- Raucher trinkt gerne Bier.
⊗ 9   Der Besitzer des gelben Hauses raucht Dunhill.
⊗ 10   Der Norweger wohnt im ersten Haus.
⊗ 11   Der Marlboro-Raucher wohnt neben dem Katzenhalter.
⊗ 12   Der Mann mit Pferd wohnt neben dem Dunhill -Raucher.
⊗ 13   Der Norweger wohnt neben dem blauen Haus.
⊗ 14   Der Deutsche raucht Rothmann's.
⊗ 15   Der Nachbar des Marlboro- Rauchers trinkt Wasser.

148.) Lagerfeuer

In den Ferien nimmt die Schulklasse mit Robert Ratlos und seinen Kameraden ihre Aufgabe als Pfadfindergruppe wahr. Abends soll nach getaner Arbeit ein großes Lagerfeuer angefacht werden und jeder soll ein paar Pellkartoffeln bekommen, die über dem Feuer gegart werden können. Einige von den Jungens wollen aber lieber in dem warmem Wasser des benachbarten Sees schwimmen gehen.

Als man den Korb mit den Kartoffeln herbeiholte, stellte man fest, daß über die 3 für jeden vorgesehenen Kartoffeln hinaus noch   2 Stück übrig waren. Daraufhin erklärten sich die drei Möchtegern- Schwimmer bereit, doch am Lagerfeuer teilzunehmen, immerhin würden dann auf jeden Teilnehmer noch genau 2 Kartoffeln kommen.

Wieviele Teilnehmer hatte das Lagerfeuer dann letztlich ?

149.) der alte Professor

Nach einer seiner letzten Vorlesungen wurde ein Mathematik-Professor von einem von der ausgezeichneten Darbietung der Materie begeisterten Studenten gefragt, wieviele Jahre er für das Aneignen seines Wissens gebraucht habe. „Nun, als ich so alt war wie mein Sohn -vor 36 Jahren- wußte ich selbst noch nicht, wie lange das dauern würde" sprach dieser. „Inzwischen habe ich einen Enkel, der noch um 24 Jahre jünger ist als mein Sohn. Zusammen sind mein Enkel und ich 76 Jahre alt."
Wie alt ist der Professor ?

150.) das Schwimmbecken

Herr Ratlos hat sich im Garten ein quadratisches Schwimmbecken gebaut. Dessen Seitenlänge mißt genau 20 Meter; damit ist es recht groß ausgefallen. Wenn die Kinder im Wasser herumtollen, spritzen jedesmal die Fenster des nahe gelegenen Hauses naß und müssen später geputzt werden. „Kannst Du das Ding nicht verkleinern?" fragt Frau Ratlos ärgerlich. Um dessen Abmessungen zu verringern, wäre normalerweise ein Maßband erforderlich, doch steht nur noch eine Wäscheleine von exakt 10 Metern Länge zur Verfügung. „Das paßt ja wunderbar" sagt Herr Ratlos, „damit kann ich das Becken genau um die Hälfte verkleinert abmessen".
Nun sagen Sie mal, wie er das gemacht hat ?
Das Becken hat offensichtlich exakt 400m² Fläche bei je 20m Seitenlänge. Wie kann man die Fläche auf 200 m² reduzieren und dann noch quadratisch machen, wenn man nur eine Leine von 10 m Länge besitzt - schließlich ergeben sich doch „krumme" Werte für die neue Kantenlänge ?

Man überlege sich auch den entgegengesetzten Fall:

Wie ist es möglich, aus einem quadratischen Becken von 20m Kantenlänge mit nur einer Wäscheleine von 10m Länge ein flächenmäßig genau doppelt so großes, widerum quadratisches Becken abzumessen, ohne Meter und Zentimeter abzulesen ?

151.) ein paar Buchstabenrätsel

Zahlen- und Buchstabenreihen erfreuen sich wachsender Beliebtheit und sind regelmäßig auch Bestandteile von IQ- Tests. Ich möchte hier nicht die banalen arithmetischen oder geometrischen Reihen thematisieren, sondern eine Stufe weiter beginnen.
Was würden Sie zum Beispiel als Lösung für die folgenden Reihen vorschlagen? Um zeitintensive Überlegungen zu ersparen, gebe ich vorab den Hinweis, daß man die Zahlen in Buchstaben umwandeln und dann eine gewisse Bedeutung erkennen soll.

a) 13, 4, 13, 4, 6 ,19, ?   [M D M D F S ?]
b) 13, 9, 20, 14, 20, ?, 7,   [M I T N T ? G]
c) 10, 6, 13, 1,13,10,10, 1,19,15,14 ? [J F M A M J J A S O N]
d) 26, 14, 1, 19,19, 6, 22, 4, 26, ?   [Z N A S S F V D Z ?]

Die Muster sind eigentlich relativ leicht zu erkennen. Ein Hinweis steckt sozusagen schon in den Aufgaben selbst. Bevor Sie in den Antworten nachschauen, sollten Sie hier 2 bis 3 Lösungen eigenständig gefunden haben.

Schwieriger ist schon

e) 26, 4, 6, 19, 5, 4, ?   [Z D F S E D ?]

Die beiden Folgenden gehören zusammen; eine Reihe strebt sozusagen nach unten und die andere nach oben. Und nach jeweils drei weiteren Gliedern enden sie beide.

f) M M N P F ?
g) K M G T P ?

152.) Rundreise über Stock und Stein

Welche Ziffer gehört in den unteren Sektor ?

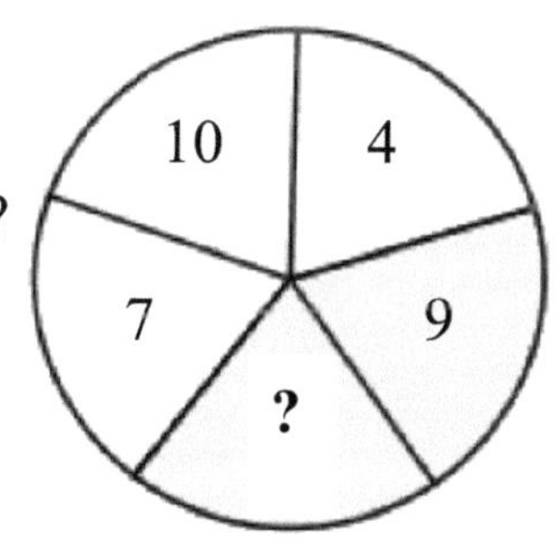

153.) Binomische Formeln - einmal anders

Wer es in der Schule bis zu den binomischen Formeln geschafft hatte, dem wird es nicht sonderlich schwerfallen, diese drei Formeln hier zunächst als Intro zu rekapitulieren.

1.) $(a+b) * (a+b) = a^2 + 2ab + b^2$

2.) $(a+b) * (a-b) = a^2 - b^2$

3.) $(a-b) * (a-b) = a^2 - 2ab + b^2$

Wie müßte eine 4. binomische Formel lauten, bei der das Ergebnis hieße:

$$a^2 + b^2 \quad ?$$

(Es ist ein kleines Hilfsmittel nötig, um dies Ergebnis darstellen zu können)

154.) Nummer 3 ist wahr

Es sind 5 Aussagen gegeben. Nehmen wir an daß nur <u>Aussage 3 richtig</u> sei. Alle anderen Aussagen sollen falsch sein.

Welche Lösung hat die Aufgabe ?

1. Die Zahl ist eine Primzahl

2. Die Zahl ist gerade

3. Die Zahl ist kleiner als die Anzahl Karten in einem Rommee- Blatt (52 Karten.)

4. Die Zahl ist größer als die Anzahl der Tage von 10 Wochen

5. Die Summe ihrer zwei Ziffern ist nicht 14

155.) drei Würfel mit Problemen

In Aufgabe 37 bestand die Frage, wie man zwei Würfel beschriften muß, so daß sich die Augenzahlen von 1 bis 12 mit gleicher Chance erwürfeln lassen.

Wie müssen nun <u>drei</u> Würfel bepunktet werden, damit die Zahlen von 1 bis 12 mit gleicher Wahrscheinlichkeit gewürfelt werden ? Die Aufgabe hat wieder mehrere Lösungen; auf wieviele davon kommen Sie ohne Tips ?

Stellen Sie sich dann vor, sie wollten die Zahlen von 1 bis 18 mit diesen drei Würfeln in gleicher Weise erzeugen. Auch hier gibt es mehrere Lösungen, und die Gedankengänge sind recht interessant.

156.) Ein Satz aus Griechenland ?

Welche Bedeutung könnte der folgende Satz haben :

" May I have a large container of coffee right now, please? "

Dabei kommt es weniger auf den Inhalt an. Es gibt eher einen mathematischen Sinn, und man sollte etwas um-die-Ecke-denken.

157.) ein Buchstabenrätsel

Welcher Buchstabe setzt die Reihe fort ?

A E F H I K L ?

Hier kommt es nicht auf die Umformung in Zahlen an, und es gibt auch keinen mathematischen Algorithmus. Suchen Sie nach morphologischen Kriterien.

158.) Oft, selten, nie

"Ein Lehrer sieht es oft, ein König selten und Gott nie."
Was ist das?

159.) Hausbau

Ein Mann hat gerade sein neues Haus fertig gebaut und verputzt.
Er geht in einen Laden und fragt nach dem Preis. Der Verkäufer
sagt: "Eins kostet 1€."
Der Kunde sagt:"Ich brauche sechshundert."
Er muss 3€ zahlen.
Was hat er gekauft?

160.) Schuhverkauf

Aktuell offeriert ein Schuhgeschäft drei verschiedene Paare
Schuhe zu Sonderpreisen. Sommerschuhe für 50 Euro, Pumps für
80 Euro und Lederstiefel für 100 Euro.
Zwei Kundinnen betreten kurz nacheinander den Laden und
schauen sich interessiert um. Sie erkundigen sich beide, ob es die
Schuhe im Angebot auch in Größe 39 gebe. Die Verkäuferin
bejaht die Frage, wonach die erste Kundin spontan einen 100
Euro-Schein auf den Ladentisch legt. Die Verkäuferin fragt nach,
welches Paar Schuhe es denn dafür sein dürfe. Die Kundin
entscheidet sich für die Pumps und nimmt diese nach Erhalt des
Wechselgeldes gleich mit. Anschließend legt die zweite Kundin
ebenfalls 100 Euro auf den Ladentisch, um die Schuhe im
Sonderangebot zu kaufen. Die Verkäuferin fragt daraufhin gar
nicht nach, sondern holt gleich die Lederstiefel aus dem Lager.
Die Kundin bedankt sich vielmals, packt die Stiefel gleich ein
und verläßt den Laden.
Die Frage ist: Woher wußte die Verkäuferin, daß die zweite
Kundin die Stiefel haben wollte ?

Lösungen

Erster Teil

Absolutes

Es gibt sehr wenig absolute Dinge in unserer Welt, fast Alles ist relativ. Selbst Raum und Zeit sind relativ, was vielen Menschen zu verstehen ein Problem darstellt.

Neben der Lichtgeschwindigkeit **c**, die eine Naturkonstante darstellt und in Einsteins berühmter Formel $E = mc^2$ eine zentrale Rolle spielt, ist die Verbindung aus Zeit und Raum, die vierdimensionale *Raumzeit*, in jedem Falle **absolut**. Dabei befindet sich jeder Mensch in jedem Moment in seiner eigenen, absoluten Raumzeit. Mein Raum ist eine Mischung aus Ihrem Raum und Ihrer Zeit - und umgekehrt.

Vorbemerkungen

Dieser Lösungsteil enthält die ersten Lösungen für die vorangegangenen Aufgaben. Um nicht gleich sämtliche Überlegungen und Tricks, auf die man selbst kommen muß, zu verraten, wurden die Aufgaben oft nur teilweise beantwortet und noch Hinweise auf mögliche Lösungswege und Denkanstöße gegeben.
Wenn man gar nicht weiter kommt, kann also ruhig einmal nachgeschaut werden, ohne daß gleich die Endlösung präsentiert wird und man sich vielleicht ärgert. Es lohnt sich oft, sozusagen mit diesem Teil *erster Lösungen* Rücksprache zu halten, um dann doch selbständig zur Endlösung zu kommen.

Zu manchen Aufgaben sind Fortsetzungen verfügbar, deren Lösung im Allgemeinen schwerer zu finden ist. Einige solcher Aufgaben oder Fragestellungen finden sich hier direkt im Lösungsteil. Deren Antworten und die weiterführenden Lösungen der anderen Aufgaben sind im *erweiterten Lösungsteil* zu finden.
Man beraubt sich der Faszination einiger Rätsel, wenn man vorschnell aus Neugier dort nachschlägt. Dieser Teil soll gezielt für das nochmalige Überdenken einer Aufgabenstellung reserviert bleiben, nachdem man sich hier im ersten Lösungsteil einen Tip oder Anreiz geholt hat.
Einige der Aufgaben sind so tiefgründig oder können um interessante Alternativen erweitert werden, daß ich darüberhinaus noch einen Teil abschließender Lösungen vorgesehen habe.
Diese *letzten Lösungen* stellen dann das Ende einer Lösungskaskade dar, bei der man bis zur letzten Erkenntnisstufe vordringt.
Es ist vielfach sehr eindrucksvoll, die Erfahrung des Erkennens der logischen Tiefe eines Rätsels zu machen.

1.) Die Fußballclique

Bei der Problembeschreibung könnte man bereits vermuten, daß es sich bei der gesuchten Zahl um eine Primzahl handelt.

Wenn die Zahl nicht durch zwei teilbar ist, muß sie als erstes schon einmal ungerade sein. Wenn beim „durch-3-teilen" ein Rest von 2 bleibt, scheiden zusätzlich alle Zahlen aus, die auf 5 enden, denn dann würde der Rest nur 1 betragen. Weiter führt der Gedanke, daß beim „durch-5-teilen" ein Rest von 4 bleibt - damit ist klar, daß die Zahl auf 9 enden muß. Die durch 3 teilbaren Neuner scheiden dann ebenfalls aus, so daß zunächst noch 19, 29, 49, 59, 79 und 89 übrig bleiben. Die, bei denen die um 1 kleinere Zahl (8-er Stelle) direkt durch 3 oder 4 teilbar ist, fallen weg und übrig bleibt dann nur die 59.

Haben Sie so wie beschrieben gedacht und auf dem gegebenen Schema nach und nach alle nicht in Frage kommenden Zahlen weggekreuzt? Dann sind Sie „reingefallen" und haben sich viel Mühe gemacht. Einfacher wäre die Überlegung gewesen, daß die gesuchte Zahl, vermehrt um 1, glatt durch alle Zahlen von 1 bis 6 teilbar ist. Mit anderen Worten: Das kleinste gemeinsame Vielfache (KGV) von 6 ist zu suchen - und das ist 60.

Da dieses jeweils um 1 verfehlt wurde, ist die gesuchte Zahl um 1 kleiner, also 59. Mit der ersten Lösungsmethode wären Sie schon bei Aufgabe 2 das, was man *aufgeschmissen* nennt. Es gilt hier, das übergeordnete Prinzip zu erkennen - in diesem Fall die Ermittlung des KGV.

2.) Die Beerdigung

Wenn Sie diese Aufgabe (noch) nicht sicher gelöst haben, also wenn Sie wie in Aufgabe 1 beschrieben, versucht haben, möglichst viele Zahlen auszuschließen, ohne auf das allgemein-gültige Prinzip zu kommen, dann soll Ihnen dies hier ein Hinweis auf die Lösung sein. Suchen Sie das kleinste gemeinsame Vielfache, d.h. eine Zahl, die durch alle genannten Faktoren teilbar ist. Ziehen Sie dann 1 ab und Sie haben die Lösung - wenn Sie den *Wuppdich* beachten.

3.) Einige Logeleien

a) Ein Stein wiegt 20 Kilogramm und die Hälfte seines Gewichtes. Also wenn noch eine Hälfte dazukommen soll, dürften wohl die angebenen 20 Kilogramm die andere Hälfte darstellen. Der Stein wiegt also insgesamt 40 Kilogramm.

b) Das 2m lange Seil besteht aus 2 Stücken. Das kürzere Stück mißt zwei Drittel der Länge des längeren Stückes.Damit verhalten sich die Längen der beiden Stücke offenbar wie <u>zwei zu drei</u>. Entsprechend kann man das Seil als aus diesen <u>fünf</u> Teil-Längen zusammengesetzt ansehen. Da diese insgesamt 2 Meter ergeben sollen, ist jede Teillänge genau 40 cm lang.
Das kürzere Stück hat zwei davon (=80 cm), das längere Stück drei und mißt somit 120 cm.

c) Prozentrechnung ist immer wieder verwirrend, wenn man die Bezugspunkte wechselt. Zunächst erhält man 10% Rabatt, d.h. man hat auf 100 Eur Wert nur 90 Eur entrichtet. Wenn man das dann mit 10% Aufschlag wieder verkauft, ergibt das 99 Eur. Der Verlust beträgt genau 1 Euro oder *10% von 10%*, gleich 1%.

d) Ich wage es gar nicht zu sagen: Nicht Ihr Bruder und nicht Ihre Schwester - und doch ein Kind Ihrer Eltern? Das sollten Sie selbst sein!

e) Sie nehmen im Sommer das Boot über den See - wegen der Äpfel. Dann sollten Sie im Winter heißen Tee trinken. Wenn Sie vorhaben, den Apfelbaum aufzusuchen - dann am besten zu Fuß über das Eis.

f) Sie sollten hier die zwei Fehler suchen: Zunächst ist die Aussage falsch, daß die Wurzel aus 169 nur <u>eine</u> ganzzahlige Lösung habe. Schließlich ergibt auch $(-13)^2$ die Zahl 169. Man darf den negativen Teil der Lösung nicht vergessen. Da die anderen Aufgaben richtig waren, ist die zweite falsche Aussage diejenige, daß es unter den Aussagen *zwei* Fehler gebe - es gibt nämlich nur einen.

g) Drei - je ein Stempel für die Vorder- bzw. Wertseite, Rückseite und Randschrift.

4.) Das Monument

Der neu errichtete Platz besteht aus der gleichen Anzahl Platten, wie der auf ihm stehende Kubus Einzelkuben enthält. Gesucht ist also nach einer Quadratzahl, die gleichzeitig eine Kubikzahl ist. Dazu nimmt man die Reihe der aufeinanderfolgenden Quadrate und kubiert diese. Man erhält die Zahlen 1, 64, 729, 4096, usw. Wenn man die Frage genau betrachtet und sich Dimensionen echter Steinplatten vor Augen führt, wird man annehmen dürfen, daß ein solcher Platz bzw. Kubus nicht aus nur 64 Teilen bestanden haben wird - dann dürfte die Kantenlänge einer Platte bei über 10 Meter gelegen haben. Platten aus Naturstein von solcher Länge, oder einer ähnlichen Länge, die zu einer angemessenen Platzgröße führen würde, kommen praktisch nicht vor. Bei 64 Würfeln dürfte der Kubus auch recht mickrig ausgesehen haben. Aus ähnlichem Grund werden es auch nicht 4096 Einzelteile gewesen sein, das wäre viel zu viel, und dann wären es keine Würfel mehr, sondern kleine Steinchen gewesen. Schon bei 10 cm Kantenlänge käme ein Kubus von über 6 Meter Breite zustande. Man darf also davon ausgehen, daß die vernünftigste Lösung die mit 729 einzelnen Platten und Kuben ist. Eine solche Platte hätte eine Länge zwischen 3 und 4 Metern und ein Elementarkubus eine Kantenlänge von um die 50 Zentimeter, damit etwas Ansehnliches dabei herauskommt.

$$9^3 = 27^2 = 729$$

Die Frage lautete:„Aus wievielen Bausteinen bestanden der Platz *und* der Kubus ?"

Summarisch betrachtet lautet die Lösung : 1458 - bzw. *je* 729.

5.) Die dreißigste Mark

Die Fragestellung soll den Leser auf's Glatteis führen. Es wurden nicht 27 *plus* 2 DM ausgegeben, so wie behauptet, denn die 2 DM für den Ober sind in den 27 bereits *enthalten*. Man muß vielmehr 25 plus 2 DM rechnen. Bezahlt wurden also 25 DM für das Essen *und* 2 DM für den Ober als Trinkgeld, macht zusammen 27 DM.

6.) Der merkwürdige Spaziergang

Von der Grundstücksgrenze des Herrn Hügelix bis zum Ufer des Baches sind es genau 1000 Meter, also 1 Kilometer. Während Herrchen mit 1 km/h losgeht, rennt der Hund fortwährend 4 mal so schnell hin und her. Herr Hügelix benötigt genau 1 Stunde bis zum Berg. Also läuft der Hund auch genau 1 Stunde lang mit 4 km/h, das sind genau 4 km. Den ganzen Zick-Zack-Kurs braucht man also gar nicht zu berechnen, wenn man die Sache von einem reflektierten Standpunkt aus angeht. Mit dem vorletzten Absatz „Wir machen uns nochmal klar:..“ soll der Leser eigentlich nur in die Irre geführt werden, weil hier suggeriert wird, man müsse die Aufgabe über eine Berechnung des Zick-Zack-Kurses lösen.

7.) Ein noch merkwürdigerer Spaziergang

Schauen Sie sich diesen Laufefroh an! Er verdoppelt jedesmal, wenn er das Scheppern hört - und das tritt jede Sekunde auf - seine Geschwindigkeit. Er hat also nach der ersten Sekunde die Geschwindigkeit $v = 2$ m/s. Nach der zweiten Sekunde erhöht er diese auf $v = 4$ m/s. Verallgemeinert gilt: Nach der n-ten Sekunde hat er also, zumindest theoretisch, 2^n m/s erreicht.
Wenn Sie jetzt die gegebenen 12 Sekunden für n nehmen und das Ergebnis ausrechnen, kommen Sie auf $v = 2^{12}$ m/s $= 4096$ m/s. Dieses Ergebnis ist falsch (hähä). Aber warum? Sie sind auf den *Wuppdich* hereingefallen. Meinen Sie wirklich, daß er fortwährend seine Geschwindigkeit verdoppelt hat? Hat er aber nicht!

8.) Eine kleine Mogelei

Es gibt fünf platonische Körper. Diese Polyeder sind *regelmäßig*, d.h. sie weisen vollkommen *gleichartige* Flächen auf - siehe z.B. beim Würfel. Falsch ist die Pyramide. Eine Pyramide hat eine <u>quadratische</u> Grundfläche und vier <u>dreieckige</u> Seiten, während die Tetraederflächen aus identischen gleichseitigen Dreiecken bestehen.

9.) Eine Art Milchkaffee

Im Grunde ist die Lösung ganz einfach. Wenn man den heißen Kaffee erstmal stehen läßt, kühlt er schneller ab. Denn die Temperaturdifferenz zwischen dem heißen Kaffee und der Umgebung, also der Temperatur*gradient*, ist dann größer.
Wird er zuerst abgekühlt durch Hineingießen der Milch, kann pro Zeiteinheit hinterher nicht mehr so viel Wärme abgegeben werden wie im anderen Fall.
Es ist also opportun, zunächst ein paar Minuten zu warten, und dann mit der kühleren Milch „den Rest" zu geben. Guten Appetit.

10.) Eine andere Art Milchkaffee

Dieses Rätsel wurde uns bereits in der fünften Klasse gestellt. Es gab ein schönes hin- und her- Diskutieren, bis es der Letzte ganz durchschaut hatte.

Am Ende wurde die Alternative gegeben, sich zwischen zwei Lösungen zu entscheiden - hat der eine mehr oder hat der andere mehr? Was denken Sie? Die meisten vertraten die Auffassung, daß Frau Nimmerschlau *mehr* Milch in ihrem Kaffee hat als Herr Ratlos Kaffee in seiner Milch. Sie argumentierten, daß beim Hinweg ein voller Löffel Kaffee gegeben wurde, beim Rückweg hingegen ein nicht ganz voller Löffel Milch.

Diese Auffassung ist aber nicht richtig. Wenn Sie bis hierher gekommen sind, denken Sie nochmal ganz scharf nach, bevor Sie die Lösung im erweiterten Teil nachschlagen. Stellen Sie sich vor, der Löffel enthalte jeweils genau 100 Teilchen und spielen Sie das mal durch mit einigen Zahlenwerten. Vorausgesetzt war ja, daß der Löffel jeweils die gleiche Menge Flüssigkeit enthalten solle. Das Rätsel ergäbe keinen Sinn, wenn 1000 Teilchen hinwandern und nur 30, also ein Tröpfchen, zurück. Der Löffel muß schon voll gefüllt sein.

11.) Und noch einmal Milchkaffee

Bildlich gesehen stehen bei dieser Aufgabe acht Tassen nebeneinander in Reihe. Die ersten 4 sind voll, die zweiten 4 sind leer.

Man soll nun in vier Zügen je 2 Tassen versetzen. Es handelt sich dabei um benachbarte Tassen und -zum besseren Merken- je zwei lange und zwei kurze Züge in der Reihenfolge lang, kurz, kurz, lang. Hier die Anleitung:

Numerieren Sie die Gläser von links nach rechts von 1 bis 8.

1) Glas 2 und Glas 3 werden nach rechts außen gestellt.
2) In die entstehende Lücke stelle man Glas 5 und Glas 6
3) In die entstehende Lücke stelle man Glas 8 und Glas 2
4) Dann nehme man Glas 1 und Glas 5 und fülle die Lücke.

12.) Milchkaffee - Zauber

Ursprünglich wurde das Rätsel mit 3 Zaubervasen präsentiert, die jede Anzahl Blumen, die man in sie hineinstellte, sofort verdoppelten. Das geht natürlich auch mit Milchkaffee.

Auf das erste Tablett stelle man 7 Tassen, die sich ohne zu zögern auf 14 verdoppeln. Von diesen 14 Tassen entnehme man 6 - dann bleiben 8 auf dem Tablett stehen - und stelle diese auf das zweite Tablett. Aus den sechs Tassen werden hier sogleich 12 Stück. Davon entnehme man anschließend 4 - wonach auch auf dem zweiten Tablett 8 Tassen stehenbleiben - und verfrachte diese auf das dritte Tablett, woraufhin unverzüglich ebenfalls 8 Tassen entstehen. Somit befinden sich auf allen Tabletts jetzt genau 8 Tassen, was zu erreichen war.

Kriegen Sie das auch mit einer größeren Gesellschaft von 64 Personen hin? Dafür stehen Ihnen 4 dieser Zaubertabletts zur Verfügung. Alles, was Sie von nun an darauf stellen, unterliegt der Zauberwirkung. Sie können sich auch selbst etwas mit 5 Tabletts ausdenken, schauen Sie mal, ob Sie das hinkriegen - das ist gar nicht so leicht.

13.) Neun Punkte

Die Aufgabe bestand darin, neun Punkte durch insgesamt nur *vier* gerade Linien miteinander zu verbinden.

Hier kommt es darauf an, *negative Zielanalyse* zu betreiben, indem Sie sich genau fragen, was <u>nicht verboten</u> ist. Wenn Sie nämlich in dem gezeichneten Raster bleiben, können Sie die Aufgabe niemals lösen. Es hat hingegen niemand ausdrücklich verboten, die Linien über das scheinbare Ende des Punktrasters hinaus zu zeichnen. Sie haben dies allenfalls sich selbst unbewußt auferlegt. Die Erkenntnis, daß die Aufgabe nicht anders zu lösen ist, gibt Ihnen die Erlaubnis, das Raster zu verlassen, denn es wurde vorausgesetzt, d a ß es eine Lösung gibt. Und diese kann nur genau s o aussehen.

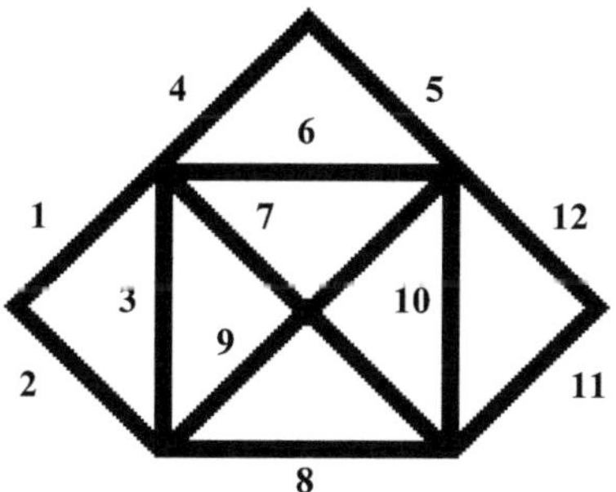

Aber jetzt kommt's: Schaffen Sie das auch mit **3** Linien ?

14.) Etwas gut Mögliches

Die Figur kann auf folgende Weise in einem Stück ohne Absetzen gezeichnet werden. Folgen Sie einfach der Nummerierung der Streckenabschnitte.

15.) Etwas Unmögliches (?)

Dieses ist ein klassisches Rätsel aus der Topologie (topos = Ort). Es ist, so wie die Aufgabenstellung erfolgt, n i c h t in der zweidimensionalen Ebene lösbar. Wie auch immer man die Kabel zieht, es bleibt stets eines über, das sein Ziel nicht erreichen kann, ohne die Aufgabenbedingungen zu verletzen.

Wenn man dies erkannt hat und der Aufgabensteller gleichzeitig aber vorgibt, daß eine Lösung existiert, dann kann diese nur im dreidimensionalen Raum gefunden werden.

Praktisch kann dies so aussehen, daß man die letzte Kabelverbindung in Richtung auf die lange Kante der Buchseite zieht und anschließend -ohne abzusetzen- auf die Rückseite schwenkt.

Dort bringt man den Bleistift in die Nähe des anzuschließenden Hauses und durchsticht die Seite. Dann kann man auf der Vorderseite wieder herausziehen und das Haus anschließen.

Alternativ kann man auch auf diese Weise unter der letzten, im Weg liegenden Kabelverbindung, welche nicht gekreuzt werden darf, hindurchtunneln. Wenn dabei ein durchgehender Graphitstrich hinterlassen wird, haben Sie die Aufgabenbedingung erfüllt und das Rätsel gelöst.

Ich habe diese Aufgabe einmal einer Schulklasse als Hausaufgabe gegeben. Es handelte sich um einen Ferienspaß im Fach *Arbeitswelt* für Beschäftigungstherapeuten. Das Durchschnittsalter der Kursteilnehmer betrug über 20 Jahre,es waren also fast alles Erwachsene. Niemand vermochte das Rätsel zu lösen, man präsentierte seitenweise Kabelverbindungen, die alle vor dem letzten Haus endeten.

Ich hatte die Aufgabe an einer aufklappbaren Tafel demonstriert und das ganz rechte Haus sowie das korrespondierende Werk auf die Klappseite gezeichnet. So konnte ich nach seitlich außen hin die Vorderseite der Tafel mit dem Kreidestrich verlassen, die schmale Breite durchzeichnen und auf die Rückseite gelangen. Diese überquerte ich vollständig und schob dann die Kreide von hinten durch den Spalt zwischen Haupt- und Seitentafel wieder nach vorne und vollendete die fehlende Verbindung. Ich habe selten derart verblüffte Gesichter gesehen...

16.) Die magische Zahl

Es gibt nur eine einzige Lösung für diese Aufgabe, bei der die Zahl bis zur n-ten Stelle jeweils auch durch n teilbar ist.

Es ist, bevor man ganz und gar zu raten anfängt, aber zweierlei klar: Die letzte Ziffer muß die Null sein - sonst wäre das Ganze nicht durch 10 teilbar. Damit steht aus demselben Grund fest, daß die fünfte Ziffer die 5 sein muß. An jeweils gerader Stelle muß eine gerade Ziffer stehen, und man könnte vermuten, daß an Stelle Nummer 7 auch die 7 steht. (Sonst muß man viel mehr raten). So dürfte das Gerüst, das es zu ergänzen gilt, zunächst so aussehen (u = ungerade; g = gerade):

$$u \ g \ u \ g \ 5 \ g \ 7 \ g \ u \ 0$$

Mit etwas Überlegung kann man darauf kommen, daß an vierter Stelle eine 2 oder 6 stehen muß. Denn eine Zahl ist nur dann durch 4 teilbar, wenn die letzten beiden Ziffern durch 4 teilbar sind. Da die dritte Ziffer ungerade sein muß, kommen nur solche Ziffernkombinationen in Betracht wie 12, 16, 32, 36, 52, 56 usw., denn die Zwischenpositionen sind nicht durch 4 teilbar - wie z.B. 34, 58 etc. Damit sieht das Gerüst jetzt so aus:

$$u \ g \ u \ 2/6 \ 5 \ g \ 7 \ g \ u \ 0$$

Eine analoge Überlegung für die achte Stelle besagt, daß die Zahl aus den Stellen 6, 7 und 8 durch 8 teilbar sein muß. Da die Hunderterstelle gerade ist und als Zehnerstelle eine 7 folgt (wenn diese Annahme richtig ist), dann kommt nur die zwei in Frage. Denn ein gerader Hunderter, also 200, 400, 600 und 800 ist immer durch 8 teilbar und dann kann nur die 72 folgen, denn die nächste wäre schon die 80. Damit steht aber auch die 6 für Stelle 4 fest, weil die 2 dort ausfällt. Schauen wir auf das Gerüst:

$$u \ g \ u \ 6 \ 5 \ g \ 7 \ 2 \ u \ 0$$

Wir haben nun schon die Hälfte der Zahlen zugeordnet. Für den Rest muß ein wenig geraten werden, wobei die Quersummen weiterhelfen. Wenn nichts ginge, wäre die 7 falsch gesetzt (s.o.). Versuchen Sie es weiter, bevor Sie endgültig nachschauen.

17.) Die 11. Regel

Wenn man feststellen möchte, ob eine Zahl durch 11 teilbar ist, muß man die sogenannte Wechselquersumme bilden. Das heißt, daß man die Ziffern abwechselnd addiert und subtrahiert, wobei man an einem beliebigen Ende der Zahl anfangen kann. Ist diese Wechselquersumme durch 11 teilbar, ist auch die gesamte Zahl durch elf teilbar.

Anders ausgedrückt: Man addiert alle Ziffern an ungerader Stelle und ebenso alle Ziffern an gerader Stelle und ermittelt die Differenz zwischen beiden Summen. Ist diese gleich Null oder 11 bzw. ein Vielfaches von 11, dann handelt es sich um eine durch 11 teilbare Zahl.

Beispiel:	5 7 9 5 5 7					
Summe aus	5	9	5	=	19	
Summe aus	7	5	7	=	19	
			Differenz = 0			

Beispiel:	2 3 6 2 6 0 2					
Summe aus	2	6	6	2	=	16
Summe aus	3	2	0		=	5
			Differenz = 11			

Beide Zahlen sind damit durch 11 teilbar.

18.) Der Bücherwurm

An diesem Rätsel kann man verzweifeln. Ein Freund hat mich mal richtig angebrüllt, weil er nach Stunden noch nicht drauf kam und sich zu sehr gefoppt fühlte. Als ich ihm den entscheidenden Tip gab, wurde er tatsächlich blaß, entschuldigte sich und erklärte, für das Leben etwas gelernt zu haben. Spielen Sie daher dieses Rätsel wirklich einmal durch. Nehmen Sie 10 Bände und stellen Sie sie in ein Regal. Tippen Sie mit dem Finger auf den Anfangspunkt, also Seite 1 des ersten Buches. Und schauen Sie genau hin.

19.) Streichholzrätsel: zum Ersten...

Bilden Sie mit 6 Streichhölzern 4 gleichseitige Dreiecke, so lautet die Aufgabe. Gefunden werden soll eine perfekte Lösung, d.h. in diesem Fall eine Lösung in der 3.Dimension. Legen Sie hierzu 3 Streichhölzer in der Ebene als gleichseitiges Dreieck aneinander. Dann errichten Sie mit den anderen 3 Streichhölzern die Form eines Tetraeders, indem Sie diese mit einem Ende auf die drei Ecken aufsetzen und dann die drei Spitzen in der Höhe zusammenfügen.
Ein perfektes Tetraeder mit 4 gleichseitigen Dreiecken als Flächenbegrenzung ist entstanden.

20.) Streichholzrätsel: zum Zweiten...

Wieviele Streichhölzer kann man so positionieren, daß jedes jedes Andere berührt? Für n=2 ist es einfach. Man lege 2 Hölzchen einfach übereinander.

n=3: Es gibt einige verschiedene ästhetisch mehr oder weniger befriedigende Lösungen. Legen Sie zwei Hölzchen aneinander und das dritte darüber; oder 2 Hölzchen über ein unteres.
Sie können auch den Buchstaben T nachbilden oder ein gleichseitiges Dreieck mit oder ohne Überschneidungen legen.

n=4: Ein Doppelkreuz stellt eine schöne Lösungsmöglichkeit dar. Auch ein Dreieck mit verstärkter Hypotenuse erfüllt die Aufgabenstellung. Der Buchstabe T mit doppelter Dicke kann ebenfalls geformt werden. Oder Sie legen als Fundament ein Dreieck und stellen das 4. Hölzchen aufrecht in die Mitte. Dann müssen die drei Grundhölzer nur noch an den Stab herangeschoben werden.

n=5: Nun wird es langsam schwierig. Man kann mit 4 Hölzern ein T formen und den Balken zur Mitte hin verschieben, so daß ein quer gelegtes Hölzchen gerade eben die 4 Enden überdecken kann. Es gibt noch eine weitere elegante Lösung, die den Schlüssel für höhere n darstellt. Überlegen Sie noch eine Weile, bevor Sie im erweiterten Lösungsteil nachschlagen. Es lohnt sich.

21.) Streichholzrätsel: zum Dritten...

Wie gelingt es Ihnen, die scheinbare Gleichung richtig zu stellen ?

Eine zugegeben nicht sehr elegante Lösung besteht darin, ein Hölzchen zu nehmen und damit das Gleichheitszeichen in ein *ungleich* zu verwandeln:

$$V \, I \, V \neq I \, I$$

Man sieht aber zumindest, daß dieses Hölzchen schräg gelegt werden kann. Es gibt noch eine andere Lösung, bei dem ein schräges Hölzchen verschoben wird: Man nehme das letzte Hölzchen der linken Seite und lege es an das erste Hölzchen der rechten Seite. Mit etwas Phantasie steht jetzt dort auf römisch:

$$V \, I \, I = V \, I \, I$$

was sicherlich richtig ist.

Es kommt dann noch eine ganz andere Lösung in Betracht, die mit der Zahl 4 zu tun hat. Es ist keine Schande, wenn man diese Lösung nicht selbstständig findet.

22.) Streichhölzer - einmal anders

Man kann eine Anzahl auf dem Boden eng aneinanderliegender Streichhölzer hochheben, wenn man die leere Schachtel in den Mund nimmt und durch kräftiges Einatmen einen Unterdruck erzeugt, welcher die Hölzer allesamt ansaugt.

Mit etwas Beeilung schafft man es sogar, diese in die bereit liegende Innenschachtel zu verfrachten.

Probieren Sie es aus - nach einigen Versuchen dürfte es Ihnen gelingen.

Legen Sie möglichst soviele Streichhölzer nebeneinander, daß die Gesamtbreite in etwa der Schachtelbreite entspricht, damit an den Seiten nicht zuviel Luft einströmen und der maximal erzeugbare Unterdruck entstehen kann.

23.) Palindrome

Palindromische Zahlen bergen eine Menge Besonderheiten. Die erste palindromische Zahl ist die 11. Sie ist zugleich die einzige palindromische Primzahl mit einer geraden Anzahl von Ziffern. Ihr Quadrat, die 121, ist die erste palindromische Quadratzahl. Sie ist darüberhinaus auch in allen Zahldarstellungssystemen, beginnend mit der Basis 3, eine Quadratzahl.

Die nächsten Potenzen von 11 sind ebenfalls palindromisch, denn $11^3 = 1331$ und $11^4 = 14641$.

Fast alle Zahlen, deren Quadrate palindromisch sind, haben eine *ungerade* Anzahl von Stellen.

Zwei Beispiele sind 264^2 und 307^2. Sie ergeben palindromische Quadratzahlen mit ungerader Anzahl von Stellen: 69696 bzw. 94249.

Bei der Suche nach palindromischen Quadratzahlen mit gerader Anzahl von Ziffern konnten Sie nicht wirklich erfolgreich sein: 836 ist die kleinste und 798644 die zweitkleinste Zahl, deren Quadrate palindromisch sind und eine <u>gerade</u> Zahl von Stellen haben:

$$836^2 = 698\,896$$
$$798644^2 = 637832\,238736$$

Es handelt sich hierbei um recht seltene Ereignisse. Man beachte, daß die Zahl 698896 ein Palindrom bleibt, wenn man sie auf den Kopf stellt. Ein Kuriosum stellt das Quadrat von 111.111.111 dar: Es ist die Zahl 12345678987654321.

Hier noch einige Palindromsätze:
„ No „X" in Mr. R.M.Nixon ?"
„ A man, a plan, a canal - Panama ! „

Es gibt auch Palindrome, in denen ganze Wörter anstatt einzelner Buchstaben die Einheit darstellen:
„ You can cage a swallow, can't you, but you can't swallow a cage, can you ?"

24.) Eine Schicksalszahl

Die erste und zugleich einzige Schicksalszahl unter 100 ist die 70. Sie ist die erste abundante Zahl, die sich nicht als Teilsumme einiger ihrer Teiler darstellen läßt.
Nochmals zur Erklärung: Eine Zahl heißt abundant, wenn die Summe aller ihrer Teiler (außer ihr selbst) größer ist als sie selbst. Anderenfalls wird die Zahl als defizient bezeichnet.

Eine abundante Zahl hat fast immer eine Anzahl solcher Teiler, die sich untereinander irgendwie als Summe zu der betreffenden Ausgangszahl zusammensetzen lassen. Als Beispiel nehmen wir mal die 60. Ihre Teiler sind 1, 2, 3, 4, 5, 6, 10, 12, 15, 20 und 30. Aus diesen Teilern kann man - sogar auf verschiedene Weisen - die Summe 60 bilden, nämlich bspw. 1, 2, 3, 4, 5, 10, 15, 20 oder auch 10, 20, 30.
Sehr selten ist das Ereignis, daß *keine* wie auch immer geartete Zusammenstellung einiger Teiler als Summe die Ausgangszahl ergibt, dann handelt es sich um eine Schicksalszahl.
Die Zahl 70 hat die Teiler 1, 2, 5, 7, 10, 14, und 35. Das ergibt alles zusammen 74, damit ist die Zahl eben-gerade abundant. Trotzdem lassen sich als Summen nur 69 oder 71 formulieren, nicht aber exakt 70.

Schicksalszahlen sind recht selten. Unter den Zahlen bis Zehntausend gibt es außer der 70 nur noch die folgenden:

836

4030

5830

7912

9272

Fällt Ihnen etwas auf? Es ist keine ungerade Zahl darunter. Bis heute ist nicht bekannt, ob es ungerade Schicksalszahlen überhaupt gibt. Allerdings ist auch ein Gegenbeweis noch nicht erbracht worden.

25.) Magische Quadrate

Die Lösung des magischen Quadrates mit der Konstante 34 sieht so aus:

12	13	1	8
6	3	15	10
7	2	14	11
9	16	4	5

Hier noch ein weiteres Beispiel :

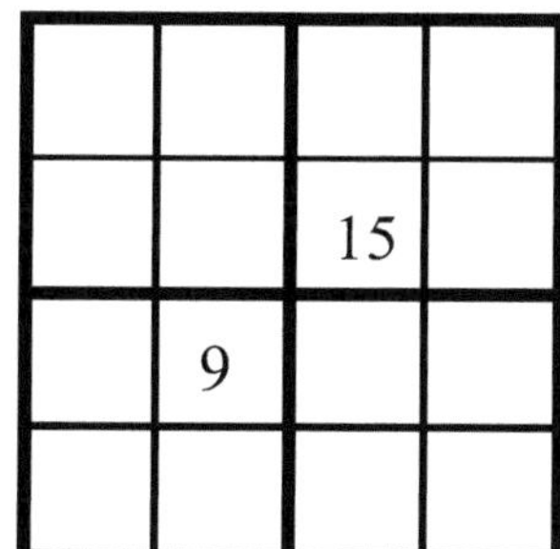

26.) Vollkommene Zahlen

Vollkommene Zahlen besitzen einige besondere Eigenschaften. Außer der 6 sind sie z.B. alle als Summe aufeinanderfolgender Kuben ungerader Zahlen darstellbar. Die zweite vollkommene Zahl (28) ergibt sich auf diese Weise zu $1^3 + 3^3$.

Die folgende Zahl (496), die es in dieser Aufgabe zu finden galt, stellt sich nach diesem Schema dar als $1^3 + 3^3 + 5^3 + 7^3$. Und die nächste (8128) setzt sich zusammen aus den Kuben der ungeraden Ziffern von 1 bis 15:

$1 + 27 + 125 + 343 + 729 + 1331 + 2197 + 3375 = 8128$.

Bis 8128 waren die vollkommenen Zahlen bereits den späten Griechen bekannt. Alle diese Zahlen enden auf 28 oder auf 6, wobei eine ungerade Ziffer vorangeht. Es gibt auch eine Formel für die Konstruktion vollkommener Zahlen. Sie sind sämtlich von der Form

$$2^{n-1} (2^n - 1)$$

wobei die Zahl in der Klammer eine sogenannte Mersenne'sche Primzahl sein muß. Nach 8128 werden die Zahlen schnell sehr groß. Es folgen 33.550.336, 8.589.869.056 und 137.438.691.328. Die größten gegenwärtig bekannten vollkommenen Zahlen sind $2^{77.232.917}-1$ und $2^{82.589.933} -1$. Das sind wahrlich Zahlengiganten.

27.) Ein wahrlich großer Abstand

Es war gefordert, 1 m Seil einem um den Äquator liegenden Seil zwischenzuschalten und den Abstand zu ermitteln, mit dem das Gesamtseil dann vom Erdboden abstehen würde.

Ohne die genauen Werte des Erdumfanges einzugeben, kann man das Problem formell angehen.

Der Umfang eines Kreises ist definiert als $2\,\pi\,r$. Wie verändert sich der Radius, wenn man 1 Meter addiert?

Wir setzen $u_1 = 2\,\pi\,r_1$, nennen den neuen, größeren Radius r_2 und vereinbaren, in Metern zu messen.

Dann wäre $r_1 = U_1 / 2\pi$. Fügt man jetzt zum Umfang 1 dazu, ergibt sich die Gleichung zu $r_2 = (U_1 + 1) / 2\pi$. Wenn man jetzt die beiden Klammerkomponenten jeweils separat durch den Nenner teilt, entsteht die Form $r_2 = U_1 / 2\pi + 1 / 2\pi$.

Da $U_1 / 2\pi$ gleich r_1 ist, kann man auch schreiben

$$\mathbf{r_2 = r_1 + 1 / 2\pi}$$

Jetzt sieht man, daß sich der neue Radius vom alten durch eine *Konstante* unterscheidet und der eigentliche Umfang <u>keine Rolle</u> spielt.

Die Konstante $1 / 2\pi$ beträgt ausgerechnet etwa 0,15915 Meter bzw. 15,9 Zentimeter. Damit beantworten sich auch die beiden Zusatzaufgaben: Es ist völlig egal, ob man die Erde oder einen Fußball nimmt - bei 1 Meter zusätzlichen Seiles steht dieses in jedem Fall 15,9 Zentimeter ab. Und da paßt sehr gut eine Streichholzschachtel drunter weg. Wenn Sie übrigens einen infinitesimal kleinen Ball nehmen (also gar keinen), dann fällt der Umfang mit dem Wert Null weg und es bleibt nur die Konstante übrig, d.h. der Radius des Einheitskreises (15,9 cm). Eigentlich müßte die Aufgabe auch anders lauten: Wenn man einen Meter Seil nimmt und den Umfang eines beliebigen Kreises dazu ergänzt, um wieviel steht das Seil ab? Dann wird eher klar, daß die Sache so aussieht, wie sie es tut.

28.) Die Inschrift

Das Rätsel ist nicht schwer zu lösen. Zunächst fällt auf, daß der dreistellige Divisor mit 8 multipliziert eine noch 3- stellige Zahl ergibt. Er kann also höchstens 124 betragen, denn bei 125 wäre es schon 4-stellig.
Die letzte Ziffer der Lösungszahl muß daher eine 9 sein, weil ihr Produkt mit dem Divisor bereits 4 - stellig ist. Das geht nur, wenn der Divisor mindestens 112 beträgt.
Da nach der ersten Subtraktion die Differenz 2-stellig ist und offenbar die nächsten beiden Stellen des Dividenden herangezogen werden, muß die zweite Ziffer der Lösungszahl die Null sein. Aus demselben Grund, weil sich nämlich das Ereignis wiederholt, muß auch die 4. Ziffer die Null sein.
Damit ergibt sich 80809 als Lösung. Um auf ein 8- stelliges Ergebnis zu kommen bei Multiplikation mit dem 3-stelligen Divisor, muß dieser mindestens 124 betragen, und damit steht er als Solcher fest, weil er nämlich (s.o.) auch nur maximal 124 betragen kann. Die vollständige Aufgabe lautet also:

$$10.020.316 : 124 = 80.809$$

29.) ... und noch einmal Streichhölzer

Welche Überlegungen haben Sie sich bisher gemacht? Mit der Verbindungslinie müssen Sie auf der Oberfläche der Schachtel bleiben. Scheinbar ergibt sich eine kurze Verbindung durch direkten Weg über den Rest der Fläche der Einschubschachtel hinweg, längs über die Rechteckfläche und das andere Stück wieder nach unten. Das sind also 2 kürzere und 1 langer Strich, und es werden dabei 3 Flächen berührt. Dieser Weg ist jedoch nicht der kürzeste. Denken Sie daran, daß die kürzeste Verbindung zwischen zwei Punkten A und B durch eine Gerade von A nach B definiert wird. „Ihre" Linie ist nicht die einzige *direkte* Verbindung von A nach B. Aber wie kann das sein? Was haben Sie übersehen ?

30.) Spielereien

Mit fünf Neunen soll die 1000 dargestellt werden. Das geht am einfachsten wohl mit der Darstellung als 999 + 9/9, also Neunhundertneunundneunzig- neunneuntel.
Mit einer 9 mehr die 100 zu bilden ist dazu analog: 99 + 99/99. Es ginge auch 99 9/9 + 9 - 9. Man könnte auch die 9 umdrehen und als 6 benutzen: 99 6/6 +6 - 6.

Wie können Sie 100 darstellen mit noch einer weiteren 9 ?

31.) Eine wahrlich große Zahl

Na, was haben Sie sich hierzu überlegt? Von den gegebenen Beispielen ist d) das Kleinste. Neun kleiner als 99 werdende Faktoren, die dann auch noch durch die Ziffern 1 bis 9 geteilt werden, ergeben mit Sicherheit weniger als c) 99^9.
Und b) ergibt, solange der Exponent nicht in Klammern gesetzt wird, lediglich 9 hoch (9 mal 9) = 9^{81}. Das ist deutlich weniger als unter a) 9^{99} vorgegeben.
Man muß sich also etwas überlegen, was größer ist als 9^{99}.
Ein Hinweis auf die Lösung findet sich bereits hier im Text. Wenn Sie denn drauf gekommen sind, nehmen Sie sich bitte eine weitere 9 hinzu und formulieren die aus Ihrer Sicht größte mögliche Zahl mit vier Neunen.
Diese Aufgabe ist um Einiges komplizierter, weil es jetzt noch mehr Kombinationen gibt, die in ihrer Ergebnishöhe abgeschätzt werden müssen. Schwieriger noch wird das Ganze dadurch, daß manchmal die Zahl im Ergebnis so groß wird, daß man sie nicht mehr mit Namen benennen kann. Sie können sogar Exponenten konstruieren, deren Namen kaum mehr existieren, weil sie den nomenklatorischen Rahmen sprengen.
Tun Sie also bitte Alles, um mit Ihrer Formulierung eine möglichst große Zahl darzustellen. Ich werde diese dann später im erweiterten Teil überbieten, wetten ?

Aber erst einmal viel Spaß.

32.) 1, 2, 3 ... wer will nochmal

Diese Aufgabe kann besonders viel Spaß bereiten. Es läßt sich eine Vielzahl von Ausdrücken finden für einige Zahlen, am schwierigsten herauszufinden sind dabei die 19 und die 38 / 39.
Haben Sie an die Verwendung des Wurzelzeichens gedacht ? Dies brauchen Sie bei der 19. Um überhaupt nennenswert weit zu kommen, ist Ihnen sicherlich auch das Zeichen für die Fakultät ("!") eingefallen. Einen weiteren Schritt negativer Zielanalyse stellt es dar, wenn Sie darauf kommen, daß das Ausrufezeichen auch mehrfach gesetzt werden kann - und muß! Sonst kommen Sie nämlich nicht weiter.
Aus 3! wird sechs und aus (3!) ! wird 720.
Was halten Sie von   (3! -1)! ??   Richtig, hier haben Sie 120.
Und natürlich gelangen Sie mit (3!-2)! zur 24 - na, das ist doch schon mal was.

Wenn Sie alle Zahlen gelöst haben - oder auch nicht - dann versuchen Sie sich an dem nächsten Block von 41 bis 80.

Im Nachhinein wundert man sich, festzustellen, wieviel Phantasie und Einfallsreichtum nötig gewesen sind, um weiterzukommen.

Einige Tips gebe ich im erweiterten Lösungsteil.

Beispiele, die Sie (nicht?) gefunden haben ?

33 = 32 + 1

25 = (3!-2)! + 1

29 = 3! : .2 - 1

32 = 32 : 1

33.)   Verflixte Potenz !

Ich wäre gespannt zu hören, wie lange Sie gebraucht haben, um zu erkennen, daß man die 8 einfach durch 2^3 ersetzt und die 16 durch 2^4.
Daraus ergibt sich die einfachere Frage, wie man aus 2^3 kurzerhand 2^4 macht. Also $3x = 4$.
Danach ist $x = 4/3$ (vier Drittel).
Anders ausgedrückt: Man zieht die 3. Wurzel aus 8 , (das ist 2), und potenziert sie mit 4, um auf 16 zu kommen.
Die Lösung folgt also einer Reduktion auf die gemeinsame Basis und Neupotenzierung.

34.)   ... und weil es so schön war !

Die Aufgabe geht fast noch leichter als die vorige; man reduziert die 9 auf die gemeinsame Basis 3 durch Ziehen der Wurzel und potenziert diese dann mit 3. Anders ausgedrückt: Wie macht man aus 3^2 eben mal 3^3 ? Danach sind $2x = 3$ bzw. $x = 1{,}5$

Nun zum nächsten Problem: Statt 0.5 kann man vereinfacht auch ½ schreiben. Dann löst sich sich x hoch 0,5 schon einmal auf zu x hoch einhalb, und das ist gleichbedeutend mit Wurzel aus x. Anders ausgedrückt

$$\tfrac{1}{2}\, x \;=\; x^{\frac{1}{2}} \qquad \Rightarrow \qquad x = 2\sqrt{x}$$

Jetzt nehmen wir das Ganze mit x mal und erhalten

$$x^2 = 4\,x$$

Dieses löst sich auf zu $x = 4$.

Die Probe zeigt, das es stimmt, denn die Hälfte von 4 ist genau das Gleiche wie die Wurzel aus 4. Dies trifft sicherlich als Sonderfall zu, beides ist nämlich 2. Interessanterweise funktioniert die -4 (*minus 4*) nicht als Lösung (warum ?).

Trotzdem haben wir eine Lösung übersehen. Welche ?

35.) Die Vertretungsstunde

Es sollen die Zahlen 1 bis 100 zusammengezählt werden, und das möglichst schnell und auf plausible Art und Weise.

Am einfachsten ist es, wenn man sich die Zahlen als Paare vorstellt, die zusammen jeweils 100 als Summe ergeben, also

    0, 100
    1, 99
    2, 98
    3, 97   usw. bis 49, 51

Es gibt genau 50 solcher Paare mit der Summe 100, nämlich wie man sieht die Paare von 0 - 49.

Die 50 hat keinen Partner, weil sie genau in der Mitte steht.

Damit ist klar, daß man 50 mal Summe 100 rechnen kann und anschließend noch die einzelne 50 dazuzählen muß. Das ergibt zusammen 5000 plus 50 gleich 5050.

Man kann es auch anders darstellen; so gibt es 50 Paare mit der Summe 101, also 1+100, 2+99, 3+98 bis 50+51.

Auch hier ergibt sich durch Multiplikation die richtige Lösung:
50 * 101 = 5050.

Es gibt eine allgemeine Formel, nach der man fortlaufende Zahlen addieren kann (Gauß'sche Formel).

Diese lautet : $\Sigma = \frac{1}{2} [n * (n+1)]$

Dabei ist n die Zahl, bis zu derer inclusive man addieren will. Im obigen Beispiel ergibt sich nach der Formel

        $\Sigma = [100 * 101] : 2 = 10.100 : 2 = 5.050.$

Zählt man bis 1000, erhält man (1000 * 1001) : 2 = 500.500.

Es gibt eine schöne Erweiterung - Wenn 10 Gäste jeder-mit-jedem bei einem Glas Sekt aufeinander anstoßen- wieviel Mal macht es dann das schöne Prosit-Geräusch ?
Können Sie eine allgemeine Formel angeben ?

Würfelspiele

Welche Länge hat die Diagonale des Hyperraumes? Nach den Betrachtungen bei Flächen und Räumen kann man dies bereits vermuten. Die Diagonale der 2.Dimension hat den Wert $\sqrt{2}$, die der 3.Dimension $\sqrt{3}$ und die des Hyperraumes $\sqrt{4} = 2$.
Allgemein hat eine Diagonale in der Dimension **n** den Wert $\sqrt{n}$.

36.) Etwas Selbstverständliches

Wenn man mit zwei üblichen Würfeln spielt, ist die 7 die wahrscheinlichste Augenzahl für jeden Wurf. Am seltensten werden die 2 und die 12 auftauchen, weil es für diese beiden Zahlen nur je eine einzige Kombination beider Würfel gibt.
Von den 36 Möglichkeiten, wie die Würfel fallen können, entfallen jeweils auf die einzelnen Zahlen:

Zahl	Anzahl Elementarwürfe	P =
2	1	1/36 = 0,0277
3	2	1/18 = 0,0555
4	3	1/12 = 0,0833
5	4	1/9 = 0,1111
6	5	5/36 = 0,1388
7	6	1/6 = 0,1666
8	5	5/36 = 0,1388
9	4	1/9 = 0,1111
10	3	1/12 = 0,0833
11	2	1/18 = 0,0555
12	1	1/36 = 0,0277

Summe 36   36/36= 1,0000

37.) Etwas Schwieriges

Zwei Würfel sollen so beschriftet werden, daß die Zahlen 1 bis 12 mit gleicher Wahrscheinlichkeit auftreten. Die Lösung ist, einen ganz normalen Würfel zu nehmen und den zweiten auf drei Seiten mit Null und auf den anderen drei Seiten mit 6 zu beschriften. Dann ist gewährleistet, daß entweder eins bis sechs erscheinen (bei Null) oder sieben bis zwölf (bei 6). Alle Zahlen werden mit gleicher Wahrscheinlichkeit gewürfelt.

Es gibt noch andere schöne Lösungen, und manche davon sind nicht so leicht zu finden. Kommen Sie drauf?

Die zweite Aufgabe impliziert die obige Lösung zwar nicht ausdrücklich, aber wenn 1 bis 12 gleichwahrscheinlich sind, dann sind es bei diesen beiden Würfeln natürlich auch die 2 bis 12 untereinander.

Eine andere Möglichkeit wäre, die zwölfte Fläche nicht mit der Ziffer 1 zu beschriften, sondern mit dem Wort „Wiederholung" oder einem entsprechenden, im Grunde beliebigen Symbol, bei dem man sich auf Wiederholung geeinigt hat. Auch dies führt dazu, daß die Zahlen von 2 bis 12 - diesmal ohne die Eins - mit gleicher Wahrscheinlichkeit produziert werden.

38.) Wahrscheinlich oder sicher?

Sie dürfen also sechs mal würfeln und gefragt ist nach der Wahrscheinlichkeit, dabei <u>exakt eine Sechs</u> zu bekommen. *Überhaupt* eine Sechs zu erhalten ist damit wahrscheinlicher, weil es unter 6 Würfen nicht selten vorkommt, daß zwei oder drei Sechsen auftauchen! Wir werden das jetzt einmal analysieren.

Die Chance, eine sechs zu werfen, beträgt genau 1/6. Das trifft natürlich auch beim zweiten und bei jedem weiteren Mal zu. Wenn man sechs mal würfeln darf und genau eine sechs produzieren soll, dann zeigen einer der Würfel die sechs (dafür gibt es sechs Möglichkeiten), und fünf der Würfel die sechs *nicht*. Das heißt: $1/6 * 6 * (5/6)^5 = (6 * 5^5)/6^6 = 5^5/6^5 = 3125/7776 \approx 0{,}40$. Es gibt also eine etwa 40%-ige Chance auf genau 1 Sechs. Wie groß ist die Chance auf *mindestens* eine Sechs?

39.) Quass

Wie groß ist die Wahrscheinlichkeit, auf einmal sechs Sechsen zu werfen ?

Dies ergibt sich aus folgender Überlegung: Wenn man sich vorstellt, daß die sechs Würfel einer nach dem anderen fallen, dann hat der erste Würfel genau eine Möglichkeit, die richtige, d.h. gewünschte Ziffer zu zeigen. Die Wahrscheinlichkeit **p** für dieses Ereignis beträgt 1/6. Das Gleiche gilt nun auch für die anschließend fallenden Würfel. Zwei Sechsen mit zwei Würfeln zu erzeugen hat ein p von 1/6 * 1/6 nach der Formel

$$p \, (A \cup B) \; = \; p \, (A) * p \, (B)$$

lies: p von A und B = p von A mal p von B

Nach dieser Formel wird **p** für zusammengesetzte Ereignisse berechnet. Die Wahrscheinlichkeit für das Auftreten *beider* Ereignisse ist das Produkt der Einzelwahrscheinlichkeiten.

Führen wir das bis zum sechsten Würfel fort, ergibt sich

$$p = (\, 1/6 \,)^{6} = 1 / 6^{6}$$

Nur in einem Fall von 46.656 Möglichkeiten zeigen alle sechs Würfel die 6 an. Die gleiche Wahrscheinlichkeit gilt übrigens auch für das Ereignis, daß sechsmal die Eins oder eine der anderen Ziffern erscheint.

Nachtrag: Für einige Aufgaben wird der Begriff der *Fakultät* verwendet. Dieser spielt in der Wahrscheinlichkeitsrechnung eine große Rolle (siehe nächste Aufgabe).

Unter **n !** (lies: n Fakultät) versteht man das Produkt aus der Zahl n und aller ihrer ganzzahligen natürlichen Vorgänger. Beispiele:

1 ! = 1	5 ! = 120	(3!-1)! = 120
2 ! = 2	6 ! = 720	
3 ! = 6	7 ! = 5040	5! - 4! = 96
4 ! = 24	8 ! = 40320	10! / 8! = 90

40.) Große und kleine Straße

Gefragt ist nach der Wahrscheinlichkeit, mit einem Wurf von sechs Würfeln die große Straße zu erzielen. Das sind die Zahlen von 1 bis 6, also im Prinzip 6 Ungleiche.
Der erste Würfel hat noch alle Ziffern offen, er bringt auf jeden Fall eine passende Zahl ($p = 6/6$). Für den zweiten Würfel bedeutet dies, daß er noch 5 Möglichkeiten hat ($p=5/6$), der dritte hat noch 4 ($p=4/6$) und so fort. Der letzte muß stimmen ($p=1/6$).
Nach der Formel ergibt sich $p = 6! / 6^6$ (mit $6! = 6*5*4*3*2*1$). Gekürzt um den Faktor 6 erhalten wir $5! / 6^5$ und rechnen dies aus zu $120/7776 = 0,015432$.
Die Chance beträgt also gut 1,5 %, d.h. auf 100 Versuche wird's wohl einmal klappen.

Weiterhin war gefragt nach der Wahrscheinlichkeit für *sechs Gleiche*. Dazu halten wir uns das Ergebnis der Aufgabe 39 vor Augen. Die Chance für sechs Sechsen betrug $1/6^6$. Da es sechs Möglichkeiten für *sechs Gleiche* gibt - schließlich würden auch sechs Einsen oder sechs mal die Ziffern 2 bis 5 die Erwartung erfüllen - ist die Wahrscheinlichkeit insgesamt 6 mal so groß, d.h. wir finden $p = 1/6^5$.

Vergleichen wir die beiden Wahrscheinlichkeiten für 6 Gleiche und 6 Ungleiche:

6 Gleiche : $p = 1/6^5$.

6 Ungleiche: $p = 5!/6^5$.

Man kann hieran sehr schön erkennen, daß bei einem Einzelwurf die Wahrscheinlichkeit für 6 ungleiche Zahlen um 5! größer ist als für 6 gleiche Zahlen.
Das ist 120 mal wahrscheinlicher.
Hätten Sie das gedacht ?

41.) Nichts Unmögliches

Wie sind Sie diese Aufgabe angegangen ? Sie sollte ursprünglich zur Erstellung der Tagesanzeige eines Kalenders dienen. Aus zwei Würfeln sollen mindestens die Tage eines Monats von 01 bis 31 gebildet werden können. Sind Sie auf den Trick gekommen ? Dieser besteht darin, daß die 6 gleichzeitig als 9 verwendet werden kann.

Da man auch die Null erzeugen muß, und das auch noch in Kombination mit allen 9 anderen Ziffern, müssen beide Würfel die Null aufweisen.Einer der Würfel wird darüberhinaus mit 1 bis 5 beschriftet, der andere erhält die Zahlen 6, 7, 8 und 1 und 2. Letztere dienen dazu, die Daten 11 und 22 bilden zu können. Eine weitere Ziffer paßt nicht mehr, und so läßt sich die 33 schon nicht mehr darstellen; das Ganze endet daher bei 32. Spielen Sie es mal durch. Einige Zahlen lassen sich doppelt darstellen, z.B. die 10 und die 20, weil die beiden Ziffern auf jedem Würfel vorkommen, aber das ist nur ein Nebeneffekt.

Beschriftung: 1.Würfel: 0, 1, 2, 3, 4, 5
                    2.Würfel: 0, 1, 2, 6, 7, 8

42.) Etwas Dreidimensionales

Wieviele Würfel lassen sich um einen Zentralwürfel ordnen, so daß dieser von möglichst vielen durch Flächenkontakt berührt wird ?

Da fängt man erstmal ganz klein an mit der Überlegung. Wenn man auf jede Seite einfach einen ganzen Würfel aufsetzt, lautet das Ergebnis 6.

Man kann natürlich auch 4 Würfel oben und unten aufsetzen, so daß der Zentralwürfel je ein Viertel derer Flächen bedeckt, dann bleiben noch 4 Seiten frei für je einen Würfel, und das macht zusammen 12. Wenn man bei dieser Konstruktion 2 der vier zunächst freien Seiten mit 2 Würfeln bedeckt, kommt man auf 14, danach ist der Platz zu Ende.

Trotzdem ist es möglich,20 Würfel (!) korrekt anzuordnen! Wie ?

43.) General und Blanke Sieben

Wie wahrscheinlich ist eine *Blanke Sieben* im ersten Wurf? Dazu schauen wir uns an, aus welchen einzelnen Kombinationen die sieben Augen mit drei Würfeln zusammengesetzt sein können.

Es handelt sich um die möglichen Kombinationen

Würfel 1	*Würfel 2*	*Würfel 3*	*Perm. Nr.*
1	1	5	1
1	2	4	2
1	3	3	3
1	4	2	2
1	5	1	1
2	1	4	2
2	2	3	4
2	3	2	4
2	4	1	2
3	1	3	3
3	2	2	4
3	3	1	3
4	1	2	2
4	2	1	2
5	1	1	1

Beachten Sie die fortlaufenden Zahlen in den Spalten, z.B. zählt Würfel 2 aufwärts, während gleichzeitig Würfel 3 abwärts zählt.
Im Grunde gibt es 4 verschiedene Kombinationen von Zahlen und deren Vertauschungen untereinander, das soll die 4.Spalte zeigen. Solche Vertauschungen heißen *Permutationen*, also bspw. die sechs Möglichkeiten bei 1,2,4 / 1,4,2 / 2,1,4 / 2,4,1 / 4,1,2 / 4,2,1 .

Es sind insgesamt 15 Ereignisse von 216 Möglichkeiten, die als Summe eine Sieben ergeben.
Damit beträgt die Wahrscheinlichkeit 15/216 = 5/72 = 0,06944. Das sind etwa 7 Prozent.

44.) Warten auf den General

Die Frage nach der Chance auf einen General ist analog der Frage aus Rätsel Nr. 40 nach sechs Gleichen mit 6 Würfeln. Hier geht es um 3 Gleiche mit 3 Würfeln. Das Prinzip ist das Gleiche.

Der erste Würfel zeigt auf jeden Fall die richtige Ziffer, weil ja egal ist, welche drei Gleichen erwartet werden. Für den zweiten und dritten Würfel gilt dann die Festlegung auf diese erste Ziffer.

Die zusammengesetzte Wahrscheinlichkeit **p** ergibt sich zu

$$p = 6/6 * (1/6)^2 = 1/36$$

Das ergibt mit dem Taschenrechner ausgerechnet ungefähr 0,027777 bzw. 2,77 %. Legt man sich auf die Ziffer fest, wird das Ganze 6 mal seltener, also $p = 1/216$.

Zweite Aufgabe: Wenn man einmal nachwürfeln muß, was ergibt sich dann für eine Wahrscheinlichkeit ?

Das hängt davon ab, ob man beim ersten Wurf wenigstens schon zwei Gleiche erzielt hat oder nicht. Für diesen Fall kann man mit einem Würfel nachwürfeln, der mit $p = 1/6$ die passende Zahl aufzeigen wird. Hat man 3 Verschiedene beim ersten Wurf, kann man sich aussuchen, welche Zahl es sein soll.

Zu dieser gehört dann der entsprechende Pasch (Doppelzahl), welcher mit $p = 1/36$ zu erwarten ist.

Dritte Aufgabe: Die Gesamtwahrscheinlichkeit für einen General bei drei Würfen setzt sich zusammen aus den einzelnen Teilwahrscheinlichkeiten.

1) Man hat eine Chance von 1/36 auf einen General beim 1. Wurf.

2) Die Chance auf einen Pasch beim 1.Wurf (Ereignis A), beträgt zwei mal $6/6 * 1/6 * 5/6 = 60/216$.

Aus diesem Pasch wird beim nächsten Wurf (Ereignis B) mit einer Chance von 1/6 ein General, also beträgt die Wahrscheinlichkeit für einen solchen Verlauf :

$$p (A \cap B) = 60/216 * 1/6 = 10/216.$$

3) Schaffen Sie es, den Rest selbst auszurechnen ?

45.) Quadrat, Kubus und Hyperwürfel

Wenn man um ein Feld eines Schachbrettes einen Kreis zeichnet mit einem Radius, der der halben Felddiagonale entspricht, dann liegen die 4 Eckpunkte des Schachfeldes auf dem Kreisbogen. In jedes Nachbarfeld erstreckt sich somit ein kleines Kreissegment. Bei einer Kantenlänge von 2 cm ist die Felddiagonale $2\sqrt{2}$ cm lang und der Radius somit genau $\sqrt{2} = 1{,}414$ cm. Trägt man diese Strecke vom Feldmittelpunkt ausgehend in Richtung Mittelpunkt des Nachbarfeldes ab, so ragt sie um $\sqrt{2} - 1 = \mathbf{0{,}414\ cm}$ in das Nachbarfeld hinein. Die dadurch vom Kreisbogen umgrenzte Fläche berechnet sich folgendermaßen:

a) Der Kreis hat die Fläche $\pi\,r^2 = 3{,}1415 * 2 = 6{,}283$ cm^2.

b) Der eine Kreissektor, der in das Nachbarfeld hineinreicht, hat genau ¼ dieser Fläche, d.h. $1{,}570795$ cm^2.

c) Das Kreissegment, welches das Nachbarfeld bedeckt, ist ein Teil des Kreissektors.
   Seine Fläche entspricht der Differenz aus Kreissektor minus ¼ der Fläche des Schachfeldes gleich = $1{,}5708 - 1 = 0{,}5708$ cm^2

d) Da das Nachbarfeld von 4 dieser Kreissegmente bedeckt wird, sind von dessen 4 cm^2 insgesamt $4 * 0{,}5708$ cm^2 bedeckt, das ergibt $4 - 2{.}283 = 1{,}7168$ cm^2.
   Damit ist das Feld zu etwa 42,92% bedeckt.

Kommen wir jetzt zur 3. Dimension. Wir betrachten einen Würfel, der einer Kugel einbeschrieben ist. Die Raumdiagonale des Würfels entspricht dem Kugeldurchmesser und beträgt $2\sqrt{3}$ cm. Der Radius beträgt somit genau $\sqrt{3}$ cm. Trägt man diese Strecke vom Mittelpunkt des Würfels/der Kugel ab in Richtung Nachbar, so ragt sie um $\sqrt{3} - 1 = \mathbf{0{,}732\ cm}$ in den Nachbarkörper hinein. Die Verhältnisse in der 3. Dimension machen lediglich die Rechnung komplizierter, aber das Ergebnis steht bereits fest: Das Volumen, welches in den Nachbarkörper hineinreicht, ist prozentual größer als die bedeckte Fläche im ersten Teil der Aufgabe. Dies sollte gezeigt werden. Wie sieht das eigentlich in der 4. Dimension beim Hyperkubus aus ?

46.) Intransitive Würfel

Hätten Sie das gedacht? Ein Würfel besser als der andere- man muß nur den Gegner als ersten wählen lassen.
Die Reihenfolge der Wertigkeit bei den vier gegebenen Würfeln nimmt von links nach rechts zu: a) < c) < b) < d) < a)...

Es ist schon ein recht subtiles Unterfangen, diese Würfel zu analysieren. Spielen Sie das mal durch; man nehme sich 20 bis 30 Runden vor und notiere jeweils beim Gewinnerwürfel einen Strich. Testen Sie a gegen c, c gegen b, b gegen d und d gegen a.

Wie stünden nun die Chancen, wenn Sie gegen den Spielmacher antreten müßten ? Die Chancen stehen jedesmal gegen Sie, und zwar 1 zu 2. Der stärkere Würfel hat jeweils eine Gewinnerwartung von 2/3, während nur 1/3 auf Ihrer Seite ist. Das kann auf Dauer nicht gutgehen, und je länger Sie spielen, desto wahrscheinlicher und schlimmer verlieren Sie.

47.) Ganz einfach ... ?

Fünf Würfel in einer Reihe - obenliegend die 1 - 4 - 2 - 6 - 4 . Wußten Sie, daß Sie die Angabe für die Außenseiten gar nicht brauchen? Würfel sind grundsätzlich so beschriftet, daß die Summe zweier gegenüberliegender Seiten immer *sieben* ergibt.
Da die nicht sichtbaren Unterflächen somit auf 6 - 3 - 5 - 1 und 3 lauten müssen, ist deren Summe gleich 18.

Nun aber eine schwierigere Frage: Sie sehen wieder einige Würfel vor sich. Welche Summe haben die drei Unterfelder ?

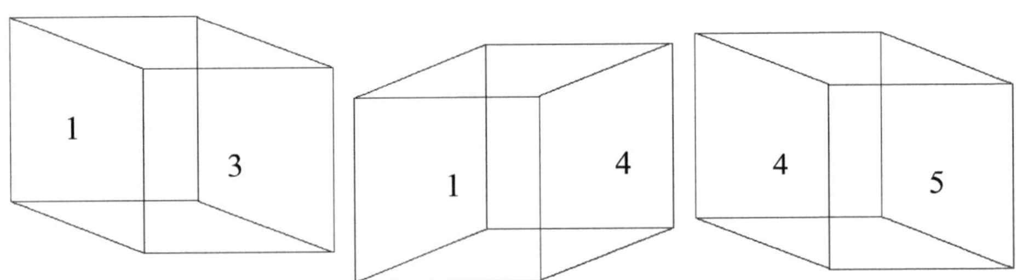

48.) Zehntausend

Ein faszinierendes Spiel-*Zehntausend*! Man kann stundenlang mit wachsender Begeisterung spielen und auf gute Chancen hoffen. Wenn Sie im ersten Wurf drei Einsen haben, sind das schon 1000. Wer würde da nicht „auf 10.000 gehen" wollen? Die Chance, mit drei Würfeln *mindestens* eine 1 zu würfeln, ist eine andere, als genau *eine* Eins zu würfeln. Der Begriff *mindestens* impliziert, daß auch zwei Einsen oder gar drei Stück erscheinen können. Es gilt also mehrere voneinander unabhängige Ereignisse zu unterscheiden, deren Einzelwahrscheinlichkeiten zu addieren sind.

Ereignis A : eine Eins
Ereignis B : zwei Einsen
Ereignis C : drei Einsen

$$p \, (A \cup B \cup C) = p(A) + p(B) + p(C).$$

Man muß jetzt noch die Einzelwahrscheinlichkeiten ausrechnen.

A) p = 1/6 * 5/6 * 5/6 + 5/6 * 1/6 * 5/6 + 5/6 * 5/6 * 1/6

    Jeder der drei Würfel könnte die Eins zeigen, daher müssen 3 Zeilen addiert werden: $3*1/6 * (5/6)^2 = 75/216$ (vgl. Aufg. 38)

B) p = 1/6 * 1/6 * 5/6 + 1/6 * 5/6 * 1/6 + 5/6 * 1/6 * 1/6

    Es gibt nämlich 3 Möglichkeiten für den Einser-Pasch. Also
$$p = 3 * (1/6)^2 * 5/6 = 15/216$$

C) $p = (1/6)^3 = 1/216$

Die Gesamtwahrscheinlichkeit, mit dem Nachwurf 10.000 Punkte zu machen, beträgt somit $91/216 = 0{,}421296$.
Gar nicht so schlecht.

Zweite Frage: Wie groß ist die Wahrscheinlichkeit, mit den sechs Würfeln auf Anhieb drei Einsen hinzulegen ?

$$p = (1/6)^3 * (5/6)^3 * 20 = 20 * 5^3/6^6 = 2500/ 46.656 = 0{,}053584 .$$

Mit den errechneten 5,36 Prozent ist dies ein nicht sehr häufiges Ereignis. Immerhin, die Chance auf „3 Gleiche" ist sechs mal so groß, dann sind es schon über 30%. Warum wird in der o.a. Rechnung eigentlich mit 20 multipliziert ?

49.) Die Konstruktion

Das Drahtgerüst eines Würfels besitzt 8 Ecken. Da an jeder Ecke drei Kanten zusammenlaufen, nützt es Ihnen nichts, wenn sich statt zweier loser Drähte ein geknickter Draht an einer Ecke befindet. Sie müssen den dritten Draht trotzdem anschweißen - die Zahl der Schweißnähte verringert sich durch die Idee des Herrn Ratlos also nicht. Allenfalls wird die Ecke etwas genauer geformt werden können, da statt dreier loser Drähte, die in einem Punkt zusammenlaufen, nur einer an einen Knick angepaßt werden muß.

50.) Das Problem mit der Wahrscheinlichkeit

Die mit Gold gefüllte Schatulle hat eine Seitenlänge zwischen 1 und 3 dm. Es gibt keinen vernünftigen Grund, einen besonderen Wert dazwischen zu bevorzugen, es sei denn genau die Mitte.

Der letzte Satz sollte Sie auf das eigentliche Problem aufmerksam machen, nämlich, wieviel Gold in der Schatulle vermutet werden könnte. Das Volumen Gold hängt natürlich von der Seitenlänge ab. Zwei Seitenlängen definieren eine Fläche, drei Seitenlängen ein Volumen. Bei 1cm Länge hätte man ein Volumen von $1cm^3$ zu erwarten, bei 2 cm Länge wüchse dies schon auf $8\ cm^3$ und bei 3 cm bereits auf beachtliche $27\ cm^3$. Vom Volumen ausgehend, hätten Sie ebenfalls keinen vernünftigen Grund, ein Bestimmtes anzunehmen, es sei denn genau die Mitte.

Beide Vorstellungen sind jedoch unvereinbar. Nehmen Sie die Mitte der Seitenlänge und postulieren eine Wahrscheinlichkeit von 50% dafür, liegen Sie damit bzgl. Volumen völlig daneben und umgekehrt, denn das mittlere Volumen von ca. $13,5\ cm^3$ bedeutete eine Seitenlänge von etwa 2,3814 cm, die anzunehmen Sie keinen sonstigen vernünftigen Anlaß hätten.

Also können Sie im Grunde gar keine Aussage treffen, jedenfalls nicht streng logisch begründet, und das ganze schöne Gold wird im Besitz von „Jemand" bleiben. Die Dimensionen der Schatulle werden wahrhaft und gänzlich zufällig ausgefallen sein.

51.) Nur eine Kleinigkeit

Hier hat man es offenbar mit verschieden gepunkteten Würfeln zu tun. Vorausgesetzt, daß die Anordnung der Punkte auf Seite und Gegenseite Sieben als Summe ergeben soll, sind zunächst zwei spiegelbildliche Würfel denkbar.

Man unterscheide auch die Begriffe „die gleiche" Bezifferung und „dieselbe" Bezifferung. Ersteres bedeutet nur, daß auch die Ziffern 1 bis 6 und nicht etwa Buchstaben oder Bilder vorhanden sind. Die Beschriftung kann aber links- oder rechtsdrehend sein. Letzteres bedeutet, daß die Beschriftung identisch ist, also zwei beschriftungs-identische Würfel vorliegen.

Bei den beiden spiegelbildlichen Formen spielen noch die Anordnungen der Punkte bei der 2, 3 und 6 eine Rolle - diese können nämlich um 90 Grad gedreht bzw. längs- oder quer orientiert sein.

Damit sind unterscheidbar:

1) linksdrehender Würfel

a)	n n n
b)	n n g
c)	n g n
d)	n g g
e)	g n n
f)	g n g
g)	g g n
h)	g g g

(2, 3, 6 : n = normal, g = gedreht)

2) rechtsdrehender Würfel

a) bis h) wie oben

Damit lassen sich streng genommen 16 in der Beschriftung differente Würfel unterscheiden.
Hätten Sie das vermutet ?

52.) Das Raumproblem

Allgemein läßt sich eine Kugel besser in einen Würfel hineinverfrachten, als umgekehrt. Die Kugel füllt das vorhandene Volumen des Würfels besser (52,36%) aus, als es ein Würfel könnte, den man in eine Kugel hineinsteckt (36,76%).
Warum ist das so - das sollen die Berechnungen zeigen:

a) Der Würfel hat bei 2 cm Kantenlänge ein Volumen von 8 cm^3
Da hinein paßt vollständig eine Kugel vom Durchmesser 2 cm, welche ein Volumen von 4/3 π r^3 = 4,18879 cm^3 hat.
Ins Verhältnis gesetzt, ergibt das ein ausgefülltes Volumen von 4,1888/ 8 = 52,359 %.

b) Der umgekehrte Fall: Die Kugel mit dem Durchmesser 2 cm kann nur einen Würfel aufnehmen, dessen Raumdiagonale einen Maximaldurchmesser von 2 cm hat. Da diese Diagonale a√3 mißt, errechnet sich a zu: 1,732 x = 2 $\Rightarrow$ x = 1,1547 cm.
Bei dieser Kantenlänge beträgt das Würfelvolumen 1,5397cm^3.
Ins Verhältnis gesetzt,ergibt sich ein ausgefülltes Volumen von 1,5397 / 4,18879 = 36,7585 %.

Die Aufgabe kann indes auch anders verstanden werden. Im obigen Fall haben wir zwei normierte Ausgangsgebilde genommen; sowohl Würfel als auch Kugel hatten als Objekte, *denen* etwas einbeschrieben werden sollte, jeweils 2 cm Längsdurchmesser. Stellen wir uns nun vor, die jeweils *einzubeschreibenden* Objekte seien normiert und hätten einen Längsdurchmesser von 2 cm.

Wie sehen die Verhältnisse dann aus ?

53.) Die Verdoppelung

Sie sollen einen Einheitswürfel mit dem doppelten Volumen basteln. Wie groß muß dessen Kantenlänge sein ?

Der Einheitswürfel hat ein Volumen von 1cm³ bei einer Kantenlänge von 1 cm. Wenn das Volumen als dritte Potenz der Kantenlänge 2 cm³ betragen soll, muß die Kantenlänge den Wert $\sqrt[3]{2}$ annehmen. Das sind ungefähr 1,2599211, gerundet 1,26 cm.

Zweite Frage: Sie sollen 1000 Einheitswürfel zu mehreren Kuben zusammensetzen, so daß ein Rest von einem Einheitswürfel verbleibt. Welche Seitenlängen haben diese Kuben ?

Die Lösung besteht z.B. aus

1 Kubus zu 9^3 = 729 Einheitswürfeln,
1 Kubus zu 6^3 = 216 Einheitswürfeln
2 Kuben zu 3^3 = 54 Einheitswürfeln
1 Kubus zu 1^3 = 1 Einheitswürfel .

Das macht zusammen 1000 Einheitswürfel.
Nennen Sie bitte noch eine andere Lösung.

54.) Das Raumproblem (II)

Wenn Sie richtig gerechnet haben, haben Sie festgestellt, daß es völlig egal ist, ob man 1 Kugel mit 40 cm Durchmesser oder 1000 Kugeln mit 4 cm Durchmesser verwendet. Diese Tausend Kugeln kann man sich als in 1000 in gleichem Maßstab verkleinerten Würfeln einbeschrieben vorstellen, und für jede dieser Einheiten aus Kugel und Würfel bliebe natürlich das Verhältnis der Volumina zueinander gleich. Es ändert sich also nichts,auch wenn man es noch tausendmal kleiner machen würde.

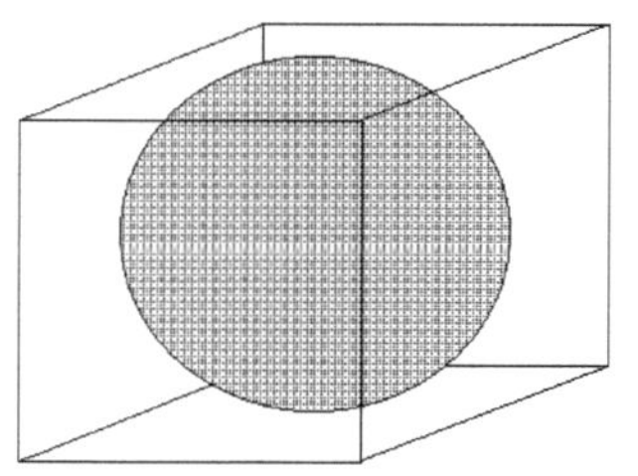 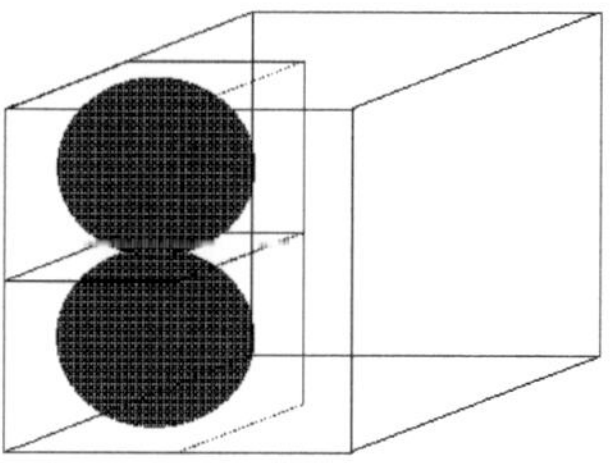

55.) Spiegelungen

Man nehme einen Würfel und zeichne auf eine Seite längs oder quer eine Seitenhalbierende. Wenn jede Seite des Würfels mit solch einer Seitenhalbierenden gekennzeichnet wird, wieviele verschieden beschriftete Würfel sind auf diese Weise möglich?

Es gibt mehrere Möglichkeiten, diese Fragestellung anzugehen.

1.) Beginnen wir damit, 4 Flächen genau gleichartig zu beschriften. Es entsteht dann eine den Würfel umspannende Mittelhalbierende.
Es verbleiben somit zwei Arten, die
beiden Restflächen zu beschriften:

a) längs, längs
b) längs, quer.

Wenn man beide quer einzeichnet,
läßt sich der Würfel durch Drehung
wieder in die Längsform überführen.

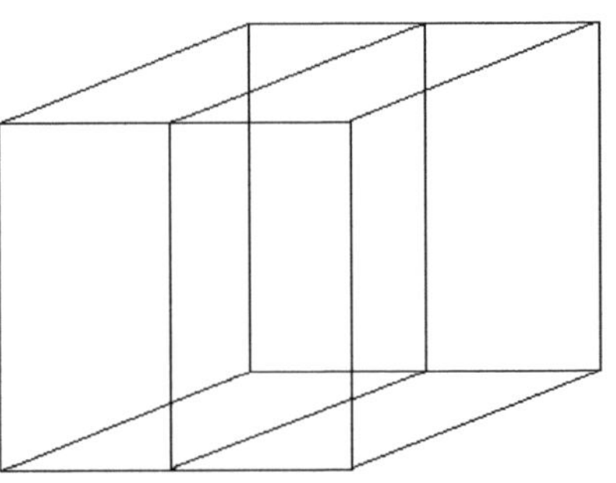

2.) Wir beschriften 3 angrenzende Seiten gleichartig. In dem oben gezeigten Grundgerüst wird eine Mittelstrecke, z.B. die im Bild hintere, von längs nach quer verändert.
Die restlichen 2 Seiten können dann
wie folgt beschriftet werden:

a) quer, quer

b) quer, längs

c) längs,längs

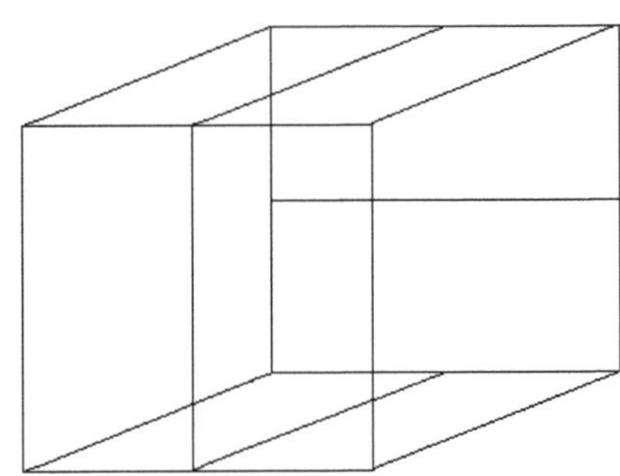

Die Form „längs,quer" kann durch zweimaliges Drehen im Uhrzeigersinn aus b) geformt werden. Dies wäre deckungsgleich.

3.) Nun werden nur 2 angrenzende Seiten gleich beschriftet und die anderen so angeordnet, daß sich keine fortlaufende dritte Mittelhalbierende anschließt. Diese Form und ihr Spiegelbild stellen zwei weitere unterschiedlich beschriftete Körper dar.

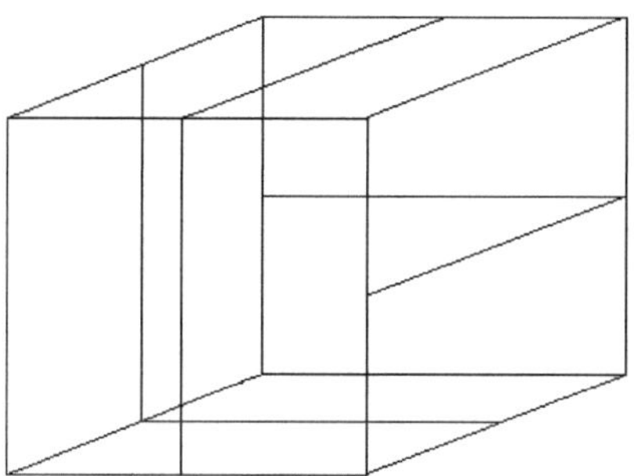

4.) Als letzte Möglichkeit steht die Form zur Verfügung, die sich ergibt, wenn man immer nur 1 Seite beschriftet ohne direkte Fortführung der Linie auf eine angrenzende Seite.
Es stehen sich also immer zwei gleich verlaufende Linien gegenüber, so wie sich sonst die Ziffern dieser Seiten zu 7 ergänzen.

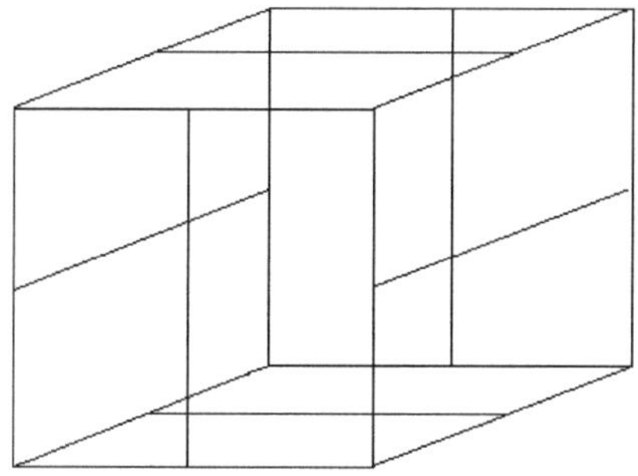

Insgesamt sind somit 8 verschiedene Beschriftungen eines solchen Würfels möglich.

56.) Ein faires Spiel (?)

Viele Menschen unterliegen bei dieser Fragestellung einer klassischen Fehleinschätzung. Da man intuitiv - schließlich gibt es von jeder Sorte gleichviel Karten - von einer scheinbaren Chancengleichheit ausgeht, neigt man zu der spontanen Antwort, die Wahrscheinlichkeit für 2 Gleiche betrage 50%.

Dies ist jedoch falsch, wie die folgende Überlegung zeigt.

Wenn die vier Karten verdeckt auf dem Tisch liegen und Sie eine von ihnen gezogen haben, dann halten Sie auf jeden Fall diese Karte - die immer richtig ist - bereits in der Hand und versuchen also, die zweite Karte dazu passend aus einer Menge von drei Restkarten zu ziehen, unter denen sich *eine* Richtige und *zwei* Falsche befinden. Die Chancen stehen also glatt 2 zu 1 <u>gegen</u> Sie.

Von Anfang an steht fest, daß die erste Karte „paßt". Daher ist die Wahrscheinlichkeit für zwei Gleiche nur 1/3 gleich 33,33 % .

Schwieriger wird die Aufgabe nur scheinbar dann, wenn man demjenigen, der sie lösen soll, vermittelt, er solle die beiden Karten *gleichzeitig* ziehen.

Damit täuscht man um die Überlegung herum, daß die erste Karte immer richtig ist. Insgesamt gibt es folgende Elementarlösungen, je zwei Karten zu ziehen: Buben (B_1, B_2) und Asse (A_1, A_2)

1) B_1 , B_2

2) B_1 , A_1

3) B_1 , A_2

4) B_2 , A_1

5) B_2 , A_2

6) A_1 , A_2

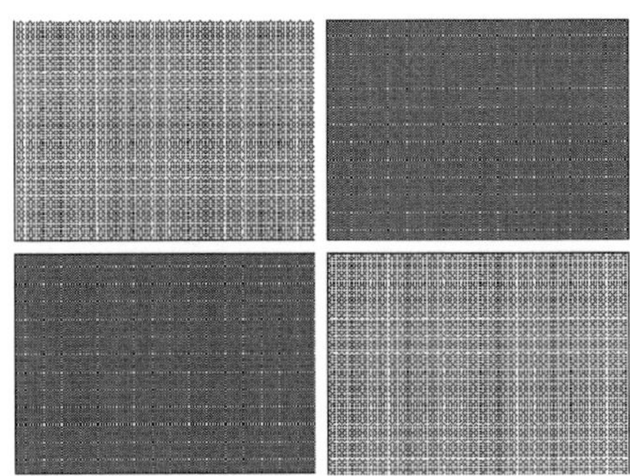

Hieraus ist klar zu erkennen, daß auf sechs Möglichkeiten nur zwei Gewinne kommen. Da die Wahrscheinlichkeit **p** definiert wird als Verhältnis der Anzahl der eine Bedingung erfüllenden Möglichkeiten zur Gesamtzahl der Möglichkeiten, erhalten wir den Quotienten 2/6 bzw. ein Drittel.

57.) Vorstellungsvermögen

Hierbei handelt es sich um einen altbekannten Trick, der durch Nachdenken gut zu lösen ist. Man kann damit seine Zuschauer immer ganz gut verblüffen.

Von den 12 Spielkarten ordnet man die Karo- und Herzkarten zunächst vor sich auf dem Tisch jeweils „auf Lücke" an. Diese Lücken entsprechen den Karten, die jeweils hintergesteckt werden. Die anderen Karten werden dann logisch in die Lücken eingesetzt.Nachdem die Karte Nr.6 (Herz König) abgelegt wurde, erscheint oben auf dem späteren Stapel also eine, die hintergesteckt werden muß. Betrachten Sie also die Stelle nach dem Herz König als Lücke und legen Sie irgendeine Karte an 7. Stelle. *(Diese ersetzen Sie in Folge durch eine andere, wenn sie gebraucht wird. Letztlich gehört die Kreuz Dame dorthin.)* In die erste Lücke muß dann der Pik Bube gelegt werden. Nun aufgepaßt: Die nächste freie Lücke entspricht wieder einer hinterzusteckenden Karte. Also kommt die Pik Dame in die *übernächste* Lücke hinein. Weiter geht es mit der übernächsten Lücke und dem Pik König.

Jetzt wäre die Karte dran, die sie an 7.Stelle gelegt haben; sie wird im Geiste hintergesteckt. In die nächste, noch offene Lücke muß also der Kreuz Bube gelegt werden. Jetzt haben Sie noch 1 Karte in der Hand. Die letzte Lücke muß die hinterzusteckende Karte erhalten, also Kreuz König. Halten Sie diesen in der Hand, dann hinein damit. Halten Sie die Kreuz Dame in der Hand, tauschen Sie diese mit dem Kreuz König, der an 7.Stelle liegen muß, aus.

Es ist nicht viel schwerer, das Ganze mit dem vollständigen Skatblatt zu machen. Legen Sie die Hälfte der Karten in natürlicher Reihenfolge auf Lücke, abschließend mit Herz As. Hieran legen Sie noch eine beliebige Karte an als nächste, später Hinterzusteckende. Ergänzen Sie die Pik- Flotte in die ungeraden Lücken und weiter mit Kreuz. Die letzten beiden Lücken werden in umgekehrter Reihenfolge belegt - erst die größere, zuletzt die kleinere Karte - und das war's schon. Wetten, das macht Ihnen keiner spontan nach?

58.) Ein übler Trick

Wer sich nicht ein wenig mit Mathematik auskennt, wird diesen Kartentrick sicher nicht durchschauen können. Er hat etwas mit dem Binärsystem zu tun.

Zunächst die Beschreibung. Die ausgewählte Karte ist völlig beliebig. Sie muß an eine Stelle positioniert werden, die von der Gesamtzahl der Karten abhängt und einen geraden Wert hat. Da Sie anschließend, beginnend mit der ersten Karte, alle an ungerader Stelle liegenden Karten aufdecken, versteht sich das von selbst. Das Problem liegt darin, daß die Karte auch an einer Stelle verbleibt, die später *erneut* hintergesteckt wird. Und weiterhin auch im dritten oder vierten Durchlauf, bis sie dann als allerletzte übrigbleibt.

Rein praktisch macht man das so: Man nimmt den Wert für die Anzahl verfügbarer Karten und subtrahiert davon die nächst niedrigere Zweierpotenz. Das Ergebnis verdoppelt man und erhält so die Stelle, an die die gewählte Karte gelegt werden muß.

Beispiele :

Anzahl: 24 Karten. Rechnung: 24 - 16 = 8 ; 8 * 2 = 16. Stelle
Anzahl: 19 Karten. Rechnung: 19 - 16 = 3 ; 3 * 2 =   6. Stelle
Anzahl: 16 Karten. Rechnung: 16 - 8 = 8 ; 8 * 2 = 16. Stelle
Anzahl: 9 Karten. Rechnung: 9 - 8 = 1 ; 1 * 2 =   2. Stelle

Die Reihenfolge kann man übersichtlich in einer Binärnotation veranschaulichen.

1 steht dabei für ungerade, 0 für gerade bzw. hinterstecken. Nehmen wir ein Beispiel mit 12 Karten. Die Auserwählte kommt auf Position Acht: 1 0 1 0 1 0 1 A 1 0 1 0. Da nach dem ersten Durchgang alle Einsen weggefallen sind, befindet sich die Karte nun an 4. Stelle.: 1 0 1 A 1 0. Nach dem nächsten Lauf steht sie an 2. Stelle und wird dann zur Letzten. So sieht es *immer* aus. Die Position halbiert sich, bis sie, von einem Lauf mit ungerader Anzahl ausgehend, auf die Reihe der 2-er -Potenzen „einschwenkt". Bei ungerader Anzahl steht die Karte einmalig an ungerader Stelle, der Lauf setzt sich aber genau hier fort mit „Hinterstecken" und ab dann kommt das bekannte Schema.

59.) Skat

Dieses ist eine sehr interessante Aufgabe. Die Zahl der Möglichkeiten, je 10 Karten auf drei Spieler zu verteilen und einen Skat beiseite zu legen, ist so immens groß, daß sie praktisch immer unterschätzt wird. Es besteht in der Tat so gut wie keine Aussicht, ein einmal erhaltenes Spiel in genau der gleichen Verteilung wieder zu erhalten, auch wenn Sie Ihr Leben lang acht Stunden täglich spielen würden.

Zunächst die Berechnung der Wahrscheinlichkeit, die berühmten 4 Buben zu erhalten. Diese ist übrigens völlig identisch mit derjenigen, 4 andere beliebige Karten zu erhalten, also auch 4 Asse.

Man rechnet zunächst „4 aus 32", auch ausgedrückt „32 über 4" und stellt folgende Formel auf.

Dabei stehen n für die Gesamtzahl der Karten des Spieles (32) und k für die Menge auserwählter Karten (4).

$$\binom{n}{k} = \frac{n!}{k!\,(n-k)!} = \frac{32!}{4!\,(28)!} = \frac{32*31*30*29}{1*2*3*4}$$

Die Auflösung ergibt 35.960. Es gibt also 35.960 verschiedene Arten, sich 4 Karten aus 32 herauszusuchen. Eine davon ist die Kombination zu 4 Buben. Bei dieser Angabe ist bereits eingerechnet, daß die Reihenfolge egal ist, denn es gäbe immerhin noch 24 Möglichkeiten, 4 Buben unterschiedlich anzuordnen. Das ist beim Skatspiel aber egal. Deshalb wurde in der Formel übrigens durch 4! geteilt, das ist nämlich 24.

Nun haben wir aber nicht nur 4 Karten herauszusuchen, sondern insgesamt 10. Das heißt, wir können uns noch 6 beliebige Karten dazu aussuchen. Alle diese Kombinationen haben also 4 Buben plus sechs beliebige Karten.

Eingesetzt in die Berechnungsformel erhalten wir

$$\frac{32!}{4! * 6! * 22!}$$

Auf das gleiche Ergebnis kommt man, wenn man sich vorstellt, daß man die 6 anderen Karten nacheinander zieht. Es gibt 28 Möglichkeiten, eine weitere Karte zu bekommen. Für zwei weitere Karten gibt es 28*27 Möglichkeiten. Da dann jedes Paar doppelt vorkommt - so wären die Paare (1,2) und (2,1) identisch - muß noch durch 2 geteilt werden.

Für die dritte Karte gibt es noch 26 Möglichkeiten, und es muß noch durch 3 geteilt werden usw., dann ergibt sich ein Zusatz von

$$\frac{28*27*26*25*24*23}{1*2*3*4*5*6} = 376.740$$

Das sind 376.740 Möglichkeiten für <u>jeweils 4 Buben</u> mit 6 anderen, verschiedenen Karten.

Zehn Karten abzugreifen aus 32 sind auf insgesamt

$$\frac{32!}{10!*22!}$$

verschiedene = 64.512.240 Arten möglich. Davon sind (s.o.) genau 376.740 solche Verteilungen mit 4 Buben und 6 anderen Karten.

Setzt man dies ins Verhältnis, beträgt die Chance auf 4 Buben unter seinen 10 Karten genau 0,0058398 % oder 1 zu 171,23809.

Mit derselben Formel rechnet man auch aus, wieviele Verteilungen es beim Skatspiel überhaupt gibt. Die Formel dafür lautet:

$$\frac{32!}{10!*10!*10!*2!}$$

Das sind immerhin mehr als 2,7 Billiarden mögliche Verteilungen, nämlich exakt 2.753.294.408.504.640 .
Eine kaum noch vorstellbare Zahl.

60.) Ein Trumpf kommt selten allein...

Wieviele Möglichkeiten gibt es, die 4 Buben unter 3 Spielern und dem Skat zu verteilen ?
Die Frage ist gleichbedeutend mit derjenigen, wieviele Kombinationen zu 4 Elementen unter den Gegebenheiten möglich sind. Beginnen wir mit der Fallunterscheidung:

Spieler 1-2-3-Skat

004 0	003 1	002 2
040 0	030 1	020 2
400 0	300 1	200 2
013 0	012 1	011 2
031 0	021 1	
022 0		
103 0	102 1	101 2
130 0	120 1	110 2
301 0		
310 0		
112 0	111 1	
121 0		
202 0	201 1	
220 0	210 1	

Hiernach sind es 30 verschiedene Möglichkeiten, was die Zahl der Buben betrifft. Differenziert man nun noch nach Farbe, also Kreuz, Pik, Herz und Karo, wird die Zahl viel größer.

61.) Etwas Banales

Wie groß ist die Chance, 2 Buben im Skat zu finden ?

Nach der bekannten Formel beträgt die Zahl der Möglichkeiten, zwei Karten in den Skat zu legen, genau " 2 aus 32 ",
d.h. 32 * 31 / 2 = 16 * 31 = 496 .

Jede einzelne Kombination aus zwei Karten (dabei ist die Reihenfolge egal) hat also eine Wahrscheinlichkeit von

1/496 = 0,002016 oder auch 0,2016 % .

Da es insgesamt 6 verschiedene Kombinationen gibt, nämlich

Kombination	1. Bube	2. Bube
Nr. 1	♣	♠
Nr. 2	♣	♥
Nr. 3	♣	♦
Nr. 4	♠	♥
Nr. 5	♠	♦
Nr. 6	♥	♦

beträgt die Chance auf zwei beliebige Buben mithin

6 / 496 = 0,0120967 , das sind etwas mehr als 1,2 %.

Statistisch passiert das also etwa alle 82 bis 83 Spiele.

62.) Der Narr im Spiel

Wie groß ist die Chance, alle 15 Karten von einer Farbe auf die Hand zu bekommen ?

Die Anzahl aller Karten beträgt 60, die Auswahl 15. Danach ergibt sich zur Berechnung **15 aus 60**, was gleichbedeutend ist mit

$$\frac{60 \, !}{15! * 45!} \quad .$$

Soviele Möglichkeiten gibt es, 15 diverse Karten aus 60 zu erhalten, und <u>eine</u> davon ist die mit 15 Stück einer Farbe.

Die Chance, daß zwei Spieler genau alle 15 Karten einer Farbe bekommen, beträgt dann

$$\frac{60 \, !}{15! * 15! * 30!} \quad .$$

Der Quotient ist jetzt viel größer geworden, weil der Nenner deutlich kleiner geworden ist. Statt 45! stehen hier jetzt nur noch 15! und 30!. Da die gewünschte Verteilung nur 1 Möglichkeit dieser Gesamtsumme darstellt, ist diese im Vergleich zur ersten Rechnung mit viel geringerer Wahrscheinlichkeit zu erwarten.

Jetzt kommt das Interessante. Die Chance für 3 Spieler, genau alle 15 Karten einer Farbe zu bekommen, muß genauso groß sein wie die für 4 Spieler, denn wenn drei Farben auf drei Händen sitzen, dann muß der 4.Spieler die vierte Farbe vollständig haben, anders geht's nicht. Gibt das die Formel her? Na logisch, da jetzt im Nenner viermal 15! in Folge steht. Das Fakultätszeichen wird hier benötigt, um alle möglichen Verteilungen der jeweils 15 Karten eines Spielers *untereinander* zu berücksichtigen.

Es gibt ja keinen Unterschied, ob dessen Karten in auf- oder absteigender Reihenfolge verteilt wurden oder völlig durcheinander. Damit diese möglichen Verteilungen nicht alle extra gezählt werden, muß die Division erfolgen. Es gibt nämlich 15! Anordnungen der 15 Karten einer Farbe untereinander! Eine riesige Zahl, nämlich über 1 Billion: 1.307.674.368.000 .

Jetzt sind Sie dran: Wie sieht es aus bei 3 Spielern und 5 Farben ?

63.) Logik

Es ist nicht ganz so egal, wie es zunächst scheinen mag. Ein Stich „daneben" wird zwar für den betreffenden Spieler in jedem Falle mit 20 Minuspunkten geahndet. In der Gesamtwertung kommt es aber nicht nur auf den Absolutwert der eigenen Punktzahl an, sondern auch auf die relative Position zu den Mitspielern.

Nehmen wir an, es sind 14 Stiche von 15 Möglichen angesagt. Das bedeutet, daß in jedem Falle einer der Mitspieler einen Stich mehr einfängt, als er haben möchte. Für diesen einfachen Fall ginge das Spiel mit einer Gesamtbilanz von 20 Minuspunkten aus.

Stellen Sie sich vor, es fehlt Ihnen bis zu Ihrer Ansage noch genau ein Stich - wenn Sie den bekämen, wären Sie richtig und ein Anderer kassierte den nicht-angesagten Stich mit 20 Minuspunkten. Und Sie könnten weiterhin im vorletzten Stich entscheiden, ob Sie keinen mehr - oder aber beide Stiche nehmen. Im ersten Fall hätten Sie dann einen *zu wenig*, im zweiten Fall einen *zuviel* gemacht. Für Sie und Ihr Punktekonto bedeutet das dasselbe.
Nicht aber für diejenigen Spieler, die nach Ihnen dran sind. Diese sind vielleicht schon zufrieden und wollen keinen Stich mehr haben. Sie sollten dann "gehässigerweise" beide Stiche durchlassen, also *keinen* mehr nehmen. Das führt dazu, daß Ihre Mitstreiter nun ebenfalls Minuspunkte erhalten.
Entweder haben zwei Spieler je einen Stich zuviel oder einer sogar zwei zuviel.
Sie haben sozusagen die Macht, das Spielergebnis zu splitten zwischen (0 /+1) Stiche und (-1/+2) Stiche.
Neben Ihren 20 Minuspunkten kassieren dann entweder 2 weitere Spieler auch 20 Punkte oder einer sogar 60 Punkte !

Dafür lohnt es schon, im Spiel nachzudenken. Theoretisch könnten Sie noch einen weiteren Stich durchgehen lassen, welcher Sie 40 Punkte kostete, um dem Gegner einen dritten zuviel und damit 60 Punkte zuzuschieben.

64.) Bilder und Punkte

Die meisten Minuspunkte gibt es nur dann, wenn ein Spieler alle Bilder kassiert. Bis auf Eines werden dann alle seine Karten Minuspunkte bringen, wohingegen bis zu 3 erste Bilder, die drei andere Spieler einfangen würden, als „Spaß" aus der Wertung fielen.

Wer alle 16 Bilder bekommt, erhält auf diese Weise neben einmal „Spaß" (1.Bild) und einmal 10 Punkten (2.Bild) satte vierzehn mal 20 Minuspunkte, insgesamt also 290 Minuspunkte.

Glücklicherweise kommt das selten vor.

Als Bonus erhält derjenige Spieler, der gar kein Bild bekommt, 10 Pluspunkte gutgeschrieben.

Für den Fall, daß jemand alle Bilder bekommen hat, bedeutet dies, daß er seine Position über die 290 Minuspunkte hinaus noch um 10 weitere Punkte relativ zu den Anderen verschlechtert, so als hätte er allein 300 bekommen.

65.) Ein Notstand

Die Aufgabe ist leicht zu lösen (siehe Aufgabe 62). Man bestimme die Zahl der Möglichkeiten, „15 Karten aus 75" auszuwählen bzw. zu verteilen. Genau eine davon ist diejenige, bei der ein Spieler alle Sternchen- Karten auf der Hand hat.

$$\frac{75\,!}{15! * 60!}\,.$$

Das ist nicht gerade wahrscheinlich.

68.) Hochzeit

Wenn die Kreuz-Damen auf einer Hand sitzen sollen, muß man zunächst ausrechnen, auf wieviele Arten „2 aus 48" gezogen werden können, sofern mit Neunen gespielt wird.

„2 aus 48" entspricht

$$\frac{48!}{2! * 46!}$$

Das sind 48 * 47 : 2 = 1128 Möglichkeiten. Eine davon ist die mit den beiden Kreuz-Damen auf einer Hand.

Wir müssen jetzt feststellen, wieviel häufiger dies auftritt, wenn wir dazu noch 10 beliebige Karten hinzubekommen (vgl. Aufgabe Nr.59).

Für die erste zusätzliche Karte gibt es noch 46 Möglichkeiten usw. bis zur 10.Karte mit 37 Möglichkeiten. Wir müssen dann noch durch 10! teilen, um die jeweils untereinander identischen Kombinationen zu berücksichtigen und erhalten 16.503.443 * 247 = 4.076.350.421. Dies sind alle möglichen Kombinationen einer Hochzeit mit weiteren 10 beliebigen Karten.

Dies müssen wir ins Verhältnis setzen zu der Anzahl <u>aller</u> möglicher Kombinationen zu 12 Karten, also „12 aus 48".

$$\frac{48!}{12! * 36!}$$

Wir erhalten 85.273.604 * 247 = 21.062.580.188 für „12 aus 48".

Ins Verhältnis gesetzt, ergibt sich für die Hochzeit eine Chance zu 0,1935351 bzw. 19,35 % oder auch 1 zu 5,167019.

Das korreliert ganz gut mit den Erfahrungen aus der Praxis.

69.) Mehrere Unbekannte

Die erste Lösung ist einfach. Nach dem bekannten Schema rechnet man „2 aus 32" aus.
Das sind

$$\frac{32\,!}{2! * 30!} \;=\; 32 * 31 : 2 \;=\; 16 * 31 = 496 \;\text{ Möglichkeiten.}$$

Der zweite Teil der Lösung ist auch nicht besonders schwierig.Die fünf Skatbrüder hatten bei jedem Treffen eine andere Sitzordnung. Der Erste von Ihnen hat damit die Auswahl von 6 Plätzen gehabt, der Zweite die von 5, dem Dritten standen noch 4 Plätze zur Verfügung, dem Vierten drei und dem Letzten zwei. Das ergibt somit $6 * 5 * 4 * 3 * 2 = 720$.

Das sind 720 Wochen (!), um die es geht. Teilt man diese Zahl durch 52, so ergibt sich die Dauer in Jahren, und das sind dann immerhin 13,846153 Jahre bzw. 13 Jahre und 44 Wochen.

Bei dieser Rechnung habe ich eine Ungenauigkeit "durchgehen" lassen - welche ?

Und Sie sind weiter dran mit der Frage: Wie sähe das Ergebnis aus, wenn die Truppe zu sechst gewesen wäre ?

70.) Damensolo

Wieder eine schwierige Frage, die einige Berechnungen und Nachdenken erfordert (vgl. Frage 68).
Wenn man ohne die Achten spielt, also ganz normal, hat das Spiel 48 Karten. Wir hatten bereits die Chance für eine Hochzeit ausgerechnet, also für zwei ganz bestimmte Damen auf der Hand. Hier nun geht es um 7 Damen allgemein, d.h. eine beliebige kann fehlen. Die Möglichkeiten für „7 aus 48" werden bezeichnet durch den Term

$$\frac{48\,!}{7! * 41!} \; .$$

Eine dieser Möglichkeiten ist diejenige, bei der ein Septett von sieben Damen besteht. Wir dürfen jetzt noch 5 weitere Karten bekommen. Natürlich kann darunter auch die achte Dame sein, dies soll zunächst impliziert werden. Die Zahl der Möglichkeiten, aus den verbliebenen 41 Karten fünf weitere Beliebige zu ziehen, ist „5 aus 41" oder

$$\frac{41\,!}{5! * 36!} = \frac{41*40*39*38*37}{1*2*3*4*5} = 749.398 \; .$$

Die Zahl der Möglichkeiten, aus 41 Karten 5 Beliebige <u>ohne</u> die achte Dame zu ziehen, beträgt

$$\frac{40*39*38*37*36}{1*2*3*4*5} = 658.008 \; .$$

Die Differenz beträgt 91.390. Auf dieselbe Zahl kommen wir, wenn wir primär „8 aus 48" rechnen für die Möglichkeiten, alle 8 Damen zu bekommen, und dann weitere 4 Beliebige dazurechnen.

Es gibt also insgesamt 658.008 Möglichkeiten, *genau* sieben und 749.398 Möglichkeiten, *mindestens* sieben Damen in seinen zwölf Karten zu besitzen, bezogen auf die Gesamtzahl der möglichen Kartenverteilungen.

Nimmt man nun die vier Achten dazu, hat das Gesamtspiel acht Karten mehr, weil ja jede Karte doppelt vorkommt. Damit ändert sich das Ganze zu „2 aus 56" und wird unwahrscheinlicher.

Dies wird nun ins Verhältnis gesetzt zu der Gesamtzahl an Möglichkeiten, 12 verschiedene Karten zu besitzen. Diese beträgt „12 aus 48" =   21.062.580.188

Wir halten also fest:

Es gibt 658.008 Möglichkeiten für _genau sieben_ Damen unter den 12 Karten auf der Hand.

Es gibt weitere 91.390 Möglichkeiten für _genau acht_ Damen unter den 12 Karten auf der Hand.

Somit gibt es 749.398 Möglichkeiten für _mindestens_ sieben Damen auf der Hand - bei 91.390 davon ist die achte Dame mit von der Partie.

Die Wahrscheinlichkeit für genau sieben Damen beträgt
 1 zu 32.009,61   = 0,0000312.

Die Wahrscheinlichkeit für genau acht Damen beträgt
 1 zu 230.469,2 = 0,0000043.

Die Wahrscheinlichkeit für mindestens sieben Damen beträgt
 1 zu 28.106   = 0,0000355

Ich kann mich erinnern, bereits einmal in meinem Doko-Leben tatsächlich sieben Damen gehabt zu haben und auch einmal sieben Buben.

Nun sind Sie wieder dran: Wie sieht es aus, wenn man mit den Achten spielt und das Spiel 56 Karten hat ?

71.) Königsskat

Wieviele Trümpfe kann das Königsskat-Spiel maximal haben ?
Es gibt vier mögliche zusätzliche Königinnen. Davon ist die eine
Dame sowieso Trumpf, nämlich eingeordnet in der Farbe, daher
kommen höchstens drei Trümpfe hinzu.
Es kann also maximal 14 Trümpfe im Spiel geben.

Um die Wahrscheinlichkeit zu bestimmen, alle 4 Könige und alle
4 Damen zu bekommen, rechnet man zunächst „8 aus 32" aus.
Von allen diesen möglichen Arten, acht Karten aus 32 zu ziehen,
entspricht eine einzige Elementarverteilung der obigen Annahme.

$$\frac{32\,!}{8!*24!}$$

Dann nehmen wir die Anzahl der Möglichkeiten dazu, die Karten
durch Aufnahme zweier weiterer Beliebiger zur Anzahl 10 zu
ergänzen. Dies sind 24 * 23 : 2 = 276 Möglichkeiten.
Diese Zahl (276) setzen wir ins Verhältnis zur Zahl aller
Möglichkeiten, 10 Karten auf die Hand zu bekommen.
Zehn Karten abzugreifen aus 32 sind auf insgesamt

$$\frac{32!}{10!*22!}$$

verschiedene = 64.512.240 Arten möglich. Der Quotient aus 45
und dieser Zahl beträgt 0,0000042 bzw. 1 zu 233.740 .

Das ist in der Tat eine sehr geringe Chance auf eine solche
Verteilung.

72.) Die umgedrehte Karte

Meistens ist es möglich, die umgedrehte Karte zu erkennen. Entweder der „Umdreher" ist nicht geschickt genug, die Karte wirklich exakt gerade hinzulegen, oder Sie erkennen es an der Breite des Randes der Karte. Die meisten Spielkarten sind zwar sauber ausgeschnitten, doch ist meist einer der beiden Ränder auf den langen Kanten um einen kleinen Betrag breiter als der andere.

Wenn man sich dies durch vorheriges genaues Anschauen einprägt und die Lage der Karten danach auswendig lernt, müßte es gelingen, die umgedrehte Karte zu identifizieren.

73.) Eine unbekannte Strecke

Wenn Sie alle Karten längs hintereinander legen, ergibt sich eine Strecke von 12 cm mal Kartenanzahl.

Da das Rommeé- Blatt insgesamt 110 Karten hat incl. der sechs Joker, wären das 110 mal 12 = 1320 Zentimeter bzw. 13,2 Meter.

Die Lösung, die mir vorschwebt, hat den doppelten Wert. Wie geht das ?

74.) Eine einfache Rechnung

Drei Spiele und nur einen Punkt - wie erreicht man das ?

Sie machen zwei einfache Karospiele und erhalten dafür je 18 Punkte. Zusammen sind das 36 Punkte. Anschließend verlieren Sie einen Null- Hand mit 35 Punkten, und Ihr Konto weist noch genau 1 Punkt auf. Viele Skatspieler wissen nicht, daß verlorene Handspiele **nicht** doppelt berechnet werden. Aber hier ist die Skatordnung cindcutig.

Auch ist der Null-Hand relativ unbekannt. Sollten auch Sie das Spiel nicht kennen, dann spielen Sie mal wieder eine ordentliche Portion Skat, es bereichert das Spiel ungemein.

75.) eine kurze Rechnung

Wie macht man bei zwei Skatspielen genau einen Pluspunkt ?

Ausgehend von einem verlorenen Null Hand (35) kann man diesen mit einem Karo- Spiel (mit 3 Spiel 4 = 36 Punkte) wieder ausgleichen und landet bei 1 Punkt. Die Reihenfolge der beiden Spiele ist egal.

Eine zweite Möglichkeit besteht darin, zunächst ein Herz- Spiel mit 60 Punkten zu gewinnen (mit 4 Spiel 5 Schneider 6) und anschließend einen *Null-Ouvert-Hand* in den Sand zu setzen und dafür 59 Minuspunkte zu kassieren. Auch dies endet bei 1 Punkt auf der Liste.

Man kann auch nach einem verlorenen Karo (mit 2 Spiel 3 verloren 6 = -54 Punkte) einen guten Pik draufsetzen (mit 4 Spiel 5 = 55 P.), um bei 1 Punkt enden zu können.

Betraglich endet die Sache auch mit 1 Punkt, allerdings im Minus, bei einem verlorenen Null Spiel (- 46) nach einem gewonnenen Karo (mit 4 Spiel 5 = 45 Punkte).

76.) Ungewöhnliches

Fünf Begründungen dafür, daß sich zwei Beobachter, die durch das Rohr schauen, nicht sehen können: Die letzte Antwort stellt die eigentlich Gesuchte dar.

a) Einer der beiden ist blind (oder beide).
b) Es ist mitten in der Nacht und stockduster.
c) Das Rohr ist angefüllt mit Erde (oder sonst irgendetwas).
d) Einer schaut seit Stunden und ist inzwischen eingeschlafen.
e) Beide haben eine dunkle Sonnenbrille auf.
f) Es ist gerade eine totale Sonnenfinsternis eingetreten.
g) Mitten im Rohr ist ein Spiegel angebracht.
h) Die beiden schauen nicht zum gleichen Zeitpunkt hinein.

77.) die Überfahrt

Die gesamte Mannschaft kann sich nach folgendem Schema jeweils individuell in Sicherheit bringen :

1) Der nicht gefesselte Kannibale- nur dieser kann rudern - bringt einen Gefesselten ans andere Ufer und fährt allein zurück.
2) Der Gleiche fährt auch den zweiten Gefesselten hinüber und kehrt zurück.
3) Zwei Priester fahren herüber, einer von ihnen kehrt mit einem der gefesselten Kannibalen zurück.
4) Alsdann fährt ein Priester mit dem nichtgefesselten Kannibalen herüber und kehrt mit dem anderen Gefesselten zurück.
5) Nun können zwei Priester gemeinsam übersetzen und schicken den nicht-gefesselten Kannibalen zurück.
6) Dieser kann nun erst den einen, dann den anderen Gefesselten in aller Ruhe abholen und übersetzen.

Insgesamt handelt es sich um 13 Transportvorgänge.

78) eine Überfahrt (II)

Die nicht sehr schwere Aufgabe besteht letztlich darin, die Tiere auseinander zu halten. Dabei ist die Katze das Problem, weil sie sich weder mit dem Hund, noch mit der Maus verträgt.
Zunächst bringt der Bauer also die Katze herüber und fährt allein zurück. Dann nimmt er den Hund (oder die Maus) mit ins Boot, kehrt aber mit der Katze zurück. Nun schnappt er sich die Maus (respektive den Hund) für die nächste Überfahrt, wonach er nochmals allein zurückkehrt und letztendlich die Katze ein zweites Mal einpackt.

Insgesamt muß er sieben Mal den Fluß überqueren.

79.) Fünfer - Quintett

Es gibt mehrere Lösungen zu dieser Aufgabenstellung. Einige möchte ich hier darstellen ohne den Anspruch auf Vollständigkeit zu erheben.

a) $5 * 5 * 5 * \dfrac{5}{5}$

b) $\sqrt{5*5} * \sqrt{5*5} * 5$

c) $(5+5) * (5*5) * .5$

d) $5 - 5 + (5 * 5 * 5)$

e) $5 * 5 * \sqrt[5]{5^5}$

f) $(5! * .5) + (5! * .5) + 5$

Besonders die Lösung zu f) verlangt schon ein wenig Phantasie. Finden Sie noch weitere Möglichkeiten ?

80) die Rolltreppe

Es ist nicht schwer, die Lösung zu finden. In zwei Minuten wäre Herr Ratlos bei laufender Rolltreppe insgesamt 3 mal nach oben gekommen. Sozusagen einmal für sich per pedes; die Treppe selbst wäre zweimal hinaufgefahren.
Teilen Sie dies durcheinander, kommen Sie auf die Lösung von 40 Sekunden pro "einfacher" Fahrt.

81.) Schützenfest

Das Problem ist nicht wirklich Eines - man darf allerdings nicht seinem ersten Gedanken trauen und etwa die Maße einfach durch 1000 teilen. Dann käme man zwar auf eine Größe bzw. Höhe von für das Spielzimmer passenden 3 Zentimetern, aber auf ein durchaus stattliches Gewicht von 1000 Kilogramm.
Der gesunde Menschenverstand sagt uns dann, daß da etwas nicht stimmen kann. Nun, das Modell ist nicht nur in der Höhe im Maßstab 1 zu 1000 verkleinert, sondern doch auch in der Breite und der Länge! Also muß man sich die Verkleinerung in allen 3 Dimensionen vorstellen und dies auch in Bezug auf das Gewicht. Der Verkleinerungsfaktor ist also 1000^3, und das ist immerhin eine Milliarde.
Eintausend Tonnen geteilt durch 10^9 ergeben letztlich 1 Gramm Gewicht. Und das geht für ein 3 Zentimeter hohes Spielzeug aus Leichtmetall sicher in Ordnung.

82.) Der Luftballon

Diese Aufgabe ist ein physikalischer Klassiker. Wenn man plötzlich nach vorne beschleunigt, verdichtet sich die Raumluft im hinteren Teil der Fahrgastkabine; das bedeutet, daß der mit Helium gefüllte Ballon, selbst also leichter als Luft, ins dünnere Medium ausweichen wird. Er bewegt sich demgemäß nach vorne - und nicht etwa nach hinten, wie man aufgrund der Trägheit festerer Gegenstände auch zunächst hätte vermuten können.

83.) Das Eisenbahnunglück

Wenn man bei so einer Lampe genau darauf achtet, wird man feststellen, daß sich die Kerzenflamme beim Schwenken jeweils in Schwenkrichtung bewegt, d.h. sie wird ins dünnere Medium hinein ausgelenkt. Die Luft wird gegen die Bewegungsrichtung, also nach hinten, verdichtet - und die aus leichten, verglühenden Kohlenstoffteilchen bestehende Flamme weicht aus.

84.) Etwas Geometrisches

Ja, da kann man lange davorsitzen und schauen und überlegen ohne drauf zu kommen. Auch der Satz des Pythagoras hilft einem hier nicht weiter. Betrachten Sie dann aber einmal das Rechteck, welches sich ergibt, wenn Sie sich die Punkte a, b, c und den Nullpunkt verbunden vorstellen.
Stellen Sie sich alsdann die Strecke ac bildlich als Diagonale dieses Rechteckes vor. Zeichnen Sie nun die <u>andere</u> Diagonale ein, also die Strecke 0b . Und was sehen Sie dann ?
Diese andere Diagonale stellt nichts anderes dar als den Radius des eingezeichneten Kreises, und sie ist damit genau 10cm lang. Natürlich hat dann die gesuchte Strecke exakt die gleiche Länge.
Die Lösung lautet also: 10 Zentimeter.
In der Geometrie spielt der Satz des Pythagoras eine große Rolle. Hier ist noch ein Rätsel dazu.
Zwei Freunde trennen sich nach der Schule und fahren mit ihren Fahrrädern in gegensätzlicher Richtung davon. Nach vier Kilometern biegen beide, jeweils aus ihrer Perspektive gesehen, nach links ab und fahren weitere drei Kilometer geradeaus. Wie weit sind sie zu diesem Zeitpunkt voneinander entfernt ?

85.) Die Balkenwaage

Es gibt einige häufige Kombinationen aus Gewichten, meist orientieren sich diese am Binär- oder Dezimalsystem, man findet also für gewöhnlich 1g, 2g, 4g, 8g, 16g usw, - oder 1g, 2g, 5g, 10g, 20g,..50g , so wie im Geldverkehr üblich.
Wenn man aber mit der geringstmöglichen Anzahl von Gewichten auskommen will, empfiehlt es sich, umzudenken. Nehmen wir mal an, das Ganze soll mit nur 5 Gewichten funktionieren. Würden Sie das glauben? Fünf Gewichte und keines mehr sollen in der Lage sein, jedes einzelne Gewicht bis 120 Gramm darstellen bzw. abwiegen zu können. Dies war einmal eine Aufgabe in dem wissenschaftlichen Ratemagazin "Kopf um Kopf", das von 1972 bis 1991 im 3.Fernsehprogramm ausgestrahlt wurde.

86.) 9 Kugeln

Im Grunde ist die Lösung nicht schwer; wenn man 4-er Gruppen bildet, hat man im zweiten Wägevorgang noch 2 Kugeln auf beiden Seiten und mißt die beiden schwereren beim dritten Mal gegeneinander. Es geht aber auch mit zwei Mal !
Dazu muß man Dreiergruppen bilden und zwei von diesen gegeneinander wägen. Eine Gruppe bleibt also unbeachtet liegen.
In jedem Fall hat man nach der ersten Wägung nur noch 3 Kugeln in der engeren Wahl - nämlich entweder diejenigen der schwereren Seite, die sich nach unten bewegt hat - oder im Falle des Gleichgewichtes die 3 Kugeln der liegengelassenen Gruppe.
Von den 3 Kandidaten wiegt man zwei gegeneinander - also wir sind hier erst im zweiten Wägevorgang ! - und entweder geht eine Seite nach unten und zeigt diejenige schwerere Kugel direkt an- oder es passiert nichts weiter mit der Waage, dann ist es die dritte, die nicht am Wägevorgang teilgenommen hat.
Wer hätte das gedacht ?
Das Maximum bestünde übrigens in acht Wiegungen - jeweils eine gegen eine Referenzkugel - und beim größtmöglichen Pech erwischt man erst beim achten Mal diejenige Schwerere als letzte Kugel.

87.) ein ungleich schwierigeres Problem - 12 Kugeln

Also über diesem Problem hat der Autor selbst etwa 3 Wochen gebrütet. Immer vor dem Einschlafen. Irgendwann schwebte dann die Lösung nebulös vor dem geistigen Auge.
Es ist dabei wichtig zu wissen, d a ß es geht, sonst verliert man die Lust an dem Rätsel.
Deshalb sei hier zunächst nur verraten, daß es auf jeden Fall mit vier Wägungen geht, aber auch mit drei !
Es gibt dabei eine Lösungsvariante, bei der nach 3 Wägungen diejenige Kugel "welche" als ausgeschlossene, aber selbst bisher nicht gewogene Kugel übrigbleibt. Damit weiß man aber noch nicht, ob sie schwerer oder leichter ist. Finden Sie zunächst diese Lösungsvariante ?

88.) Vorsicht, Falschgeld !

Auf den ersten Blick scheint diese Aufgabe nicht lösbar. Man kann die Säcke einzeln oder zu verschiedenen Gruppen wiegen und bekommt immer nur einen einzigen Wert von der Digitalwaage vermittelt. Entweder hat man ein Vielfaches von 100 Gramm zu erwarten - oder wenn der Sack mit den Falschmünzen darunter ist, eine etwas kleinere Summe als erwartet. Aber woher weiß man, an welcher Stelle sich der gesuchte Sack befindet? Man kann allerdings 2 Dinge feststellen.

Erstens: Das Gesamtgewicht beträgt 1.000 Gramm, abzüglich 10 Gramm, stellvertretend für die 10 Münzen, welche jeweils ein Gramm weniger wiegen als normal. Wöge man alle Säcke, ergäben sich somit 990 Gramm.

Zweitens: Die Erkenntnis, daß man in keinem Fall zur Lösung kommt, wenn man die einzelnen, vollen Säcke irgendwie auf der Waage drapiert - führt zur berechtigten Annahme , daß es erlaubt sein muß, die Säcke zu öffnen. Das ist auch nicht bei der Aufgabenstellung verboten worden- und anders geht's auch nicht. Diese negative Zielanalyse verschafft uns den Lösungsweg.
Kommen Sie nun drauf ?

89.) Vorsicht, Giftpillen.

Diese Aufgabe ist etwas schwieriger zu lösen als die vorherige, wenn auch die Strategie die gleiche ist.
Die Flaschen voll und ungeöffnet zu wiegen, hat wenig Sinn. Wie auch immer man eine Anzahl auf die Waage bringt- man kann nur ein Gesamtgewicht feststellen oder bekommt es mit durch das Mindergewicht der Giftpillen bedingten geringeren Werten zu tun. Jeweils 100 Gramm weniger als erwartet entsprechen dabei einem Fläschchen mit Giftpillen. - Nur welche sind es ?
Auch hier führt die Erkenntnis der Nicht-Lösbarkeit auf diese Weise zur Berechtigung annehmen zu dürfen, daß die Fläschchen geöffnet werden müssen. Tja, und dann muß man irgendwas rausnehmen- vielleicht kommen Sie mit dieser Information drauf.

90.) etwas für Denker

Der arme Herr Ratlos - was für eine Wasserverschwendung! Er beschließt doch lieber erstmal zu rechnen, was passieren müßte, wenn die Angaben stimmen.
Pool B wäre mit der dazugehörigen Pumpe nach 1 Stunde voll. Würde er Pool B allein mit Pumpe A befüllen, bräuchte er dafür bei einer 4o%-igen Leistung zwei-einhalb mal so lange, also 2,5 Stunden. Der Pool B wäre also bei gleichzeitiger Benutzung beider Pumpen innerhalb 2,5 Stunden einmal befüllt durch Pumpe A und 2,5 mal befüllt durch Pumpe B (also 3,5 mal voll). Nehmen wir mal 10 Stunden - dann wäre er 14 mal voll, also ist er letztlich 1 mal voll - das will Herr Ratlos ja wissen - nach 10/14 Stunden. Das ist ein ziemlich krummer Wert, der 42,857 Minuten entspricht. Mal davon abgesehen - der Pool würde nach 40 Minuten leergelaufen sein.
Ziemlich sinnlos also, diesen Versuch zu starten.
Auf Nachfrage teilt man Herrn Ratlos mit, daß es von Pumpe A noch eine stärkere Variante gebe, diese sei sogar um die Hälfte kräftiger.
Würde der Versuch unter diesen Bedingungen zu einer Pool-Füllung führen? Sicher ja, aber wie lange würde dies dauern ?

91.) der Wasserdruck

Wenn Sie alles richtig gemacht haben - entscheidend ist, daß die Löcher gleichen Durchmesser haben - dann müßte der mittlere Strahl die größte Reichweite haben. Ganz unten herrscht zwar der größte Druck, aber die Verhältnisse sind so bemessen, daß dieser Strahl, weil er eben nur 2 cm über dem Boden beginnt, rasch auf diesem ankommt. Ganz oben nimmt der ohnehin geringe Druck schnell ab, so daß dieser Strahl auch nicht weit reicht.
Beim mittleren Loch ist die Kombination aus Druck und Höhenlage Grund dafür, daß dieser am weitesten reicht. Sie können ein bißchen herumexperimentieren und schauen, wann und wie sich die Verhältnisse ändern.

92.) ein Mathegenie

Der Fall ist klar - hier muß es eine Regel geben. Wenn man eine Zahl **a** vorlegt, ergibt sich die zweite, korrespondierende Zahl **b** zu a / (a-1).

Bei 3 findet man die zweite Zahl somit als 3 Halbe, so daß gilt:
3 plus 3/2 gleich 4,5   und auch 3 mal 3/2 gleich 4,5.

Legt man a mit 10.000 vor , beträgt b 10.000 / 9.999 .
Ich überlasse es Ihnen, das auszumultiplizieren- aber Sie können davon ausgehen, daß es funktioniert.
Hier die Herleitung der Formel:

Man setzt zunächst $a + b = a * b$

Daraus folgt direkt $a = (a+b) / b$ und weiter $a = a/b + 1$

dann ist $a - 1 = a/b$ und somit $(a-1)/a = 1/b$

Der Kehrwert führt dann zu $b = a / (a-1)$.

93.) wer A sagt, muß auch B sagen

Bei dieser Aufgabe ist die Ausgangsformel ja schon vorgegeben.

$$a * b = a^b$$

Durch Umformen entsteht hieraus zunächst $b = a^b / a$

und das ist gleichbedeutend mit $b = a^{b-1}$.

Wenn man b vorgibt, erhält man aus dieser Formel das korrespondierende a.
Nehmen wir zunächst die 3. Dann ergibt sich $a^2 = 3$ und $a = \sqrt{3}$.
Machen wir die Probe:

$\sqrt{3} * 3 = \sqrt{3}^3$ - stimmt. Beides bedeutet $\sqrt{3} * \sqrt{3} * \sqrt{3}$.

Für 4 ergibt sich 3.Wurzel aus 4 und letztlich folgerichtig allgemein für n = (n-1) te Wurzel aus n .

$$a = \sqrt[n-1]{n}$$

94.) höhere Mathematik

Die Aufgabe ist nicht von schlechten Eltern. Was muß man von zwei abziehen, damit dasselbe dabei herauskommt, als wenn man zwei dadurch teilen würde ?

Einfacher geht das, wenn man erstmal eine andere Zahl als Beispiel nimmt, nämlich die 4. Vier *minus* zwei ist dasselbe wie vier *geteilt* durch zwei. Scheinbar einfach.

Für größere Zahlen geht das auch noch ganz gut, nimmt man z.B. die 10 , dann ergibt sich die zweite Zahl zu ungefähr 8,873.

Also $10 - 8{,}873 = 1{,}127$
und $10 : 8{,}873 = 1{,}127$.

Die allgemeine Formel lautet wie vorgegeben $a - b = a : b$ und es ergibt sich durch umformen

$$a = b\,(a-b)$$

und somit $a = ba - b^2$

Hieraus erstellt man eine quadratische Gleichung der Form

$$b^2 - ab + a = 0$$

Setzt man 10 für a ein, erhält man als Lösungen

$$b_{1,2} = +\!-\sqrt{(25-10)} + 5 \; = \; +\!-\sqrt{(15)} + 5 \; = \; 8{,}873 \;\; bzw. \;\; 1{,}127$$

Ist doch ganz witzig, diese Begebenheit.

Was passiert aber, wenn man 2 einsetzt und die zugehörige korrespondierende Zahl finden will ?

95.) das Produkt

Es ist nach der Aufgabenstellung also sowohl

(1) $a + b = 14$ als auch   (2) $a * b = 14$

Aus (1) folgt dann $a = 14 - b$ und dies eingesetzt in (2) erzeugt die Lösungsformel (3) : $(14 - b) * b = 14$

Wir wandeln dies in eine quadratische Gleichung um, so daß gilt

$b^2 - 14\,b + 14 = 0$

Daraus erhalten wir $b_{1,2} = 7 \pm \sqrt{(49 - 14)} = 7 +\!- \sqrt{35}$

$b_1 = 7 + 5,916 = 12,916$
$b_2 = 7 - 5,916 = 1,084$

96.) das unmögliche Produkt

Was auf den ersten Blick unmöglich erscheint, erweist sich beim Versuch der Ausrechnung dann doch als plausibel.
Wir setzen einfach in die bei Aufgabe 95 genannte Formel (3) als Summe 50 ein.
Die Auflösung der sich ergebenden quadratischen Gleichung liefert dann analog ein Ergebnis, das uns wieder einmal in den Bereich der komplexen Zahlen führt.

$b^2 - 14\,b + 50 = 0$

Daraus erhalten wir $b_{1,2} = 7 \pm \sqrt{(49 - 50)} = 7 +\!- \sqrt{-1}$ oder $7 \pm \mathbf{i}$

Die Probe beweist es: $(7+i) * (7-i) = 49 -7i +7i - i^2$

Nach dem Kürzen verbleibt $49 - (-1) = 50$!

Eine sehr schöne Lösung.

Wie aber macht man nun 10.000 als Produkt ?

97.) da geht manchem ein Licht auf

Wer nicht nachdenkt, der rennt womöglich jedesmal auf den Dachboden und schaut, welche Lampe brennt, nachdem er einfach irgendeinen der drei Schalter aktiviert hat.

Es geht aber schon etwas geschickter.

Die Lösung sieht <u>so</u> aus:

- Schalter 1 bleibt aus.
- Schalter 2 wird für 1 Minute aktiviert und dann ausgeschaltet.
- Schalter 3 wird aktiviert.

Sie haben es schon begriffen, nicht wahr ?
Die schlaue Karla sieht anschließend auf dem Dachboden natürlich nicht nur die angeschaltete Lampe, sondern sie kann die beiden nicht Angeschalteten durch simples fühlen voneinander unterscheiden. Die kalte Lampe ist sicher nicht aktiviert gwesen, und die für 1 Minute Angeschaltete müßte zumindest noch warm anzufühlen sein.

Glühdrähte erzeugen nicht nur Helligkeit, sondern auch Hitze.

Mit neueren LED- Leuchten dürfte das Ganze schwerer zu lösen sein.

98.) eine kleine Umformung

Aufgabe war es, einen Ausdruck anzugeben für die Summen in folgender Aufstellung:
Die Lösungen sind eigentlich nicht schwer zu finden,

a) $\qquad 10^{17} + 10^{18} = 1,1 * 10^{18}$ $\qquad$ Addition von einem Zehntel

b) $\qquad 5^{17} + 5^{18} = 1,2 * 5^{18}$ $\qquad\qquad$ " $\qquad$ fünftel

c) $\qquad 4^{16} + 4^{18} = 1,0625 * 4^{18}$ $\qquad$ " $\qquad$ sechzehntel

99.) Etwas Seltenes: Ungerade und abundant

Kurze Wiederholung der Aufgabenstellung, damit diese klar ist:
Gesucht wird eine ungerade Zahl kleiner als Tausend, die soviele Teiler hat, daß die Summe aller ihrer Teiler größer ist als sie selbst.
Diese Zahl ist schon seit einigen Hundert Jahren bekannt und wird einem Herrn Bachet (17.Jahrhundert) zugeordnet.
Es handelt sich um die 945. Die Summe aller ihrer Teiler beträgt 975 und ist damit tatsächlich größer als sie selbst. Solche Zahlen sind ziemlich selten, denn sie können ja keinen einzigen geraden Teiler haben.
Im Bereich bis zur Zahl 10.000 existieren lediglich 23 solcher ungerader, abundanter Zahlen.

$$945 = 3^3 * 5 * 7$$

Teileraufstellung von 945 :

1	27
3	35
5	45
7	63
9	105
15	135
21	189
	315 $\qquad$ Summe 975

100.) befreundete Zahlen

Das kleinste befreundete Zahlenpaar wird von den Zahlen 220 und 284 gebildet.
Die Summe der echten Teiler von 220 ergibt
$$1 + 2 + 4 + 5 + 10 + 11 + 20 + 22 + 44 + 55 + 110 = 284$$
und die Summe der echten Teiler von 284 ergibt
$$1 + 2 + 4 + 71 + 142 = 220.$$

In einem befreundeten Zahlenpaar ist stets die kleinere Zahl abundant (Summe aller Teiler größer als sie selbst) und die größere Zahl defizient (Summe aller Teiler als sie selbst) - was sich in Kenntnis der Bedeutungen der beiden Wörter ja von selbst versteht.

101.) eine *starke* Zahl

Die 1 mit einem Teiler und die 2 mit zweien sind zwar nicht im mathematischen Sinne "zusammengesetzt", gleichwohl aber "stark zusammengesetzt" im Sinne der Definiton.
Die Liste der stark zusammengesetzten Zahlen beginnt insofern mit der 1 und der 2 , es folgen

$$
\begin{aligned}
&4 \ (\ 3 \ \text{Teiler}) \\
&6 \ (\ 4 \ \text{Teiler}) \\
&12 \ (\ 6 \ \text{Teiler}) \\
&24 \ (\ 8 \ \text{Teiler}) \\
&36 \ (\ 9 \ \text{Teiler}) \\
&48 \ (10 \ \text{Teiler}).
\end{aligned}
$$

Nach 60 (erstmals 12 Teiler) und 120 (erstmals 16 Teiler) kommt in der Reihe als nächste die 180 mit erstmals 18 Teilern:

Die Reihe setzt sich fort mit Zahlen, denen man ihre Eigenschaft oftmals fast ansehen kann, nämlich 240, 360, 720, 840, 1260,1680, 2520 und 5040. Einige darunter sind Fakultäten wie 720 (6 !) und 5040 (7 !).

102.) Einhundert

Eine relativ einfache und vielfach gesehene Lösungsmöglichkeit
ist die Folgende:

$1 + 2 + 3 + 4 + 5 + 6 + 7 + (8 * 9) = 100$

Mit weniger Rechenzeichen kommt man aus bei

$123 - 45 - 67 + 89 = 100$

103.) 400

Man muß nicht sehr lange probieren, um die Lösung zu finden.
Sie lautet

$7^0 + 7^1 + 7^2 + 7^3 \; = \; 1 + 7 + 49 + 343 = 400$

104.) Kuriositäten

Die Aufgabe zur "multiplikativen Beharrlichkeit".
Die erste Ziffer, deren *"muBe"* gleich 5 ist, lautet 679. Probieren
wir es aus:

1.Schritt $\quad 6 * 7 * 9 = 378$ $\qquad$ 2.Schritt $3 * 7 * 8 = 168$
3.Schritt $\quad 1 * 6 * 8 = 48$ $\qquad$ 4.Schritt $\quad 4 * 8 = 32$
5.Schritt $\quad 3 * 2 = 6$

105.) 1634 et altri

1634 ist die Summe aus den 4. Potenzen ihrer Ziffern, also
ausgeschrieben

$$1^4 + 6^4 + 3^4 + 4^4 \; = \; 1 + 1296 + 81 + 256 \; = 1634$$

8208 ist die Summe aus den 4. Potenzen ihrer Ziffern

Mit 3435 verhält es sich so ähnlich, nur ist n bei den einzelnen
Ziffern verschieden. Kommen Sie drauf, was gemeint ist?

106.) ein einmaliges Ereignis

Es handelt sich in der Tat um ein historisches Datum, denn wir werden eine solche Konstellation nicht mehr erleben. Alle Ziffern der Datumsangabe warten an diesem Tag ungerade.
Dies wird erst wieder der Fall sein im nächsten Jahrtausend, nämlich am 11. November des Jahres 3111.

107.) auffällige Primzahlen

Weitere Primzahlen tauchen in der beschriebenen Reihe nicht auf.
Die Faktoren von 10.001 sind 73 und 137.
Diejenigen von 100.001 sind 11 und 9091.
Auch die Zahl 1.000.001 hat ebenfalls nur zwei Faktoren, nämlich 101 und 9901.

Selbst 10.000.001 hat nur 2 Faktoren, als da sind 11 und 909091.
Und 100.000.001 setzt die Reihe fort mit 17 und 5882353.
Die folgenden Zahlen haben dann immer mehrere Faktoren.

Wen es interessiert :

$$1.000.000.001 = \ 7 * 11 * 13 * 19 * 52579$$
$$10.000.000.001 = \ 101 * 3541 * 27961$$
$$100.000.000.001 = \ 11 * 11 * 23 * 4093 * 8779$$

108.) Der Staubsaugervertreter

Das Rätsel löst bei vielen Menschen ausgesprochene Ratlosigkeit aus. Nur mit Kenntnis des Produktes allein kann man es nicht lösen, weil es mehrere Lösungsmöglichkeiten gibt. Die Summe müßte man kennen. Der erste Schritt zur Lösung besteht darin, von selbst darauf zu kommen, daß der Staubsaugervertreter diese Summe kennen muß, wenn's überhaupt gehen soll. Und der braucht doch nur auf die Hausnummer zu schauen. (Daß es so sein muß, ergibt sich von selbst,denn sonst gehts eben **gar** nicht!).

Da er aber eben nicht gleich Bescheid weiß, auch nach ausspähen der Hausnummer nicht, kann das nur bedeuten, daß die Zahl nicht eindeutig ist. Offenbar gibt es (mindestens) zwei Lösungsvarianten, bei denen die Summe der Faktoren dasselbe Ergebnis ergibt - nämlich eben diese Hausnummer.

Nun gut, dann muß man eben mal tabellarisch erfassen, welche Möglichkeiten bestehen. Diese Tabelle sieht dann, wenn man nichts vergißt, so aus:

die drei Alter			Produkt 36	Summe
1	1	36	√	38
1	2	18	√	21
1	3	12	√	16
1	4	9	√	14
1	6	6	√	13
2	2	9	√	13
2	3	6	√	11
3	3	4	√	10

Was sagt uns die Tabelle? Die Hausnummer muß 13 sein, sonst hätte der Vertreter sofort die Lösung gewußt. Also benötigt er noch ein Unterscheidungskriterium, und das wird ihm genannt in Form der Information über die Existenz einer "ältesten" Tochter. Damit scheidet 1, 6, 6 aus, weil hier Zwillinge und keine Älteste vorkommen. Die Töchter sind also 2, 2 und 9 Jahre alt.

109.) Der Weinvertreter

Eigentlich dürfte die Lösung keine Schwierigkeiten bereiten, denn der Fall liegt hier ähnlich wie in Aufgabe 108.

Der Vertreter kennt also die Hausnummer, aber diese ist nicht eindeutig - es wird mindestens zwei Lösungsvarianten geben, damit es Sinn macht, daß er -wie die Aufgabenstellung impliziert- auf eine weitere Information angewiesen ist.

Stellen wir also wieder eine Tabelle zusammen. Die Kunst besteht schon einmal darin, keine Möglichkeit zu vergessen.

die drei Alter			Produkt 72	Summe
1	1	72	√	74
1	2	36	√	39
1	3	24	√	28
1	4	18	√	23
1	6	12	√	19
1	8	9	√	18
2	2	18	√	22
2	3	12	√	17
2	4	9	√	15
2	6	6	√	14
3	3	8	√	14
3	4	6	√	13

Die Tabelle zeigt alle Lösungsvarianten.

Offenbar ist die Hausnummer die 14, denn sonst hätte der Vertreter nicht geäußert, daß ihm noch eine Information fehle. Oder nicht ?

Wie bringen Sie hier alle Informationen "unter einen Hut"?

Wie alt sind die Töchter denn nun ?

110.) Position Alpha Zulu

Klare Sache, so scheint es. Natürlich haben Sie Recht mit Ihrer Antwort, daß es sich um den Nordpol handelt.

Aber nun zur zweiten Frage. Wo könnte ein weiterer Punkt auf der Erdoberfläche liegen, für den die Angaben gelten sollten ?

Ich kann mich erinnern, daß mir diese Aufgabe im Jahre 1985 gestellt wurde und ich nicht ohne einen kleinen Hinweis auf die Lösung gekommen war. Der Hinweis lautete: Der gesuchte Punkt befindet sich nicht auf der nördlichen Hemisphäre.

Damit scheiden schon einmal alle Spekulationen aus, die den Nordpol als Ausgangspunkt für die erweiterte Lösung ins Auge fassen wollen. Ich kann Ihnen sogar verraten, daß es nicht nur einen, sondern noch mehrere solcher Punkte gibt, und daß die Lösung wirklich eindeutig und im Sinne der Aufgabenstellung korrekt ist. Überlegen Sie ruhig mal in einer entspannten Minute; vielleicht vor dem Einschlafen...

111.) die Büroklammer

Des Rätsels Lösung besteht darin, eine trockene, also nicht zuvor benetzte Büroklammer auf ein Stück Löschpapier zu legen und dieses dann auf die Wasseroberfläche zu bringen. Nach kurzer Zeit ist das Papier durchweicht und verschwindet in der Tiefe, während die metallene Büroklammer, durch die Oberflächenspannung des Wassers gehalten, zauberhaft auf dem Wasser schwimmt.

Man kann eine Büroklammer eben nicht mit den Händen so gleichmäßig und sanft aufsetzen, daß sie obenauf verbliebe. Gerät nur ein kleiner Teil unter Wasser, zieht er den Rest nach - und "aus" ist es. Das Prinzip funktioniert auch mit ähnlichen, nicht zu schweren Gegenständen. Und wie versenkt man nun so ein Objekt berührungsfrei? Ganz einfach; durch Senken der Oberflächenspannung, indem man vorsichtig einen Spritzer Spülmittel ins Wasser bringt.Gluck, gluck! Überlegen Sie mal, ob es einen Unterschied macht, ob das Wasser heiß oder kalt ist. (?).

112.) der Eiswürfel

Folgendes Vorgehen müßte funktionieren: Nehmen Sie eine erwärmte Büroklammer und legen Sie sie so auf den Eiswürfel, daß sie an einer Seite etwas übersteht - so daß man sie, notfalls mit einer Pinzette, gerade eben fassen kann. Die Klammer müßte sich nun ganz leicht in den Würfel hineinschmelzen. Nach einer Pause pusten sie kräftig über die Klammer - durch die Verdunstungskälte müßte diese dann leicht angefroren sein. Nun kann man sie mitsamt dem Eiswürfel herausnehmen. Prüfen Sie, ob Theorie und Praxis übereinstimmen- viel Spaß.

113) der Traum

Wenn die Erde sich andersherum dreht, dann nimmt die Zahl der Tage zu. Das hängt damit zusammen, daß sie normalerweise in Bahnrichtung rotiert und sich die beiden Bewegungen überlagern. Wenn sich die Erde einmal, auf sich selbst bezogen, vollständig herumgedreht hat, ist noch kein ganzer Tag/ Nachtwechsel vollendet worden. Denn sie ist ist ja in dieser Zeit ein Stück weitergewandert und hat sozusagen die Sonne unter ihr ein Stück zurückgelassen. Um dies kleine Stückchen auszugleichen, muß sie sich noch etwas weiterdrehen; und das kostet etwas Zeit. Dreht sich die Erde allerdings andersherum - gegen die Bahnrichtung- so gewinnt sie diesmal das Stückchen, das sie im anderen Fall verloren hatte. Einfacher ausgedrückt:
Die uns bekannten 365 Tage des Jahres setzen sich zusammen aus 366 Eigenrotationen minus 1 Tag-/Nachtwechsel, der auf dem Weg um die Sonne herum nach 1 Jahr verloren wurde. Im Rätselfall haben wir zwar auch 366 Eigendrehungen, aber nach dem Jahr, das für den Sonnenumlauf benötigt wurde, nicht nur keinen Tag (bzw. Tag-/Nachtwechsel) verloren, sondern sogar einen gewonnen. Ein Jahr hat also jetzt 367 Tage, von denen jeder etwa 23,87 Stunden hat und damit um 7,8 Minuten kürzer ist als wir es kennen.

Haben Sie nun eine Idee, wann 1 Tag und 1 Jahr gleichlang sind ?

114.) eine ganz normale Frage

Wieviele Monate im Jahr haben 28 Tage ?
Ja, genau - alle !
Der Februar hat zwar "nur" 28 Tage, aber Sie werden nicht bestreiten, daß auch der März und die weiteren einen 28. Tag besitzen.
Kennen Sie übrigens das F F F - Datum ?
An diesem Datum finden regelmäßig Feierlichkeiten statt, manche Gruppierungen treffen sich auch grundsätzlich an diesem Tage.
Das ist allerdings nicht allzu häufig - man hat sich dann immer viel zu erzählen. Schauen Sie ruhig in die erweiterten Lösungen !

115.) Sprachprobleme

Fangen wir mal von vorne an.
Die ersten beiden Vokale findet man bereits in der ersten Zahl, nämlich der e i n s.
Weiter geht es mit der f ü n f und dann der a c h t .
Es folgen die n e u n und die z w ö l f , anschließend dann mit sozusagen weitem Abstand die M i l l i o n .
Das Ä gibt es nicht in deutschen Zahlenbezeichnungen.

Die erste Zahl, die alle die genannten Vokale und Umlaute in sich enthält, ist somit die 1.005.012 .

In Worten: Eine Million fünftausend und zwölf
(und nicht eine Million zwölftausend und fünf).

116.) merkwürdige Reihen

So merkwürdig sind die beiden Reihen eigentlich nicht; man kommt nur nicht unbedingt darauf.
a) enthält die Anfangsbuchstaben der deutschen, b) die der englischen Zahlenbezeichnungen von eins bis acht.
Die Fortsetzungen lauten also bei a) n und z ; und bei b) n und t.

117) merkwürdige Worte

Bei dem einsilbigen Wort aus 10 Buchstaben hatte ich gedacht an "Borschtsch".

Eigentlich ist Borschtsch ein ukrainischer Eintopf. Oft wird Borschtsch jedoch eher mit der russischen Küche assoziiert und ist als die *russische rote Suppe* bekannt.

Der Begriff stammt höchstwahrscheinlich von dem slawischen Wort für Bärenklau ab. Dieser war im Mittelalter ein fester Bestandteil der Suppe.

Ein Wort mit der Buchstabenkombination **xtkr** ist nicht schwer zu finden, nehmen wir zum Beispiel "Te*xtkr*iterium" oder das nordische A*xtkr*euz.

Der Spiegel-online berichtet in seiner Ausgabe vom 14.Oktober 2007:

"Von etwaigen Dopingfällen bei der diesjährigen Auflage des Hawaii-Ironman ist bislang nichts bekannt."

Was für uns die Lösung darstellt. Selbst ausgedacht habe ich mir die Worte "Hawaiiintonation" und Hawaiiigel. Später sah ich dann, daß es bereits eine gleichnamige Internetadresse gibt.

Seit der Rechtschreibreform gibt es sowieso einige merkwürdige Wörter - bisher waren Zusammensetzungen wie Pappplakat und Sauerstoffflasche durchaus üblich, weil und wenn auf die beiden ersten Konsonanten kein Vokal folgte. Nun aber werden wir konfrontiert mit Schöpfungen wie Werkstatttür, Knarrrassel oder Ballluftpumpe. Komisch sieht doch auch Seeelefant aus, meinen Sie nicht? Was halten Sie eigentlich von einem Jazzzwang?

Was hat man uns da nur wieder Gutes getan...

Vielleicht fallen Ihnen ja noch mehr solche vergnüglichen Wortschöpfungen ein.

Hier noch ein Anschlußrätsel.

Können Sie sich Wörter vorstellen, die mehr als 8 Konsonanten in Folge enthalten ?

118.) ...nicht allzu schwer.

Der Weinballon wiegt halbvoll 19 kg und ganz voll 35 kg.

Umgesetzt in Zahlen bedeutet das, wenn wir das Leergewicht einmal mit x bezeichnen und die vollständige Füllmenge mit y:

(1) $x + y = 35$
(2) $x + \frac{1}{2}y = 19$

Aus (1) folgt $x = 35 - y$ und dies eingesetzt in (2) ergibt

$(35 - y) + \frac{1}{2}y = 19$

Daraus wird $35 - 19 = \frac{1}{2}y$ und somit **y = 32** und **x = 3**

Machen wir die Probe:

Halbvoll = 3 und 16 = 19
ganzvoll = 3 und 32 = 35

119.) fünfte Wurzeln

Die Lösungen ergeben sich durch relativ einfache Plausibilitäts-betrachtungen.

a) 161.051
Wegen der 1 am Ende muß die gesuchte Zahl ebenfalls eine 1 am Ende haben (nur bei geraden Wurzeln käme noch die 9 in Frage). Nun ist 10^5 bereits 100.000. Die gesuchte Zahl muß daher 11 sein, denn 21 wäre mit Sicherheit recht weit über das Ziel hinausgeschossen.

b) 759.375
Hier muß natürlich eine 5 am Ende der Zahl stehen; da 25 viel zu hoch wäre, bleibt die 15 in der Auswahl.

c) 7.962.624
Dies sind knapp 8 Millionen. Die gesuchte fünfte Wurzel muß auf 2 oder 4 enden - sonst ergibt sich keine 4 am Ende der fünften Multiplikation.
Nach kurzem Check verbleibt die 24 als Lösung.

120.) 45 Minuten

Die Lösung der Aufgabe verlangt etwas Phantasie. Jede Kerze
würde für sich eine Stunde brennen - aber nicht linear. Irgendwie
teilen hat also keinen Sinn, weil man dann zwei Stücke erhält, die
jedes für sich eine völlig unbekannte Brenndauer haben würden.
Ich möchte zunächst einen Tip geben -
Was passiert eigentlich, wenn man eine der Kerzen an beiden
Seiten gleichzeitig anzündet ?
Verboten ist das nicht - kommen Sie mit dieser Information im
Sinne der negativen Zielanalyse weiter ?

121.) das Urteil

Hier ist Logik gefragt. Der einzelne Gefangene auf der linken
Seite von der Mauer sieht natürlich gar nichts - also muß die
Lösung rechts zu suchen sein. Der erste in der Gruppe sieht auch
nur die Mauer vor sich- und wird daher nichts zu sagen haben.
Der Zweite sieht nur den Einen vor sich und kann sich letztlich
auch kein Urteil erlauben - bis - ja, bis er merkt, daß auch der
Dritte hinter ihm nichts zu sagen hat.
Finden Sie mit diesem Tip heraus, wie es ausgeht ?

122) Das Palindrom- Datum

Das ist wirklich ein seltenes Ereignis - die letzten ihrer Art
schrieb man jüngst vor einigen Jahren, am

$$20.02.2002 \text{ , am } 01.02.2010 \text{ und am } 21.02.2012$$

An dem ersten Datum hatte meine Frau Geburtstag. Sie wurde
aber nicht 20 oder 22 Jahre alt, das hätte natürlich gut gepaßt.
Unser jüngerer Sohn Laurin war gerade einen Tag vorher
geboren. Ein wenig bereue ich das ja - nicht die Geburt natürlich,
sondern den Zeitpunkt. Und unser älterer Sohn Julius wurde am
letztgenannten Datum 18 Jahre alt. Wann war eigentlich das
zuletzt davorliegende Ereignis und wann wird das nächste sein ?

123.) die Klassenarbeit

Die Lösung der unvollständig abgebildeten Aufgaben kann man unschwer durch Nachdenken finden.
Bei a) in der 2. Zeile steht eine 8, also muß die zweite Stelle des Divisors ebenfalls eine 8 sein, weil ja die Lösungszahl mit 1 beginnt. Damit unter der 8 eine 5 übrigbleibt, muß im Dividenden eine 3 stehen; die nächste Ziffer ist dann die 6, weil diese als heruntergeholte Ziffer in der dritten Zeile auftaucht.
So sieht es dann schon mal aus:

a)   4 3 6 x : x 8 = 1 x x
         x 8
         x 5 6
         8 6
            x x x
            x x x
                0

Der Divisor kann nun nicht 18 sein, denn dann steckte diese 2 mal in der 43 drin und die Lösung begänne mit 2.
Er kann aber auch nicht 38 sein, denn dann bliebe zur 43 nur eine einstellige Differenz von 5 und in der 3.Zeile stünde dann keine 3-stellige Zahl.
Also ist der Divisor 28.

         4 3 6 x : 28 = 1 5 x
         2 8
         1 5 6
         1 4 0
            1 6 x
            x x x
                0

Damit es aufgeht, muß das letzte Produkt in der fünften Zeile genau 168 sein, denn 6 * 28 = 168. So lauten der vollständige Dividend also 4368 und die Lösung 156.

Bei Aufgabe b) sind die Verhältnisse ähnlich - schaffen Sie es ?

124.) Vier

Hier sind der Kreativität keine Grenzen gesetzt; manche Ergebnisse haben auch mehrere mögliche Lösungen; die ersten 10 sind recht einfach - machen Sie nun weiter bis 20.

$$1 = 4/4 * 4/4 \qquad \text{oder} \quad 44/44 \qquad\qquad 9 = \sqrt{4} * 4 + 4/4$$
$$2 = 4/4 + 4/4 \qquad\qquad\qquad\qquad\qquad\quad 10 = 4 * 4 - 4 - \sqrt{4}$$
$$3 = 4/4 + 4 - \sqrt{4} \qquad\qquad\qquad\qquad\quad 11 = 4! / \sqrt{4} - 4/4$$
$$4 = \sqrt{4} + \sqrt{4} + \sqrt{4} - \sqrt{4} \qquad\qquad\quad 12 = 4 * 4 - \sqrt{(4*4)}$$
$$5 = 4/4 + \sqrt{4} + \sqrt{4}$$
$$6 = \sqrt{4^4} / 4 + \sqrt{4}$$
$$7 = \sqrt{4} * 4 - 4/4 \qquad \text{oder} \quad 44/4 - 4$$
$$8 = \sqrt{4} + \sqrt{4} + \sqrt{4} + \sqrt{4}$$

125.) Die Aufteilung

Zunächst spiegelt man die Strecke PZ_1 so, daß sich PZ_2 ergibt. Eine zweite Strecke, z.B. PX, ist nur dann länger, wenn X in den Kreisbogenabschnitt zwischen Z_1 und Z_2 fällt. Das Verhältnis der Länge des Kreisbogenabschnittes zwischen den Z-Punkten zum Gesamtumfang ist ein Maß für die Wahrscheinlichkeit P, daß eine zufällig gesetzte zweite Strecke kürzer oder länger ausfällt.
Nach Bestimmung des Winkels zwischen Kreismittelpunkt und den Z- Punkten (Messung) kann man die Längen, aber auch die Winkel ins Verhältnis setzen. $P = \alpha / 360$

Bei 90° ist P also genau 25%.

Länge b = $\alpha /180 * \pi\, r$

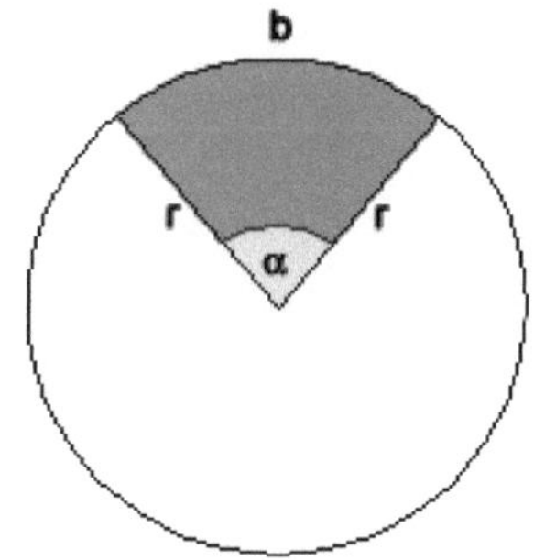

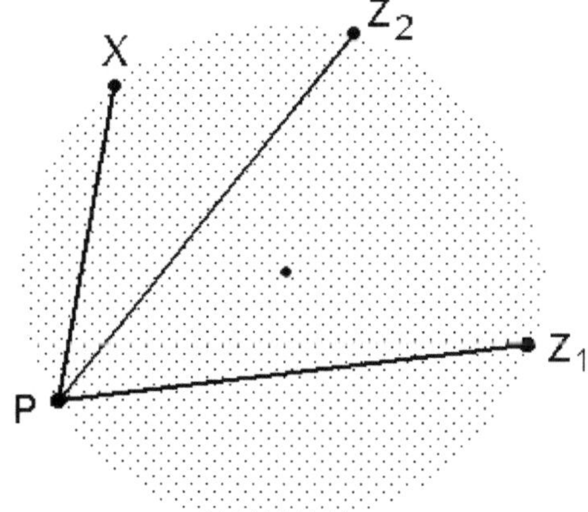

126.) Die Seerosen

Nach der Aufgabenstellung ist der See nach 10 Tagen vollständig von Seerosen überwachsen und am Anfang, also zum Tage Null, war es nur eine einzige.

Wenn diese sich täglich verdoppelt hat, war die Hälfte des Sees natürlich erst nach 9 Tagen überwachsen, und nicht etwa nach fünf.

Und wenn zu Beginn 2 Rosen vorhanden sind, dann entspricht das praktisch bereits der ersten Verdoppelungsstufe und es dauert einen Tag weniger, also mithin ebenfalls 9 Tage bis zur kompletten Bedeckung der Oberfläche.

Hatten Sie eine andere Vorstellung ?

127.) der Quadreis

Für den genannten speziellen Fall müssen die beiden Flächeninhalte des Kreises und des Quadrates gleich sein. Hierfür gilt dann die Beziehung

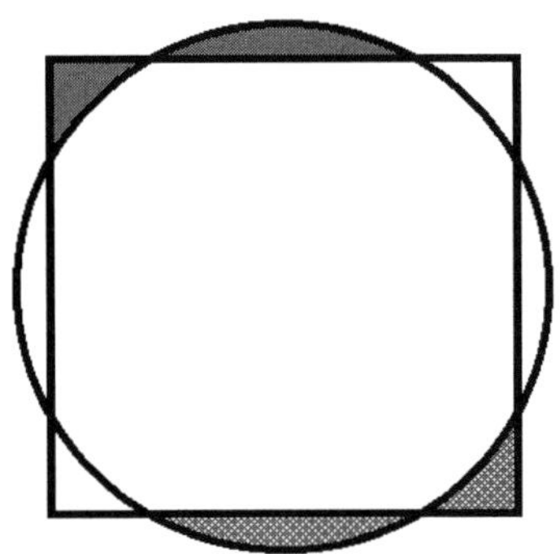

$$F_{Kreis} = F_{Quadrat}$$

und mathematisch ausgedrückt

$$\pi\, r^2 = a^2 \, .$$

Nach "a" aufgelöst ergibt sich $a = \sqrt{\pi} * r$

bzw. $a = r\sqrt{\pi}$

Damit erkennt man, daß sich a proportional zum Radius verhält.

Stellen Sie sich nun vor, der Kreis würde soweit vergrößert, daß das Quadrat eben gerade vollständig einbeschrieben wäre.

In welcher Beziehung steht denn in dem Fall a zum Radius ?

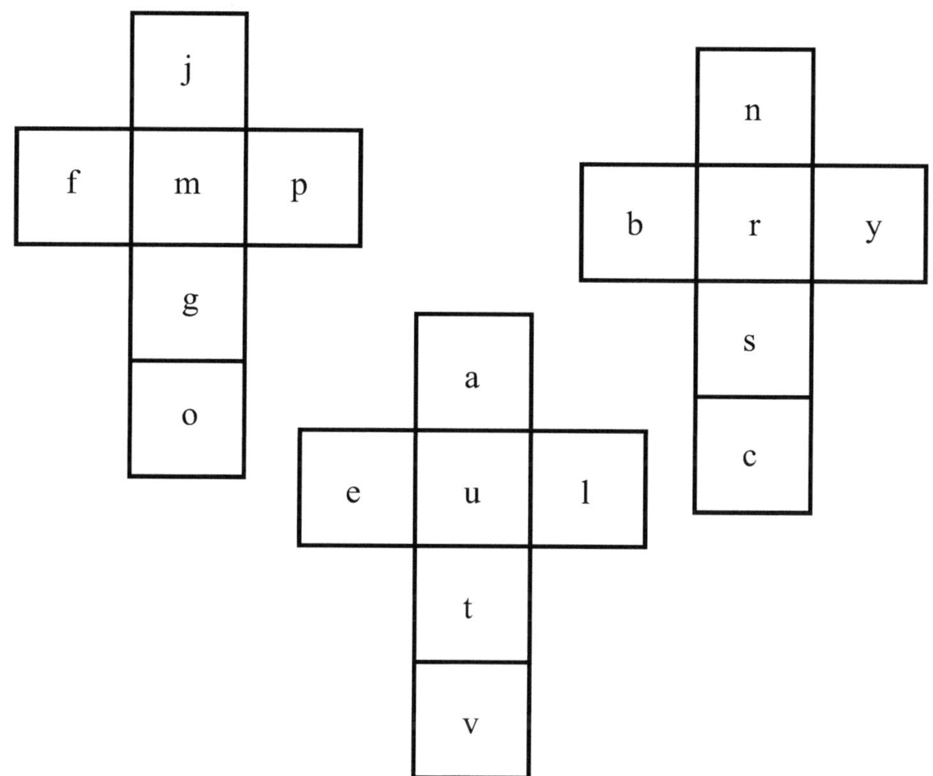

128.) Tage und Monate

Wenn man weitere Drehsymmetrien berücksichtigt, kann man die Würfel noch modifizieren. Das **u** zum Beispiel kann mit einer 90-Grad-Drehung als **c** gelesen werden. Aus **a** wird nach einer solchen Drehung ein **e** und zuletzt sieht das **b**, um 180 Grad gewendet, ähnlich aus wie ein **g**. Damit würde man dann mit nur fünf Würfelseiten auskommen und könnte zusätzlich die deutschen Buchstaben k (okt), z (dez) und das i (mai) aufnehmen, um die Monatsnamen auf deutsch darstellen zu können. Es fehlt dann nur das ä für März.

Würfel 1:	j	Würfel 2:	l	Würfel 3:	r
	m		u, n, c		f
	p, d		v		u, n, c
	g, b		a, e		y
	o		t		s

129.) Roulette

Die Chance auf eine Zahl (plein) beträgt je nach Spielplan 1/37 oder nur 1/38.

Wenn Ihnen das nicht sofort einleuchtet, dann haben Sie die Null vergessen, die sich außer den 36 anderen Zahlen noch ganz oben am Spielplan befindet. Das Feld zieht sich über die 3 Spalten. Manche Ausgaben haben noch eine Doppel- Null.

Entsprechend sieht das Ganze für den Zweier (cheval) aus: Die Chance beträgt 2/37.

130.) Kleinigkeiten

Hier die Antworten in Kurzform

a) Zweimal die gleiche Zahl hintereinander: $1/37^2 = 1/1369$

b) Chance für einen Vierer (carré) = 4/37

c) Wahrscheinlichkeit für *schwarz*: 18/37

d) 17 mal schwarz nacheinander ?   Ja.
   Das ist vor vielen Jahren passiert. Die Wahrscheinlichkeit beträgt (vom Ergebnis Null abgesehen) 1 zu 2^{16}, wenn -von schwarz ausgehend- noch 16 Mal schwarz kommen soll.

e) Nein ! Es gibt 4 gerade schwarze, aber 5 gerade rote Zahlen .

f) Drittelchancen:Regulär 6 Möglichkeiten (3 Kolonnen,3 Dutzend)

g) Es gibt keine Möglichkeit, einen 9-er zu setzen.

h) Anzahl verschiedener 4-er Kombinationen: 23

i) Am Limit des Spielcasinos, z.B. 100 € auf plein,3500 € auf noir.

j) 1 und 2 gleichzeitig (mit 1 Chip): sechs (ggf. sieben).
   Cheval (1,2), transversale plein (1,2,3), carré (1,2,4,5), transversale simple (1bis 6) sowie die Kombinationen mit der Null (transversale plein = 0,1,2 und carré 0,1,2,3
   Man kann ggf. noch das "erste Dutzend" dazurechnen.

131.) die Rundfahrt

Na, da hat sich Herr Ratlos ja was vorgenommen. Überlegen wir einmal: Wenn er die 10 km in genau einer Stunde zurückgelegt hat, ist er also im Schnitt 10km/h gefahren. Soweit, sogut.
Und nun fängt man an, sich zu wundern.

Nehmen wir an, er fährt die zweite Runde doppelt so schnell und erreicht einen Schnitt von 20 km/h für diese zweite Runde.
Dann hat er für die zweite Runde ein halbe Stunde benötigt.
Zusammen sind das also $60 + 30 = 90$ Minuten und das ergibt rechnerisch einen Schnitt von 20km in 90 Minuten= 13,333 km/h.
Hmm.
Das reicht ja noch nicht. Nagut, dann fährt er eben 3 mal so schnell und legt die 10km in 20 Minuten zurück. Das macht 20km in 80 Minuten = 15 km/h.
Hmmmm.

Das wird schwierig, auf 20 km/h zu kommen.

Selbst bei 100 km/h würde er für die Runde von 10km genau 6 Minuten brauchen, käme aber in den zusammen 66 Minuten für die beiden Runden nur auf einen Schnitt von 18,18... km/h.
Und bei 1000 km/h sieht es nur wenig besser aus - 60,6 Minuten mit einem Schnitt von 19,8 km/h.
Um die 20 km/h zu erreichen, müßte er theoretisch unendlich schnell sein und die Runde in einer Null-Zeit zurücklegen .
Seine Aufgabe lautet doch, <u>20km</u> in <u>einer</u> Stunde zu fahren - aber diese Stunde ist doch schon herum! Und er hat eben nur 10 km geschafft in dieser Stunde.

Also Pech gehabt - er kann sozusagen *nicht lange genug* schnell fahren, als daß er den Schnitt genügend heben könnte. Je schneller er fährt, desto früher endet ja auch die Runde.

132.) Wüstendurchquerung

Nach einigem Nachdenken ergibt sich, daß sich drei Personen mit je einem gefüllten 16-Liter-Kanister auf den Weg machen müssen. Da der erste nur für 4 Tage mitnehmen kann, aber für 6 Tage benötigt, muß dessen Vorrat im Laufe der Reise mit Wasser für 2 Tage, also mit zweimal 4 Litern aufgefüllt werden.

Nach einem Tag gibt einer von denen von seinen verbliebenen 12 Litern den beiden anderen jeweils 4 Liter ab und füllt damit gerade die an dem einen Tag verbrauchte Menge von 2 mal 4 Litern wieder auf. Ihm selbst verbleiben 4 Liter für den Tages-Rückmarsch.

Nach 2 Tagen gibt der zweite von seinen nunmehr 12 Litern dem ersten 4 Liter ab und füllt damit dessen Kanister erneut voll auf. Ihm selbst verbleiben 8 Liter für den 2-Tages -Rückmarsch.

Der erste hat nun nach 2 Tagen noch volle 16 Liter und kommt damit genau die 4 Tage weiter, die er benötigt.

Schematisch dargestellt:

Tag 0 : (Abreise)	a16	b16	c16
Tag 1 :	a12	b12	c12
umschütten zu	a 4	b16	c16
Tag 2 :		b12	c12
umschütten zu		b 8	c16
Tag 3 :			c12
Tag 4 :			c 8
Tag 5 :			c 4
Tag 6 : (Ankunft)			c 0

133.) gewöhnliches Wasser

Die Siedetemperatur des Wassers ist bekanntlich abhängig vom atmosphärischen Druck. Geht man in die Berge und kocht dort in deren Höhenlagen etwas Wasser, siedet dieses bereits deutlich unterhalb 100 Grad. Das ist auch der Grund, daß Kartoffeln ev. nicht gar werden.

134.) Der Tunnel

Das Rätsel wirkt zunächst verblüffend auf den Leser. Man ist geneigt, folgende Rechnung anzustellen:
Der Läufer nimmt sich den Gehbehinderten für die Durchquerung, welche 5 Minuten dauert. Dann rennt er zurück (1 Min.), schnappt sich den Rentner und bringt diesen durch den Tunnel (4 Min.). Anschließend rennt er nochmals zurück (1 Min.) und will dann mit dem Jogger, der bis jetzt hat warten müssen, loslaufen. Dummerweise sind zu diesem Zeitpunkt aber schon 11 Minuten vergangen und die beiden würden auf ihrer 2- Minuten-Reise im letzten Teil des Tunnels bereits dem Zug auf unerfreuliche Weise begegnen. Unmöglich, den Tunnel vor Eintreffen des Zuges verlassen zu haben. Was tun ?
Nun, oftmals liegen die Dinge nicht so klar auf der Hand, wie man vermutet. Es kommt nicht unbedingt darauf an, daß der schnellste Läufer a l l e Wege mitmacht. Er könnte sich doch z.B. des Zweitschnellsten bedienen und mit ihm eine Alternative finden.
Wenn ich Ihnen hier an dieser Stelle versichere, daß es wirklich geht - und zwar klar und eindeutig - würden Sie dann nochmal weiter überlegen ?
Es bedarf nicht eines Trickes - keiner muß den anderen tragen oder etwa die Leuchtdauer zu beeinflussen versuchen - es ist nur eine Frage der Logistik.

135.) das Preisausschreiben

Eigentlich ganz logisch. Die Aufgabenstellung suggeriert, daß es wohl nicht um einen rein mathematischen Zusammenhang geht, also die genannten Zahlen nicht miteinander durch irgendwelche Rechenoperationen verknüpft sein werden.

Einen Hinweis auf die Lösung gibt auch die Ausformulierung; in der letzten Antwort, auf die deutsche Version, sind die Ziffern 1 und 8 ausgeschrieben. Hat das vielleicht etwas zu bedeuten ?
Wie sehen die anderen Antworten "ausgeschrieben" aus ?

136.) Wasserstreit

Tja, was ist denn nur hier los? Beide Grundstücke haben gleichen Umfang - bis auf die einzelne Latte genau - und doch offenbar unterschiedlichen Flächeninhalt.
Das Ganze läßt sich aber recht schnell auflösen - nehmen wir ein einfaches Beispiel mit 12 Latten bzw. länglichen Zaunelementen.
Der eine Gartenfreund hat damit ein Grundstück mit den Maßen *vier mal zwei* Meter abgesteckt und der andere eines mit *drei mal drei.*

Beide haben dafür 12 Zaunelemente benutzt, die Grundstücke haben aber im ersten Fall 8 m² und im zweiten Fall 9 m².

Es gibt natürlich viele weitere Beispiele - die Grundgebühr hat jeweils entsprechend aufgeteilt zu werden.

Welche Konstellation liegt beispielsweise vor, wenn die Grundgebühr 1016 Euro beträgt und die beiden Anteile 512 Euro und 504 Euro betragen?

137.) schlechte Zeiten

Wer einfach so drauflosrechnet, kommt auf 36 : 6 = 6 Zigaretten. Aber dann hat er die Rechnung quasi ohne Zinseszinsen gemacht.
Der kluge Karli aber rechnet so:
Sechs Kippen geben sechs Zigaretten, und diese hinterlassen nach dem Gebrauch widerum sechs Kippen.
Aus diesen 6 Kippen macht sich Karli dann noch eine siebte Zigarette. Die Antwort lautet also, da danach gefragt wurde, wieviele Zigaretten sich <u>insgesamt</u> herstellen lassen, **sieben.**

138.) natürliche Zahlen

Die Reihe der natürlichen Zahlen wird in der Mathematik mit dem Buchstaben **N** gekennzeichnet. Darunter versteht man die Menge aller positiven ganzen Zahlen.

Die Null ist damit regulär nicht Element von **N**. Zahlen am Anfang der fortlaufenden Reihe können sich selbst naturgemäß (noch) nicht als Summen darstellen lassen, so müssen die 1 und die 2 auf dieses Attribut verzichten; erst die 3 ergibt sich als Summe aus 1 und 2 .

Hierauf konnte man leicht kommen; <u>eine</u> Lösung fehlt aber noch !

Etwas mehr Nachdenken erfordert auch die Frage danach, wie man die Zahl 1 als Summe zweier Quadratzahlen darstellen kann.

139.) das Wettschwimmen

Zugegeben: Dieses Rätsel ist nicht gerade leicht zu lösen. Ich möchte daher weniger mit Formeln als mit Logik zu einer Erklärung kommen.

Stellen wir uns vor, die beiden Schwimmer bewegen sich ununterbrochen aufeinander zu und treffen sich dabei jeweils im Wasser. Während der ersten Tour legt der langsamere Konrad 75 Meter vom Ufer gerechnet zurück, während der zweiten Tour "schafft" er nur 35 Meter und schon ist Daisy da. Das bedeutet doch im Klartext, daß während der Zeit *zwischen* den beiden Treffen (das ist genau eine Seen- Länge !) die Daisy dem Konrad 40 Meter vorausgeschwommen ist. Während Konrad also 75m schafft, schwimmt Daisy 40 Meter mehr, mithin 115 m.

Die Breite des Sees muß daher 75 + 115 m betragen, das sind zusammen 190 Meter. Auf die Pause kommt es übrigens gar nicht an, solange sich die beiden im Wasser treffen.

Machen wir die Probe - Nach dem ersten Treffen fehlen Konrad noch 115 Meter bis zum anderen Ufer. Nach weiteren 2 * 75 Metern ist er also 115 - 150 = 35 Meter über dies hinaus. In der gleichen Zeit legt Daisy 2 * 115 m = 230 m zurück und gelangt

damit bis zum Ufer (75 m) und darüberhinaus 230 - 75 = 155 m auf den Rückweg. Da dieser 190 Meter beträgt befindet sie sich also zu diesem Zeitpunkt ebenfalls 190 - 155 = 35 Meter vom Ufer entfernt - genau wie Konrad.
Die Sache stimmt also.

140.) die Seerose

Stellen wir uns die Wurzel der Seerose als Mittelpunkt eines Kreises vor. Die Länge der Rose stellt dann den Radius dar, der in der Vertikale bis 10cm über die Wasseroberfläche reicht, in der Schräge genau bis zum Aufliegen der Rose auf dem Wasser.

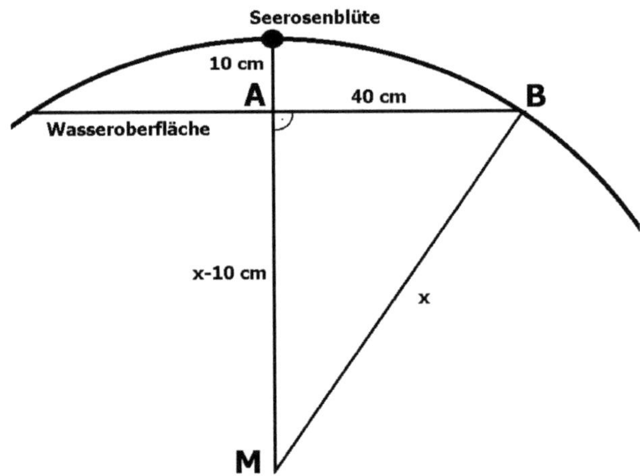

Die Wasseroberfläche bildet dann mit dem geraden Stengel einen rechten Winkel innerhalb des in der Abbildung ersichtlichen Dreieckes. Der Radius x ist bestimmbar nach Pythagoras.
Es ergibt sich zunächst die Beziehung

$$x^2 = (x - 10)^2 + 40^2 \quad \text{in cm}^2.$$

Daraus folgt $x^2 = x^2 - 20x + 100 + 1.600$ bzw. $20x = 1.700$
X errechnet sich daraus zu 85 cm. Da die Blüte 10 cm oberhalb des Wasserspiegels stand, beträgt die Wassertiefe $x - 10 = 75$ cm.

Das ist wirklich nicht tief genug, um "dicke" Fische zu angeln.

141.) Die Schafherde

Hier kann man sich ordentlich den Kopf zerbrechen. Wenn man genau aufgepaßt hat, ist der Aufgabenstellung aber bereits zu entnehmen, daß derjenige, der den ersten 10 Euro- Schein vom Stapel genommen hat, auch den letzten für sich verbucht hat. Er hat damit nicht nur einen Schein mehr als der Bruder, sondern es ist klar, daß es sich bei der Anzahl um eine solche mit ungeradem Zehner gehandelt hat. Zum Beispiel 19 Stück, entsprechend 14 Schafen und $14^2 = 196$ Euro Kaufpreis.

Nun gut, es hätten auch 16 Schafe (25 Zehner) oder 24 sein können (57 Zehner), nicht aber 18 (32 Zehner).

Aber hilft Ihnen diese Information nicht doch weiter ?

142.) merkwürdige Edelsteine

Frau Oktaeder muß ihren ganzen Grips anstrengen, um auszurechnen, was ihr Mann gemeint hat.

"Dieser Stein wiegt 100 Gramm minus die Hälfte seines Gewichts". In eine Formel verwandelt bedeutet das:

X (das wirkliche Gewicht) ist gleich 100 minus ½ X , also

$$X = 100 - \tfrac{1}{2} X$$

Daraus folgt direkt 1,5 X = 100 und somit X = 66,66... Gramm. Eigentlich gar nicht so schwer, man muß nur drauf kommen !

Der zweite Teil der Aufgabenstellung ist ähnlich: Der Stein von Frau Ikosaeder "wiegt 100 Gramm geteilt durch die Hälfte seines Gewichtes".

Hier formuliert man aus zu X = 100 : ½ X und rechnet weiter:

$$X * \tfrac{1}{2} X = 100 \qquad \Longrightarrow \qquad \tfrac{1}{2} X^2 = 100$$

und damit ist $X^2 = 200$ und $X = \sqrt{200}$ − 14,142135 Gramm.

Was wöge ein Stein, für den gelte: "Dieser Stein wiegt 100 Gramm multipliziert mit der Hälfte seines Gewichtes" ?

143.) Die Wanduhr

Schönes Rätsel. Sechzig Sekunden zu antworten wäre zu einfach, das ist wohl klar. Aber wo liegt der "Wuppdich" ?
Hier sieht man einmal, wie leicht wir auf die falsche Fährte gelangen, wenn wir nur einfach und linear denken.
Sechs Schläge in 30 Sekunden bedeuten eben nicht zwingend 12 Schläge in 60 Sekunden.
Zwischen den beiden Sequenzen von je 6 Schlägen - die in der Tat jede für sich 30 Sekunden dauern- liegt nämlich eine kleine Pause ! Der Schlag Nr.7 folgt erst einige Sekunden n a c h dem sechsten und um diese Zeitspanne dauert das Ganze länger als 60 Sekunden.
Also wie lautet die Lösung ?

144.) die beiden Läufer

Wenn man den Aufgabentext genau liest, bemerkt man, daß die erste Fahne am Nullpunkt steht. An den jeweiligen 100-Meter Punkten befinden sich demnach die Fahnen mit den Nummern 5, 9, 13, 17 und 21.
Wenn also Siggi an der dritten Fahne ankommt, hat er von Anbeginn der zu wertenden Strecke erst zwei Fahnen entsprechend 50 Meter zurückgelegt.
Die 8,4 Sekunden rechnen sich also auf zwei Fahnen, und bis zum 500- Meter-Punkt muß er noch 18 Fahnen weiterlaufen.
Er benötigt also insgesamt zehn mal die 8,4 Sekunden - bei gleichbleibender Geschwindigkeit.
Die Lösung lautet daher: 84 Sekunden.

Nehmen wir an, Siggi kommt genau 25 Meter vor Thomas im Ziel an. Also in dem Moment, wenn Siggi das Ziel erreicht, fehlen dem Thomas noch die letzten 25 Meter.
Wer gewinnt, wenn der gleiche Lauf nochmals veranstaltet wird und Thomas dabei 25 Meter Vorteil gegeben werden, indem Siggi vor dem Start 25 Meter zurückgeht und von dort losläuft ?

145.) Eine ganz dumme Sache

Der Gefangene erwies sich als sehr ausgebufft - er ging das volle Risiko ein - zog das Los und rief laut in den Palast hinein und für alle Leute hörbar, daß er das gute Los gezogen habe - und vor Glück knüllte er dieses zusammen und aß es vor aller Leute Augen auf - um sich *das neue Leben einzuverleiben*, wie er danach sagte.

Beweislich möge man das verbliebene Los anschauen, auf dem natürlich dick und fett der Tod vermerkt war.

In dieser Situation kam der Khalif natürlich nicht umhin, vor der Öffentlichkeit die Begnadigung auszusprechen, um sich nicht selbst als Lügner hinzustellen. Mit gewissem Groll, später aber einem kleinen Lächeln der Bewunderung für die Spitzfindigkeit und für den Mut des Gefangenen, stand er fortan zu seiner Entscheidung.

146.) Mathetest

Die Lösungen bzw. Zuordnungen lauten im Einzelnen:

1)	f	5)	a
2)	c	6)	d
3)	g	7)	e
4)	b		

Für Tüftler hier noch ein paar weitere Zuordnungen:

der goldene Schnitt	0,207879
$e^{1/e}$	1,618033
$1/7$	0,318309
i^{i}	1,259921
π^{-1}	1,444667
e^{-1}	0,142857
$\sqrt[3]{2}$	0,367879
Prinz Rupert-Zahl	1,060660

147.) Multi- Kulti- Soziorell

Anstatt alle möglichen Konstellationen aufzuschreiben, möchte ich hier lieber ein Lösungsgerüst geben- sicher muß man einige Möglichkeiten ausprobieren, bis man die richtige erwischt.
Die folgenden Schaubilder sollen dies erleichtern, sofern Sie sich verrannt haben.
Die Kästchen stellen dabei die Häuser dar, innen beschriftet mit der Nationalität und obendrüber die Farbe des Hauses.
Darunter führe ich die drei weiteren Attribute der Bewohner auf.

a) Zuerst werden die Aussagen 1, 4, 5, 7, 9 und 10 berücksichtigt.
Danach ergab sich -bei mehreren Möglichkeiten- folgendes Bild.

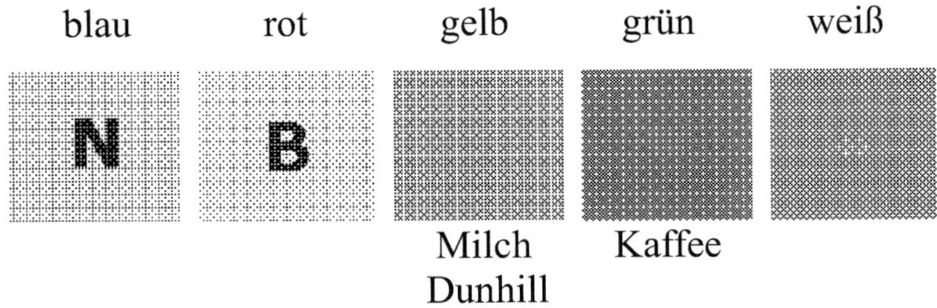

b) Schrittweise integriert man die folgenden Aussagen und gelangt zu einigen Änderungen. Bisher ist sicher:
Der Norweger wohnt im ersten Haus, daneben das blaue Haus.
Der grüne Hausbesitzer wohnt links vom weißen, aber nicht in der Mitte, und trinkt Kaffee.

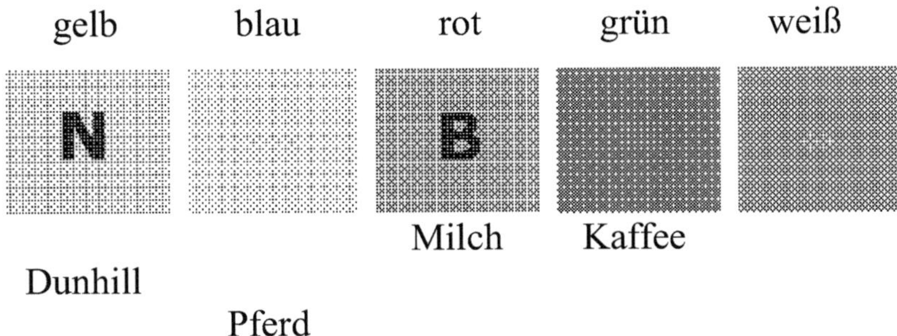

Probieren Sie von hier aus weiter.

148.) Lagerfeuer

Die Kunst besteht wieder einmal darin, die Angaben korrekt in eine lösbare mathematische Formel umzusetzen.

Also die primäre Anzahl von Kartoffeln könnte man ausdrücken als $3n + 2$.

Für jeden waren 3 Stück vorgesehen und 2 sind darüberhinaus vorhanden. Dabei steht **n** für die Anzahl der Teilnehmer.

Wenn nun 3 Schüler hinzukommen und auf jeden dann noch 2 Kartoffeln entfallen, dann ist der oben angegebene Term gleichzusetzen mit $2(n+3)$.

Lösen wir es auf:

$$3n + 2 = 2(n+3)$$

Das ergibt zunächst $\quad 3n + 2 = 2n + 6$

und daraus folgt $\quad 3n - 2n = 6 - 2$

und somit gilt $\quad\quad n = 4$

Es hatten sich also am Anfang 4 Schüler für das Lagerfeuer entschieden und nun sind es im Sinne der Aufgabenstellung letztlich s i e b e n .

149.) der alte Professor

Zur Lösung bedarf es eines Gleichungssystems, nennen wir den Professor **p**, den Sohn **s** und den Enkel **e**. Dann gilt:

1) $p - 36 = s$ $\quad\quad$ 2) $s - 24 = e$ $\quad\quad$ 3) $p + e = 76$

Aus 3) folgt $p = 76 - e$. Nun setzt man dies ein in 1:
$(76 - e) - 36 = s \quad => \quad s = 40 - e$

Dies eingesetzt in 2 ergibt:
$(40 - e) - 24 = e \quad => \quad 2e = 40 - 24 \quad => \quad e = 8$

Damit betragen die Alter: Enkel $\quad\quad$ 8 Jahre

$\quad\quad\quad\quad\quad\quad\quad\quad\quad\quad\quad$ Sohn $\quad\quad$ 32 Jahre

$\quad\quad\quad\quad\quad\quad\quad\quad\quad\quad\quad$ Professor $\quad$ 68 Jahre

150.) das Schwimmbecken

Die hier vorgestellte Methode der Halbierung und Verdoppelung einer Fläche ohne genaues Maß- Instrument ist durchaus für die Praxis geeignet.

Man stelle sich zunächst das quadratische Schwimmbad vor und messe vom Mittelpunkt aus jeweils horizontal und vertikal die vier Seitenhalbierenden ab; im Bild mit X gekennzeichnet.
Nun muß man diese nur noch miteinander verbinden und erhält ein um 45° gedreht liegendes Schwimmbad mit exakt dem halben Flächeninhalt.

Der Flächeninhalt des Dreieckes beträgt exakt 50 Quadratmeter.

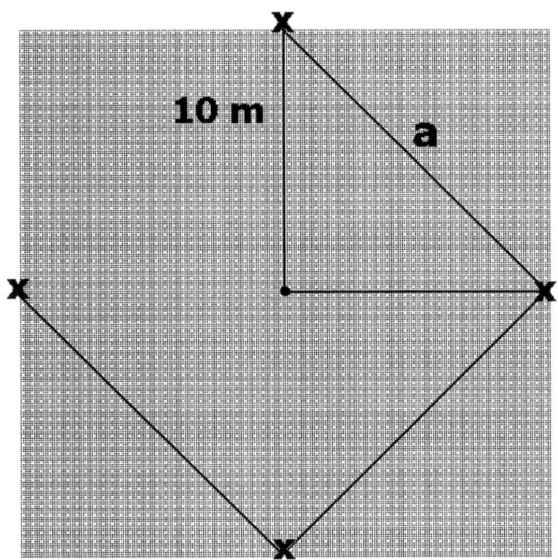

Dies wird unmittelbar deutlich, wenn man erkennt, daß die schrägen Verbindungslinien, also die Seitenkanten "a" des neuen Bades, die 4 Quadranten des Ursprungsquadrates als jeweilige Diagonalen exakt in 2 Hälften teilen.

Die neue Seitenlänge a beträgt - als Diagonale eines Ursprungs- quadranten angesehen- genau $10\sqrt{2}$ Meter.

Der Flächeninhalt des neuen Bades entspricht somit $100 * 2\,m^2$, also $200\ m^2$, was genau die Aufgabenstellung erfüllt.

Die Vergrößerung eines Bades erfolgt auf analoge Weise.

151.) ein paar Buchstabenrätsel

Haben Sie Lösungen finden können ?

Ich schrieb, daß Hinweise bereits in den Aufgaben selbst verborgen seien. So werden zum Beispiel bei a) und b) genau sechs Zahlen/Buchstaben genannt und das **siebte** Element fehlt.

Dies gilt es zu erkennen und Rückschlüsse daraus zu ziehen, um dem Rätselsteller und seiner Intention auf die Schliche zu kommen. In der Aufgabe selbst wird ein Hinweis gegeben.

Nun, was hat denn eventuell <u>genau **7**</u> Elemente ?

Bei c) werden elf Elemente genannt und das Zwölfte ist gesucht.

Wo gibt es wohl <u>genau **12**</u> Elemente ?

Und bei d) geht es um neun genannte und das zehnte gesuchte Element.

Bei e) spielt nicht die Anzahl, sondern die Aufeinanderfolge der Elemente eine Rolle, hier handelt es sich um Anfangsbuchstaben.

Bei f) und g) geht es um eine zu erratende festgelegte Reihenfolge, die zum Beispiel in der Physik eine Rolle spielt und jedem PC-User geläufig sein sollte.

Vielleicht haben Sie ja jetzt einige nützliche Hinweise erhalten - dann versuchen Sie jetzt doch eimal, bei den beiden folgenden Aufgaben eine Lösung zu finden:

h) C D I L M V ?

i) H E N E A R K R X E R ?

Manchmal kann man "sehen", worum es sich handelt. Man darf sich nicht in die Enge treiben lassen - auch bei diesen beiden Folgen geht es nicht um einen Algorithmus, aus dem heraus die Elemente sich als Folge ergeben, sondern es handelt sich um eine Reihenfolge festgelegter Begriffe. Deren Kontext gilt es zu erkennen.

152.) Rundreise über Stock und Stein

Hier wird schon im Aufgabentitel ein Hinweis gegeben.
Über *Stock und Stein* - "Eins über's Andere" sozusagen.
Betrachten wir einmal die Abbildung. Es handelt sich um fünf Kreissektoren. Die Reihenfolge der Ziffern/Zahlen geht bei dieser Darstellung nicht schrittweise von Feld-zu-Feld, sondern in zwei Schritten, von Feld-zu- übernächstem-Feld.

Beginnen Sie bei der höchsten Zahl und fahren Sie im Uhrzeigersinn fort.

Offensichtlich verringern sich die Beträge.

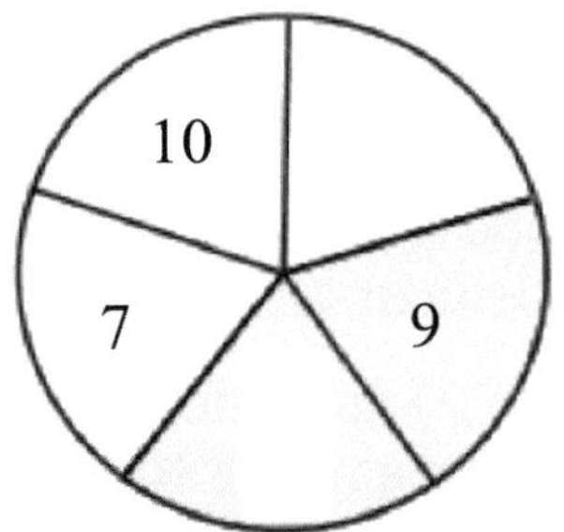

153.) binomische Formeln - einmal anders

Wir suchen hier ein "Binom", das als Lösung bei der Quadratur die Lösung $a^2 + b^2$ hat.

Die Schwierigkeit liegt darin, das "Plus" zu erzeugen und $+b^2$ als Summand darzustellen. Oft geht sowas über eine doppelte Negation. Das "b" müßte also innerhalb der beiden Klammern irgendwie so vor-formuliert werden, daß es erst bei der Quadratur positiv wird - diese müßte dann sozusagen mit (-1) erfolgen, wobei die dazu nötigen beiden Teile auf die beiden Klammern verteilt sind.

Können Sie mit diesem Hinweis der Lösung näher kommen ?

154.) Nummer 3 ist wahr

Zu welcher Lösung sind Sie gekommen ?

Diese Aufgabe hatte ich vor längerer Zeit im Internet gefunden, und es war dabei vom Rätselsteller die Lösung "keine Antwort" vorgesehen. Es solle also keine Ziffer bzw. Zahl geben, die im Sinne der Aufgabenstellung richtig und eine Lösung wäre.
Ich habe aber eine Alternative aufgezeigt. Kommen Sie darauf, wenn Sie die Aussagen genau unter die Lupe nehmen?

In Antwort 5 heißt es, die "Summe ihrer 2 Ziffern sei nicht 14".

Hier sind gleich zwei Aussagen enthalten, die jede-für-sich bei nicht-Zutreffen die Gesamtaussage falsifizieren.
Die Aussage ist also falsch, wenn die Zahl nur 1 Ziffer hat oder wenn die Summe bei zwei Ziffern nicht 14 ist.

Dazu ein Beispiel:

Wenn ich ein **ROTES** Hemd habe, **20 Jahre** alt bin und in **Wuppertal** wohne, dann trifft die Aussage

" **ROTES** Hemd, **80 Jahre, Wuppertal**"   ebensowenig zu wie
"**GRÜNES** Hemd, **20 Jahre, Wuppertal**"   oder
" **ROTES** Hemd, **20 Jahre, HAMBURG**".

Es ist nämlich jeweils eine der drei Vorgaben nicht erfüllt.

Was bedeutet das für das Rätsel ?

Das ist eine spannende Frage- schauen Sie nicht vorschnell in den erweiterten Lösungen nach. Ich sage Ihnen dort dann auch, wie der Aufgabensteller auf meine alternative Lösung reagiert hat.

155.) drei Würfel mit Problemen

Wie kann man es mit jeweils 3 Würfeln erreichen, daß die Zahlen von 1 - 12 bzw. 1 - 18 mit gleicher Wahrscheinlichkeit erwürfelt werden können ?
In den verschachtelten Lösungen zu Aufgabe 37 sind hier schon Lösungsformen und -strategien aufgezeigt worden.

Um mit drei Würfeln alle Zahlen zwischen 1 und 12 mit gleicher Wahrscheinlichkeit erzeugen zu können, muß man folgende Beschriftungen vornehmen:

	Lösung 1	Lösung 2	Lösung 3	Lösung 4
Würfel 1	1 1 3 3 5 5	0 0 1 1 2 2	1 1 2 2 3 3	0 0 2 2 4 4
Würfel 2	0 0 0 1 1 1	0 0 0 3 3 3	0 0 0 3 3 3	0 0 0 1 1 1
Würfel 3	0 0 0 6 6 6	1 1 1 7 7 7	0 0 0 6 6 6	1 1 1 7 7 7

Für die Summe 18 sehen die Kombinationsmöglichkeiten bei <u>zwei</u> Würfeln so aus:

W1 Hauptwürfel, W2 Ergänzungs- oder Folgewürfel.

1 w1 = 1 2 3 4 5 6
   w2 = 0 0 6 6 12 12

2 w1 = 1 4 7 10 13 16
   w2 = 0 0 1 1 2 2

3 w1 = 1 2 3 10 11 12
   w2 = 0 0 3 3 6 6

4 w1 = 1 2 7 8 13 14
   w2 = 0 0 2 2 4 4

Es gibt hier jeweils zu jeder Zeile noch eine korrespondierende Lösung.
Versuchen Sie sich im Anschluß an der eigentlichen Aufgabe mit <u>drei</u> Würfeln.

156.) Ein Satz aus Griechenland ?

Die Bedeutung des Satzes ist nicht leicht zu entschlüsseln, wenn man den Kontext nicht aufzeigt. Hier ist ein Merkspruch gemeint, mit dem man die Nachkommastellen der Zahl Pi memorieren kann. Es kommt auf die Zahl der Buchstaben der Wörter an: 3, 1 4 1 5 9 2 6 5 3 und dann aufgerundet 6.

" May I have a large container of coffee right now, please? "
   3 1   4 1   5   9   2   6   5   3   6

157.) ein Buchstabenrätsel

Welcher Buchstabe setzt die Reihe fort ?

A E F H I K L ?

Es handelt sich um nur diejenigen Buchstaben des Alphabetes, die ausnahmslos Geraden als Begrenzungen haben. Ausgelassen sind in alphabetischer Reihenfolge also die Buchstaben mit Rundungen   B, C, D, G und J. Entsprechend weiter verfahrend, kommt M als Nächstes, und dann würden N und T folgen.
Noch zwei Weitere:
Was folgt in der Reihe der Buchstaben Q A Z W S X ?
Was folgt in der Reihe der Buchstaben J M M J A O ?

158.) Oft, selten, nie

"Ein Lehrer sieht es oft, ein König selten und Gott nie."

Da kann man lange überlegen. Sinnvoll wäre eine Antwort wie:
"Vorgesetzte"

159.) Hausbau

Sinnvoll anzunehmen ist, daß der Häuslebauer nach einer Hausnummer fragt und 3 Lettern á 1 Eur erwirbt. Die Hausnummer 600, zwar etwas ungewöhnlich, wird hier zutreffend sein.

160.) Schuhverkauf

Dies ist ein Rätsel, bei dem ich selbst sehr lange überlegen mußte.

Das Ganze sollte man sich praktisch vorstellen- was genau passiert in dem Laden und was genau wurde in der Fragestellung gesagt bzw. nicht vorgeschrieben ?

Der Text suggeriert Dinge anzunehmen, die so nicht geschehen sind. Man wird auf's Glatteis geführt.

Und es gibt sicher ein Dutzend (!) und mehr völlig plausible Lösungen, wie das Ganze seinen Sinn macht, und jeder wird "hinterher" sagen, wie klar das Alles gewesen ist.

Ich möchte die Lösung bzw. die vielen Möglichkeiten, die sich daraus sofort ergeben, nicht vorschnell verraten.

Nehmen Sie einfach mal an, Sie selbst kommen in den Laden und WOLLEN diese Stiefel zu 100 Euro kaufen.
Sie sind bereits entschlossen.
Sie holen Ihre Geldbörse aus der Tasche und legen passend Geld auf den Tresen, und zwar genau und exakt 100 Euro.

So steht es im Text.

Wie kann es wohl sein, also WIE müssen Sie das so machen, damit die Verkäuferin genau Bescheid weiß, daß Sie KEIN Wechselgeld erwarten ?

Erweiterte
Lösungen

Zweiter Teil

Zitat von Prof. Dr.Hoimar von Ditfurth (1921-1989)

Im Verlaufe und als Folge wissenschaftlichen Erkenntnisfortschritts nimmt die Zahl der Welträtsel nicht ab. Die eigentlichen Wunder dieser Welt werden überhaupt erst sichtbar, wenn wissenschaftliche Forschung die Vorhänge menschlicher Vorurteile, abergläubischer Vermutungen und Denkgewohnheiten hinwegräumt.

2.) Die Beerdigung

Bei dieser Aufgabe geht es um die Ermittlung des kleinsten gemeinsamen Vielfachen von 1 bis 10. Man ermittelt dieses durch Multiplikation der Einzelfaktoren: $1*2*3*2*5*7*2*3 = 2.520$.
Nach den Ziffern 1, 2, und 3 muß, damit das Produkt durch 4 teilbar wird, nicht etwa mit 4 multipliziert werden, sondern nur mit 2, denn einmal ist der Faktor 2 schon enthalten. Aus dem gleichen Grund ist das Produkt bereits nach der dritten Ziffer durch 6 teilbar, weil die 2 und die 3 bereits enthalten sind. Um durch 8 teilbar zu werden, folgt nochmals der Faktor 2, und um durch neun teilbar zu werden, nochmals die 3, weil e i n e 3 schon vorhanden ist. Durch 10 ist das Ganze auch schon teilbar, weil bereits mit 2 und 5 malgenommen wurde. Sie glauben nun, die Lösung sei 2520 - 1 = 2519 ?   -> Falsch! Haben Sie vielleicht übersehen, daß diese Zahl genau $11 * 229$ ist ?
Der Mathematiker in dem Rätsel hatte gesagt, durch 11 ginge es nicht, also können es unmöglich 2519 gewesen sein, denn dann wären sie schön alle zusammen zu Elfer- Gruppen marschiert. Wir suchen also weiter nach dem *nächsten* Vielfachen, und das ist genau das Doppelte, nämlich 5040. Hiervon dürfen wir nun getrost 1 abziehen und erhalten 5039 - die korrekte Lösung.

Die Zusatzaufgaben:
a) Wenn sich die 59 Fußballer dazustellen würden, würde mit Sicherheit Eines passieren: Ungerade plus ungerade macht gerade. Die Zahl wäre durch 2 teilbar (5098). Das war es dann aber auch.

b) Die nächst größere Gruppe entspräche der nächsten Zahl, die durch 1 bis 10 teilbar wäre ,also 5040 plus 2520 = 7560. Einer abgezogen, ergibt sich 7559. Dies ist durch keine Zahl von 1 bis 11 teilbar.

c) Wenn bis zu zwanzigst keine Gruppeneinteilung möglich sein soll,dann sucht man zunächst das KGV von 20 und zieht 1 davon ab. Wir rechnen also $2520 * 11 * 13 * 2 * 17 * 19$ (der Rest ist schon drin) und erhalten ERROR mit dem Taschenrechner, weil die Zahl so groß ist, daß sie sozusagen das Display sprengt.

Also schrittweise: Nach dem vierten Faktor steht die Anzeige bei 720720. Das ist zunächst mal eine sehr interessante Zahl.
Es ist nämlich die erste Zahl unter 1 Million, die 240 Teiler hat.
Keine Zahl unter 1 Million kann mehr als 240 Teiler besitzen.
Es gibt überhaupt nur 5 solche Zahlen, die diesen Rekord innehaben:

$$720720 = 2^4 \times 3^2 \times 5 \times 7 \times 11 \times 13$$

$$831600 = 2^4 \times 3^3 \times 5^2 \times 7 \times 11$$

$$942480 = 2^4 \times 3^2 \times 5 \times 7 \times 11 \times 17$$

$$982800 = 2^4 \times 3^3 \times 5^2 \times 7 \times 13$$

$$997920 = 2^5 \times 3^4 \times 5 \times 7 \times 11$$

Weiter geht es schrittweise auf dem Taschenrechner mit

$$720.720 * 17 = 12.252.240$$

Das liegt mit den 12 Millionen schon im Bereich der einzelnen Möglichkeiten im Zahlenlotto. Rechner mit 8 Stellen geben jetzt schon ihren Geist auf, also Computer anmachen oder schnell handschriftlich ausrechnen:

$$12.252.240 * 19 = 232.792.560$$

Das wäre eine wahrlich angemessene Gesellschaft für einen sehr berühmten Mann gewesen, meinen Sie nicht auch ?
Aber halt, wir müssen noch den einen abziehen, damit die Sache eben nicht genau „paßt", denn diese Zahl ist ja durch alle Zahlen von 1 bis 20 teilbar. Die Lösung für Zusatzaufgabe c) lautet also

$$232 \text{ Mio. } 792 \text{ Tsd. } 559$$

7.) Ein noch merkwürdigerer Spaziergang

Wenn Sie eine Geschwindigkeit von v = 4096 m/s ausrechnen, dann haben Sie mathematisch wohl Recht. Aber der gute Laufefroh unterliegt nicht nur den Gesetzen der Mathematik, sondern auch denen der Physik. Immer, wenn er das sekündlich auftretende Scheppern hört, verdoppelt er seine Geschwindigkeit. Was passiert, wenn er nach der 9.Sekunde v = 512 m/s schnell geworden ist? Das ist schneller als der Schall! Wie soll er da noch das Scheppern hören? Es mag soviel krachen und donnern, wie es will, Laufefroh ist „taub" dafür und rennt immerfort weiter mit 512 m/s. Deshalb kann ihn Herr Hügelix theoretisch auch noch einholen, wenn er einen schnellen Flieger benutzt.
Die meisten Rätselfreunde werden diese Aufgabenstellung als durch die Lichtgeschwindigkeit begrenzt auffassen - schneller könnte der Hund wahrlich nicht laufen. Doch der *Wuppdich* schlägt schon lange vorher zu.

10.) Eine andere Art Milchkaffee

Zumeist wird tatsächlich die Auffassung vertreten, daß Frau Nimmerschlau mehr Milch in ihrem Kaffee habe. Das Argument, einen vollen Löffel Milch erhalten zu haben, scheint auf der Hand zu liegen, denn beim Zurücknehmen kommt *kein voller* Löffel Kaffee zustande. Man vergißt dabei jedoch, daß der Teil, der am vollen Löffel fehlt, eben wiederum Milch ist, die <u>wieder zurück</u> transportiert wird. Da der Löffel jeweils genau die gleiche Menge Teilchen enthält, kommt es auch nicht auf das Mischungsverhältnis an, es ist also egal, ob Frau Nimmerschlau umgerührt hat oder nicht. In jedem Falle verhalten sich die Mengen Milch und Kaffe auf dem Löffel komplementär, d.h. was nicht Kaffee ist, ist Milch und umgekehrt. Mal willkürlich in Prozentzahlen ausgedrückt: Zuerst gelangen 100 Prozent Milch in den Kaffee von Frau Nimmerschlau. Danach gelangen bspw. K90/M10 oder K87/M13 oder auch K34/M66 Teilchen auf dem Löffel zurück. Immer hat jeder am Ende genau gleichviel vom anderen.

12.) Milchkaffee- Zauber

Die größere Personengesellschaft ist mit den 4 Zaubertabletts durchaus zu bedienen.

Das erste Tablett wird mit 15 Tassen bedient, aus denen durch Verdoppelung sogleich 30 Stück werden. Entnehmen Sie 14 davon (es bleiben 16 stehen) und verbringen Sie diese auf Tablett Nr.2.

Hier entstehen 28 Stück, von denen Sie 12 entnehmen (es verbleiben 16) und auf Tablett 3 bringen.

Dort entstehen nun 24 Stück, von denen dann 8 (es verbleiben 16) auf das letzte Tablett gebracht werden.

Hier entstehen dann ebenfalls 16, so daß die Summe $4 * 16 = 64$ beträgt.

Die Ursprungsaufgabe hat übrigens noch weitere Lösungen, zum Beispiel:

1. Tablett 4 Tassen.
   Daraus werden acht ;   6 werden weiter gegeben, es bleiben 2
2. Tablett 6 Tassen
   Daraus werden zwölf; 10 werden weiter gegeben, es bleiben 2
3. Tablett 10 Tassen
   Daraus werden zwanzig.

Die drei Tabletts zusammen enthalten nun $2 + 2 + 20$ Tassen, gleich 24 Tassen.

13.) Neun Punkte

Die Anschlußaufgabe bestand nunmehr darin, neun Punkte durch insgesamt nur *drei* gerade Linien miteinander zu verbinden, ohne abzusetzen.

In der Aufgabenstellung hatte ich einen Hinweis gegeben. Ich hatte anstatt von Punkten auch von Kreisen gesprochen.

In der Tat ist hier erneut die negative Zielananalyse gefragt. Wenn man "Punkte" als eindimensionale Objekte ohne Länge und Breite auffaßt, dann würde es schwierig- also muß man zweidimensional denken. So machen es ausgemalte Punkte bzw. Kreise mit einer zweidimensionalen Beschaffenheit möglich.

Die untenstehende Abbildung zeigt, wie es geht.

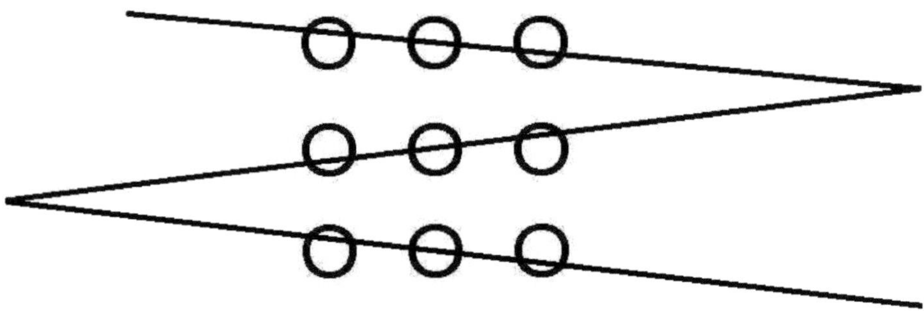

Der "Trick" besteht darin, die Linien in einem Winkel leicht aus der Ebene heraus zu zeichnen, so daß sie den jeweils ersten Punkt knapp (ggf.tangential) berühren, den mittleren zentral durchkreuzen und den dritten an der gegenüberliegenden Seite berühren.

Das Lösungsvermögen für diese Aufgabe ist bereits nahe mit einer Hochintelligenz assoziiert, und es ist keine Schande, wenn man nicht ohne Hilfe darauf kommt. Es gibt sogar noch eine Steigerung im Schwierigkeitsgrad. Die Aufgabe wäre, dieses Rätsel mit nur zwei (!) Linien zu lösen- und ich kann Ihnen sogar eine Lösung mit nur <u>einer einzigen Linie</u> anbieten.

Letztere ist derart plausibel, daß Sie mir ohne weitere Erklärung auch abnehmen werden, daß es mit zwei Linien geht.

16.) Die magische Zahl

Wir haben zuletzt das untenstehende Gerüst für die aus zehn Ziffern bestehende Zahl konstruiert und die 7 dabei vermutungsweise an die siebte Stelle gesetzt.

u g u 6 5 g 7 2 u 0

Die beiden fehlenden geraden Ziffern sind die 4 und die 8. Wenn wir diese einsetzen, haben wir 2 Möglichkeiten. In beiden Fällen ergibt sich eine vorläufige Quersumme für die sechsziffrige Zahl von 23. Die Quersumme muß an dritter bzw. an sechster Stelle in beiden Fällen durch 3 teilbar werden. Also können wir von den fehlenden ungeraden Ziffern (1, 3, und 9) nicht jede beliebige Kombination einsetzen. Nehmen wir die 9, dann muß die andere Ziffer die 1 sein. Nehmen wir die 3, muß die andere Ziffer ebenfalls die 1 sein. Also gehört die 1 auf jeden Fall *nicht* an Stelle Nr. 9, sondern an Stelle eins oder drei.

Damit ergeben sich folgende Möglichkeiten für die ersten 3 Ziffern:

1 , 8 , 9   Quersumme 18   (1 , 4 , 3 und 1 , 4 , 9 gehen nicht!)
9 , 8 , 1   Quersumme 18
1 , 8 , 3   Quersumme 12
3 , 8 , 1   Quersumme 12

Man sieht, daß es keine Möglichkeit gibt, die 4 an zweite Stelle zu bekommen. Damit steht fest:

u 8 u 6 5 4 7 2 u 0

Jetzt geht es nur noch darum, welche von den Kombinationen für die ersten sieben Stellen durch 7 teilbar ist. Fangen wir an mit der Kleinsten:
Bei 1836547 bleibt ein Rest. Nächste Zahl: 3816547 : 7 = 545221. Bingo ! Und nur ein Einziges Mal wirklich geraten !
So lautet die vollständige Zahl:

3 8 1 6 5 4 7 2 9 0

War doch gar nicht so schwer, oder ?

Diese Aufgabe hatte ich auch in einem Mensa-Ortsblatt publiziert.
Mit freundlicher Erlaubnis bringe ich noch den Kommentar eines
Lesers, der sich zur Eindeutigkeit der Lösung äußert.

"Das Quiz XLIX hat in der Tat eine eindeutige Lösung.
Der Lösungsweg soll im Folgenden kurz skizziert werden.
1.
Wie bereits von Herrn Lütgemeier dargelegt, ist die zehnte Ziffer
eine Null, und die Stellen vier bis sechs enthalten die Ziffernfolge
258 oder 654.

2.
Die ersten drei Ziffern müssen eine durch 3 teilbare Zahl ergeben.
Unter Berücksichtigung der Tatsache, dass die "5" bereits
vergeben ist, ergeben sich hier insgesamt 14 verschiedene
Kandidaten (123, 129, 147, 183, 189, 321, 327, 381, 723, 741,
921, 927, 963 und 981).

3.
Die 14 Kandidaten von Schritt 2 können jeweils mit genau einer
von beiden Ziffernfolgen aus Punkt 1 (258 bzw. 654) auf
zulässige Weise zusammengefügt werden.

4.
Von diesen 14 (bislang sechs Ziffen langen) Kandidaten bleiben
nach Hinzufügen der siebten Ziffer noch sechs gültige Kandiaten
übrig (1296547, 1472583, 3216549, 3816547, 9216543 und
9632581). Mit der achten Ziffer zusammen wird es eindeutig,
und die noch verbliebene neunte Ziffer ist damit ebenfalls
festgelegt.

5.
Die Lösung 3816547290 ist also eindeutig."

18.) Der Bücherwurm

Dies ist in der Tat ein sehr schweres Rätsel, das gutes Vorstellungsvermögen voraussetzt. In einer der scheinbar endlosen Nachtschichten einer Polizei- Dienstabteilung, die ich als Arzt mitgemacht habe, um den einen oder anderen Alkoholsünder am Steuer um etwas Blut zu erleichtern - die hätten alle lieber zu Hause bleiben und Rätsel lösen sollen - hatte ich dieses Rätsel als *Kracher* vorgebracht. Zwischen den Einsätzen verbrachte man die ganze Nacht damit, die Sache zu lösen. Gegen Morgen waren wir soweit, ein Regal auszuräumen und Akten hineinzustellen, genau 10 Stück.

Als ich diesen Vorschlag machte, gingen mit dem Chef die Nerven durch - gut, daß wir befreundet waren, sonst wäre ich noch im Knast gelandet - bei Wasser und Brot, bis ich die Lösung verraten hätte. Als dann die Akten drinstanden, mit der Rückseite nach vorn- so wie eben Akten abgelegt werden- und das „Opfer" seinen Finger auf Seite 1 des ersten Buches legen sollte und dabei aber immer noch nichtsahnend auf den hinteren Buchdeckel tippte, sagte ich: „Nun laß den Finger drauf und zieh die Akte raus!". Es dauerte knapp 1 Sekunde und der *Chef* , mein Opfer, wurde blaß.

Ich konnte seine Gedanken lesen. Er *hatte* es. Seite 1 war nicht der nach außen weisende, *hintere* Buchdeckel, sondern Seite 1 war der *innere* Buchdeckel. Und Seite 100 der letzten Akte war auch nicht der nach außen abschließende, sondern der innen direkt an die vorletzte Akte angrenzende Buchdeckel.

Der Bücherwurm hatte also zwei der zehn Bände fast unversehrt gelassen und lediglich 8 vollständige Bände zuzüglich zweier Seiten durchfressen - die jeweils *innenliegenden* Seiten 1 und 100 des ersten Bandes und des zehnten Bandes.

Das sind zusammen ganze 802 Seiten.

Diese Aufgabe war die Letzte in einem Intelligenztest der Zeitschrift *Stern* aus dem Jahr 1976. Es hieß, wer einen IQ von 140 erreichen will, sollte so etwas lösen können.

20.) Streichholzrätsel: zum Zweiten...

Wieviele Streichhölzer kann man so positionieren, daß Jedes jedes Andere berührt? Wir fahren fort mit

n=6:
a)
Formen Sie ein gleichseitiges Dreieck, bei dem die drei Seiten aus je 2 anliegenden Streichhölzern bestehen. Mit einiger Sorgfalt läßt sich dies so legen, daß sich die Enden der Hölzer jeweils alle am Überschneidungspunkt berühren. Alternierend sollen die Ecken dabei unten-bzw. nach oben zu liegen kommen.
b)
Bilden Sie einen Fächer aus drei Streichhölzern, bei dem die Enden der beiden Außenhölzer punktförmig einander anliegen und das Innenholz mit seinem Ende an die Kanten weitmöglichst herangeschoben wird. Es bedarf einigen Geschickes, einen zweiten solchen Fächer so anzulegen, daß dessen drei Hölzer genau auf den ersten Fächer zu liegen kommen. Tatsächlich berührt jedes Holz jedes Andere.

n=7:

Benutzen Sie das Skelett von 6b) und verändern die Lage des zweiten Fächers derart, daß es gelingt, ein weiteres Holz so zu positionieren, daß es alle 6 Enden überstreicht.
Nun wird es schwierig und ich erlaube Ihnen, mit Mikadostäben zu operieren.

n=8 und **n=9** erreichen Sie, wenn es Ihnen gelingt, drei der beschriebenen Fächer sehr eng zu legen und jeweils als Seite eines gleichseitigen Dreieckes aufzufassen. Auch hier müssen die Enden wieder treppenförmig angeordnet werden. Das eine Ende der Hölzchen liegt jeweils unten, das andere wird über die Enden der untenliegenden Hölzchen, welche die nächste Dreieck-Seite bilden, gelegt.

n= 10 hat keine mir bekannte Lösung, die noch annähernd in der Ebene funktionieren würde.

29.) ... und noch einmal Streichhölzer

Welche Überlegung haben Sie nicht gemacht? Um auf die Lösung zu kommen, muß die Schachtel aufgefaltet werden in der Ebene. Man erkennt dann, daß die kürzeste Verbindung zwischen den Punkten eine Gerade ist, die über 5 Flächen zieht.

Diese ist zwar von der Schachtel aus betrachtet eine Schräge, dennoch die kürzeste Verbindung.

Der Trick des Rätsels besteht darin, daß bei dieser Art der Auffaltung der Endpunkt an den Schachtelkörper heranrückt, während bei Zeichnung mit gegenüberliegender Lasche der Endpunkt weit nach außen zu liegen kommt. Die Differenz ist zwar gering, aber deutlich feststellbar.

Bei den Dimensionen dieser Schachtel, d.h. Länge etwa 12 und Breite etwa 3cm, beträgt der Längenunterschied gut 1 Zentimeter.

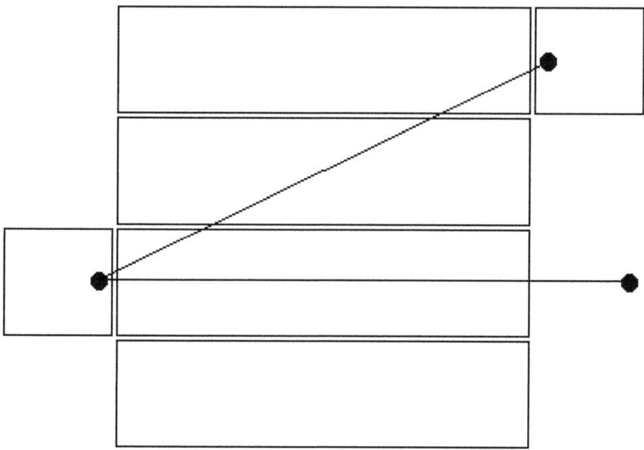

30.) Spielereien

Man hat sieben mal die Ziffer 9 zur Verfügung, und damit ist die Zahl 100 darzustellen. Wie im Text erwähnt, wurde die 9 für eine andere Lösung umgedreht; hier benötigt man diesen Trick jetzt auch.

$$9 * 6 + 9 * 6 - 9 + 9/9$$

31.) ... eine wahrlich große Zahl

Die größte Zahl, die man mit drei Neunen darstellen kann, ist durch folgenden Term gegeben:

$$9^{\left(9^9\right)}$$

Dabei ist der Exponent allein schon so ungeheuer groß (387.420.489), daß man im Grunde nur noch die Zahl der Stellen des Ergebnisses abschätzen, die Zahl selbst aber nicht mehr benennen kann.
Eine solche Zahl hätte immerhin mehr als 380 Millionen Stellen !

Wie sieht das Ergebnis für die Aufgabe mit 4 mal der Ziffer 9 aus ? Wenn Sie streng logisch gedacht haben, müßten Sie eine ganze Reihe von Versuchen ausgeschlossen haben, darunter Formulierungen wie

$$9^{999}, \quad 99^{99}, \quad 999^9, \quad 9^{99*9}.$$

Bei den anderen Exponentialdarstellungen haben Sie eventuell folgende Möglichkeiten bedacht:

$$9^{\left(99^9\right)}, \quad 99^{\left(9^9\right)}, \quad \left(9^9\right)^{99}$$

Das sind schon eine Menge gute Möglichkeiten. Was aber ist nun richtig? Versuchen Sie, über das Abschätzen der Zahl der Stellen weiterzukommen, die das Ergebnis - oder gar der Exponent haben.
Es wäre schade, hier schon Alles aufzulösen, ohne sich wirklich zum bis Ende der logischen Tiefe fortgearbeitet zu haben.
Die letzten drei oben genannten Terme lassen sich bspw. noch um weitere Ähnliche ergänzen. Man muß nur ein bißchen Phantasie haben.
Überlegen Sie, bevor Sie auf die nächste Seite schauen.

Zu den bereits genannten Exponentialdarstellungen gehören auch noch folgende:

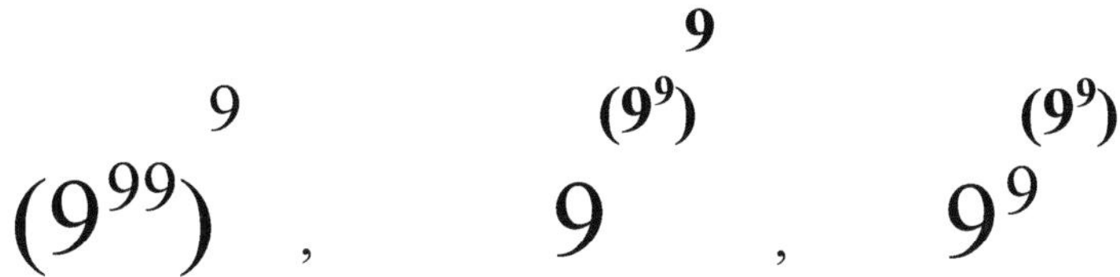

Sie sehen, das Ganze hat echte Tiefe. Schätzen Sie hier mal die Zahl der Stellen der Exponenten ab und entscheiden Sie sich.

Ich darf aber gleich sagen, daß die richtige Lösung immer noch nicht dabei ist.

Diese werde ich im letzten Lösungsteil näher bezeichnen. Wenn Sie aber an dieser Stelle bereits ahnen, was ich meine und die Lösung zu kennen glauben, dann schauen Sie bitte noch nicht nach.

Selbst diese Lösung ist zu toppen, womit ich Sie „schlagen" werde, aber nehmen Sie es mir nicht übel.

Wenn Sie vorher nachschauen und daher geschlagen werden, haben Sie verloren.

Eigentlich hat noch niemals jemand gewonnen.

Aber sehen Sie selbst...

32.) 1, 2, 3 ... wer will nochmal

Weitere Tips für die Lösungen sind Folgende:

Man kürze mit einem Punkt die Dezimale ab, dabei stehen dann (.1) für 0,1 sowie (.2) für 0,2 und (.3) für 0,3. Es läßt sich außerdem der waagerechte Strich für die Periode anwenden. Mit einer Formulierung im Nenner wie z.B.

$$\frac{2}{.\overline{1}...} * 3 = 54$$

ist das so, als würde man mit 9 multiplizieren. Wenden Sie auch das Wurzelzeichen mehrfach (verschachtelt) an.

Hier eine Tabelle einiger Lösungen für 0 bis 20.
Für viele darunter gibt es sicher mehrere andere Möglichkeiten.

0 = 1 + 2 - 3	
1 = 3 - 2 * 1	11 = 13 - 2
2 = 3 + 1 - 2	12 = 3! * 2 ÷ 1
3 = 3 * (2 - 1)	13 = 3! * 2 + 1
4 = 12 ÷ 3	14 = (3! + 1) * 2
5 = 3 + 2 * 1	15 = 12 + 3
6 = 1 + 2 + 3	16 = (1 + 3)²
7 = 21 ÷ 3	17 = 2 ÷ .1 - 3
8 = (1 + 3) * 2	18 = 21 - 3
9 = 12 - 3	19 = √(3!)! ÷ 2 + 1
10 = 3² + 1	20 = (1 + 3) ÷ .2

34.) ... und weil es so schön war !

Die Zahl (- 4) würde auf der einen Seite der Gleichung eine komplexe Zahl ergeben, wenn man nämlich aus ihr die Wurzel zöge. Damit wären beide Seiten der Gleichung unterschiedlich.

$$\tfrac{1}{2}\, x = \sqrt{x} \quad \text{würde führen zu} \quad (-2) \neq i\sqrt{4}$$

Vergessen wurde indes die Null. Erfüllt auch sie die Gleichung? Das ist eine Frage der Definition, je nachdem, ob man einen Term wie $0^{\frac{1}{2}}$ zulassen möchte.

Im Übrigen ergibt sich diese von selbst bei Umformung zu der quadratischen Gleichung

$$x^2 - 4x = 0$$

Eine solche Gleichung hat immer zwei Lösungen, und zwar nach der Formel $x_{1,2} = (-p/2) +- \sqrt{[(p/2)^2 - q\ ]}$, bezogen auf die allgemeine quadratische Funktion $x^2 + px + q = 0$.

Dabei stehen in unserem Beispiel p für (-4) und q für Null, weil es nämlich kein q gibt. Und siehe da, wenn man die Gleichung auflöst, kommt man auf zwei Lösungen, nämlich 2 + 2 und 2 - 2. Das eine ergibt 4, das andere die vergessene Lösung 0 .

Zur Ausgangsaufgabe zurück:
Denken Sie Sich auch so etwas aus; z.B. $27^{X} = 81$ oder etwas Ähnliches.

Beispiele für weitere scheinbar verwirrende Aufgaben habe ich im nächsten Lösungsteil gelistet.

35.) die Vertretungsstunde

Es ist gefragt, wieviel Mal insgesamt miteinander angestoßen wird, wenn 10 Gäste sich jeweils Prosit sagen.

Der erste Gast stößt mit 9 anderen an, der zweite Gast muß dann noch 8 weiteren zuprosten, der dritte noch 7 und so fort. Es ergibt sich daraus die Summe der Zahlen, die der um 1 verringerten Anzahl der Gäste entspricht.

Bei 10 Gästen muß also eine Addition durchgeführt werden mit den Ziffern 9, 8, 7, 6, 5, 4, 3, 2 und 1, also von 1 bis 9.

Das entspricht nach der Gauß'schen Formel $\frac{1}{2}\,[n * (n + 1)]$ mit

$n = 9$ genau $\frac{1}{2}\,(9 * 10) = 45$ Prosits.

In Abwandlung der Formel kann man, von der Zahl der Gäste mit $n=10$ ausgehend, auch schreiben: $\frac{1}{2}\,[n * (n - 1)]$

37.) Etwas Schwieriges

Hier sind zwei weitere schöne Lösungen der Aufgabe.
Die Würfelpaare werden wie folgt bepunktet:

1)   w1 = 1, 3, 5, 7, 9, 11   w2 = 0, 0, 0, 1, 1, 1
2.)   w1 = 0, 2, 4, 6, 8, 10   w2 = 1, 1, 1, 2, 2, 2

Ich habe noch andere Lösungen für Sie im abschließenden Lösungsteil vorrätig. Forschen Sie doch noch etwas tiefer!
Gefragt sind nur positive ganze Zahlen.
In den o.a. Beispielen sind die Ziffern erkennbar "auf Lücke" gesetzt.
Dazu ein Doppelhinweis:

Vielleicht gibt es ja noch andere Möglichkeiten mit Lücken.
Vielleicht gibt es ja noch Möglichkeiten mit anderen Lücken.

38.) Wahrscheinlich oder sicher ?

Es ging darum, bei sechsmaligem Würfeln <u>exakt eine Sechs</u> zu bekommen. Die Wahrscheinlichkeit dafür liegt bei etwa 40 %.
Etwas Anderes ist, es nach *mindestens* einer Sechs zu fragen. Stellen wir uns vor, die Würfel fallen alle gleichzeitig. Ist doch klar, daß ab und an *zwei* Sechsen dabei sind. Um auszurechnen, wie wahrscheinlich es ist, bei 6 Würfen *überhaupt* eine sechs zu bekommen, müssen wir auch die Fälle mitrechnen, in denen es zwei, drei oder noch mehr Sechsen „regnet".

Die Gesamtzahl der verschiedenen Elementarereignisse beträgt 6^6 oder gleich 46.656. Darunter sind 18750 Möglichkeiten mit genau einer Sechs nach der u.a. Formel. Die Klammer steht darin für den Multiplikator 6, denn jeder der sechs Würfel kann die sechs aufweisen, während die anderen immer *keine* sechs zeigen.

$$1/6 * \binom{6}{1} * (5/6)^5 = (6 * 5^5)/6^6 = 5^5/6^5 \qquad (18750)$$

Dafür, daß 2 oder mehr Würfel die Sechs aufweisen können, rechnen wir

$$(1/6)^2 * \binom{6}{2} * (5/6)^4 = (3 * 5^5)/6^6 = 9375/6^6 \qquad (9375)$$

$$(1/6)^3 * \binom{6}{3} * (5/6)^3 = (4 * 5^4)/6^6 = 2500/6^6 \qquad (2500)$$

$$(1/6)^4 * \binom{6}{4} * (5/6)^2 = (3 * 5^3)/6^6 = 375/6^6 \qquad (375)$$

$$(1/6)^5 * \binom{6}{5} * (5/6)^1 = (6 * 5)/6^6 = 30/6^6 \qquad (30)$$

$$(1/6)^6 * \binom{6}{6} * (5/6)^0 = 1/6^6 = 1/6^6 \qquad (1)$$

Summe 31.031

Genau 31.031 von den 46.656 Möglichkeiten führen zu einem Ergebnis mit einer oder mehreren Sechsen.
Die Wahrscheinlichkeit hierfür beträgt 0,6651 bzw. anders ausgedrückt etwa 66,5% oder knapp zwei zu drei.

44.) Warten auf den General

Die Gesamtwahrscheinlichkeit für einen General bei drei Würfen setzt sich zusammen aus den einzelnen Teilwahrscheinlichkeiten.

1) 1/36 oder 6/216 beim 1. Wurf.

2) Pasch beim 1.Wurf und passende Ziffer beim 2. Wurf
$$p (A \cap B) = 60/216 * 1/6 = 10/216.$$

3) Die dritte Möglichkeit bedeutet, im ersten Wurf 3 ungleiche Zahlen zu würfeln. Die Wahrscheinlichkeit hierfür ergibt sich aus dem, was übrigbleibt, wenn man *keinen* General und *keinen* Pasch wirft, also **p** = 1 - (6/216+60/216) = 1 - 66/216 = 150/216. Wenn dieses Ereignis eingetreten ist, wird man eine Zahl herauslegen und mit zwei Würfeln weitermachen. Hierbei kann mit einer Chance von 1/36 der richtige Pasch auftauchen, oder man würfelt eine oder keine passende Zahl. Es gibt also erneut 3 Fälle, deren Wahrscheinlichkeiten addiert werden müssen.

a) 1.Wurf drei Ungleiche und 2. Wurf der richtige Pasch:
$$p (A \cap B) = 150/216 * 1/36 = 150/7776 = 25/1296$$

b) 1. Wurf drei Ungleiche und 2. Wurf *eine* passende Ziffer:
$$p (A \cap B) = 150/216 * (2* 1/6* 5/6) = 1500/7776 = 250/1296$$

c) 1.Wurf drei Ungleiche, 2.Wurf keine passende Ziffer:
$$p (A \cap B) = 150/216 * (5/6 * 5/6) = 3750/7776$$
Hier wird dann der letzte Wurf mit 1/6 Chance entscheiden:
$$p (A \cap B \cap C) = 3750/7776 * 1/6 \quad 3750/46.656 = 625/7776.$$

Jetzt können wir die 3 Wahrscheinlichkeiten addieren:
150/7776 + 1500/7776 + 625/7776 = 2275/7776 ≈ 63,19/216

Kehren wir zurück zur Anfangsfrage:
Wir haben jetzt alle möglichen Fälle berücksichtigt, wie man einen General in drei Würfen zusammenwürfeln kann. Entweder gleich im ersten Wurf (p = 1/36), im zweiten (p = 10/216) oder erst im dritten Wurf (p = 625/7776). Auf einen Nenner gebracht und addiert: (216+360+625)/7776 = 1201/7776 = 0,1544495. Damit hat ein General insgesamt eine Wahrscheinlichkeit von ca. 15,4%. Das wäre jeder 7. Wurf. Die Praxis sieht aber ganz anders aus - warum ?

45.) Quadrat, Kubus und Hyperwürfel

In der 2. Dimension ragt ein Kreis um $\sqrt{2}-1 = $ **0,414 cm** in das Nachbarfeld hinein.

In der 3. Dimension ragt die analoge Kugel um $\sqrt{3}-1 = $ **0,732 cm** in den Nachbarwürfel hinein.

Das Volumen, welches insgesamt in dasjenige des Nachbarwürfels hineinreicht, ist prozentual größer als die bedeckte Fläche im ersten Teil der Aufgabe.

Wie sehen die Verhältnisse in der 4.Dimension aus, wo wir es mit einem Hyperkubus (Tesserakt) und einer Hypersphäre zu tun haben ?

Ohne sich diese Gebilde direkt vorstellen zu können, sind doch rein mathematisch einige Aussagen hierüber möglich. Das menschliche Vorstellungsvermögen ist zwar in 3 Dimensionen „räumlich" beschränkt, wir können aber logisch auf folgende Gegebenheiten schließen:

Aus den Betrachtungen über Diagonalen der Einheitssphären im n- dimensionalen Raum folgt, daß die Hyperraumdiagonale $a\sqrt{4}$ betragen muß, wobei a die Kantenlänge bezeichnet. Wir hatten die Kantenlänge mit 2 cm angenommen. Daraus folgt, daß der Radius, um den es hier geht, die Hälfte beträgt und sich zu $\sqrt{4}$ ergibt - das sind genau 2 cm. Wenn man diese Strecke von Mittelpunkt zu Mittelpunkt abträgt, sieht man, daß sie genau die Verbindung zwischen den Mittelpunkten darstellt. Bei einer Kantenlänge von 2 cm liegen die Mittelpunkte natürlich auch genau 2 cm voneinander entfernt. Das bedeutet, daß sich die Hypersphäre vollkommen in den Hyperkubus ausdehnt und sein Volumen zu 100% einnimmt.
Nichts bleibt über.

Man mag sich ausmalen, was in der 5. Dimension passiert - aber dann wird es mit der „räumlichen", oder sagen wir *plastischen* Vorstellung trotz mathematisch eindeutiger Formeln ziemlich schwierig.

47.) Ganz einfach ... ?

Tja, hier ist guter Rat teuer - oder nicht? Man kann sich natürlich einen Würfel holen und ablesen, aber dann hat man das Prinzip offenbar noch nicht durchschaut. Wie aus dem Text hervorging, „drehen" die europäischen Würfel alle rechtsherum. Trotzdem kamen mir kürzlich hier im Haus auch linksdrehende in die Finger. Ich weiß gar nicht, wo ich die herbekommen hatte.

Normalerweise also, und davon sollte ausgegangen werden, sind die Punkte auf den Würfeln so angeordnet, daß man entweder die Zahlen 1, 2 und 3 so wie beschrieben im Uhrzeigersinn sieht, oder die Zahlen 4, 5 und 6.

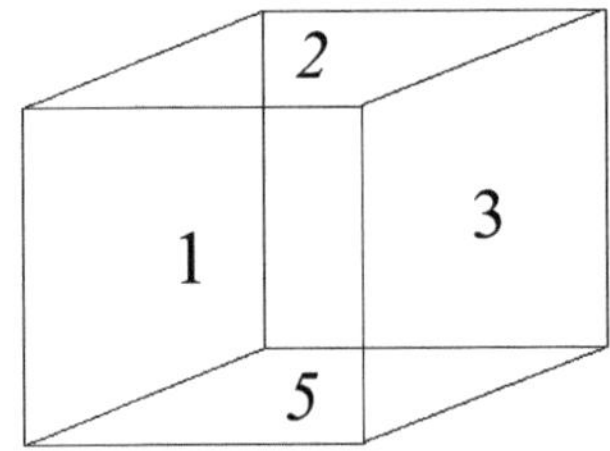

Daraus folgt *eindeutig*, daß bei den in den 3 Bildern gezeigten Würfeln folgende Flächen untenliegen:

Würfel 1 : die 5
Würfel 2 : die 2
Würfel 3 : die 6

Die Summe, nach der gefragt wurde, beträgt somit 13.

Hätte man es mit linksdrehenden Würfeln zu tun, würden sich die Zahlen wie folgt darstellen: Würfel 1 und 2 umgekehrt, Würfel 3 die 1. Summe wäre dann 8.

Sie sehen, man kann Einiges über Würfel (kennen-)lernen.

48.) Zehntausend

Wie groß ist die Chance, mit sechs Würfeln auf einmal 3 Einsen zu werfen? Zunächst ist festzustellen, daß es für dieses Ereignis eine ganze Reihe Möglichkeiten gibt. Wir müssen herausfinden, auf wieviele Weisen drei von sechs Würfeln eine 1 zeigen können. Setzen wir für die Eins eine **1** und für die Nicht-Eins einen Strich:

W 1	W 2	W 3	W 4	W 5	W 6
1	1	1	-	-	-
1	1	-	1	-	-
1	1	-	-	1	-
1	1	-	-	-	1
1	-	1	1	-	-
1	-	1	-	1	-
1	-	1	-	-	1
1	-	-	1	1	-
1	-	-	1	-	1
1	-	-	-	1	1
-	1	1	1	-	-
-	1	1	-	1	-
-	1	1	-	-	1
-	1	-	1	1	-
-	1	-	1	-	1
-	1	-	-	1	1
-	-	1	1	1	-
-	-	1	1	-	1
-	-	-	1	1	1

In der Tabelle sieht man alle möglichen Kombinationen, wie es zu drei Einsen kommen kann. Die Zahl der Möglichkeiten beträgt 20.

Daher mußte die Gleichung mit 20 multipliziert werden.

Um auf die 20 zu kommen, benutzt man die Angabe „3 aus 6",

geschrieben $\binom{6}{3}$. Man liest auch „6 über 3"

Dieses wird aufgelöst nach $\dfrac{6 * 5 * 4}{1 * 2 * 3}$, was 20 ergibt.

Daher ergibt sich **p** zu $(1/6)^3 * (5/6)^3 * 20 = 0{,}0536$.

Können Sie mit diesen Angaben den Rest der Aufgabe lösen ?

52.) Das Raumproblem

Es war sich vorstellen, die jeweils *einzubeschreibenden* Objekte seien normiert und hätten einen Längsdurchmesser von 2 cm.

a) Der Würfel hat bei 2cm Kantenlänge ein Volumen von 8 cm^3 Hinein paßt eine Kugel vom maximalen Durchmesser 2 cm mit dem Volumen 4/3 π r^3 = 4,18879 cm^3.
Das Volumen des Würfels wird ausgefüllt zu 52,36 %.

b) Im umgekehrten Fall wird nun dieser Würfel mit v =8 cm^3 einer einer Kugel einbeschrieben.Seine Raumdiagonale definiert jetzt mit a$\sqrt{3}$ den Kugeldurchmesser.Der Radius beträgt also glatt$\sqrt{3}$.
Damit errechnet sich das Volumen zu 4/3 π r^3 = 21,76 cm^3. Es wird dann nur zu 36,76% vom Würfel ausgefüllt.

62.) Der Narr im Spiel

Ihre Aufgabe war es, die Chance für 3 Spieler beim Narrenspiel auszurechnen, wenn jeder eine vollständige Farbe zu 15 Karten erhalten soll und 5 Farben im Spiel sind.
Die fünf Farben sind Kreuz, Pik, Herz, Karo und Sternchen. Letzteres besteht aus zwei sich durchdringenden Quadraten mit acht Ecken, die alle blau gefärbt sind.
Nach der Formel ergibt sich für drei Spieler:

$$\frac{75!}{15! * 15! * 15! * 30!} \; .$$

Wir brauchen das nicht genau auszurechnen. Genau e i n e Möglichkeit von der Menge, die dieser Term ausdrückt, ist die angenommene Verteilung.

Abb.: Sternchen

63.) Logik

Es ist nicht egal, ob man einen Stich mehr oder weniger nimmt. Wenn mehr als 15 Stiche angesagt sind, dann sollten Sie lieber einen mehr nehmen als weniger. Für Sie bleibt es gleich, denn beide Fälle bedeuten 20 Minuspunkte. Einem Gegner jedoch wird dieser Stich fehlen, so daß er 20 Minus statt 0 bekommt. Sollte es sogar sein zweiter Stich „daneben" sein, kostet ihn dies 40 Minuspunkte. Sie selbst können auf diese Weise ihre relative Position verbessern.

69.) Mehrere Unbekannte

Die Ungenauigkeit besteht darin, daß das Jahr zu 52 Wochen gezählt wurde. Das berücksichtigt aber nur 364 Tage. Die genauere Rechnung müßte lauten: 720 Wochen gleich 5040 Tage; und teilt man diese Zahl durch 365, so ergibt sich die tatsächliche Dauer zu 13,808219 (statt 13,846153) Jahren. Im Endeffekt ändert es nichts; es sind immer noch 13 Jahre und 44 Wochen.
Und wie sähe nun das Ergebnis aus, wenn die Skatspielertruppe zu sechst gewesen wäre? Vielleicht ahnten Sie es schon - es ändert sich nichts. Denn ein potentieller sechster Spieler hätte den jeweils letzten Platz abbekommen, und seine Auswahl hätte am Schluß der sechs Faktoren lediglich den Wert **1** betragen. Hier können wir dann getrost **6!** als Lösung annehmen und das sind genauso 720 wie die Sequenz der ersten fünf Faktoren ohne die Eins.

73.) Eine unbekannte Strecke

Man kann die Strichlänge leicht verdoppeln, indem man die Karten längs hintereinander legt, untereinander mit Tesafilm verklebt und dann ein Möbius- Band herstellt. Dabei wird die letzte Karte um 180° in der Ebene gedreht und an die erste Karte geklebt. Auf diese Weise kann man einen durchgehenden Strich über Vorder- <u>und</u> Rückseite der gesamten Strecke ziehen.

79.) Fünfer- Quintett

Um die 5 Fünfen möglichst irgendwie unterzubringen, ist mir jedes Mittel Recht ! Was halten sie von der folgenden Lösung ?

$$5^{.5} * \sqrt{5} * 5 * 5 = 125$$

Ob eigenwillig oder gewöhnungsbedürftig - rein formal ist die Gleichung völlig korrekt. Haben Sie noch mehr Ideen ?

84.) Etwas Geometrisches

Der Satz des Pythagoras lautet: In einem rechtwinkligen Dreieck ist die Summe der Kathetenquadrate gleich dem Hypothenusenquadrat. Mathematisch ausgedrückt: $a^2 + b^2 = c^2$
In der Aufgabe ergeben sich zwei flächengleiche rechtwinklige Dreiecke mit den Seitenlängen von jeweils 4km und 3km.
Deren Flächenquadrate ergeben 16 plus 9 = 25 Quadratkilometer.

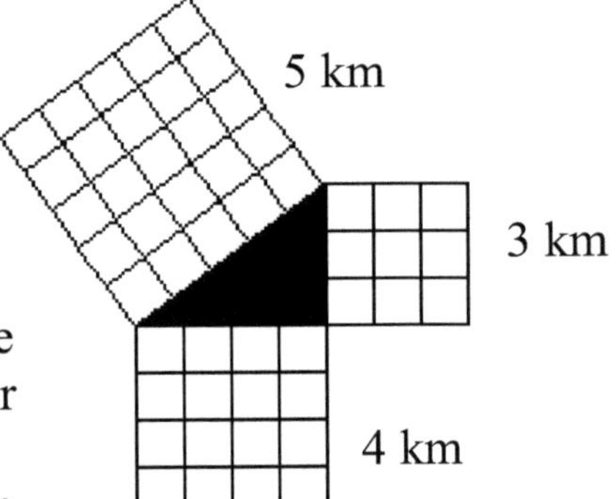

Danach ergibt sich die Seitenlänge der Hypotenusen als Wurzel dieser Summe.
Somit ist deren Länge jeweils 5 km,
so daß die Freunde 10km voneinander entfernt sind.

85.) die Balkenwaage

1g braucht man auf jeden Fall. Um dann 2g darstellen zu können, müßte man entweder 2g nehmen- oder besser gleich 3 Gramm, um mit dem Gegengewicht von dem 1g jene 2g darstellen zu können. So kommt man dann auch auf 3+1 = 4 Gramm, wenn man alles auf eine Seite packt. Wie macht man danach 5g? Nun, in dem man "soundsoviel" auf die andere Wagschale legt, so daß die Differenz genau diese 5g ergibt. Kommen Sie hiermit weiter ?

87.) ein ungleich schwierigeres Problem - 12 Kugeln

Haben Sie schon die Ausschluß-Variante gefunden, die mit 3 Wägungen funktioniert ?

Die "richtige" Lösung ist gar nicht so einfach zu finden; anstatt diese kompliziert zu beschreiben, spielen wir doch einfach mal eine Variante durch. Es ist am besten, wenn Sie sich eben 12 Gegenstände bereitstellen und als Kugeln vorstellen. Nehmen Sie sich ein Stück Papier, am besten im Format Din à 4, und zeichnen Sie so eine Art Balkenwaage ein.

Dann teilen Sie die 12 Kugeln in 3 Gruppen zu 4 Kugeln.

Wählen Sie sich eine Kugel als diejenige aus, die herausgefunden werden soll. Wir nehmen mal an, diese sei schwerer. Wir könnten auch die andere Annahme machen, dann kämen wir auf eine Analoglösung- also im Prinzip eine mit gleichem Verlauf. Legen Sie - egal welche - 4 Kugeln auf die linke Seite und 4 Kugeln auf die rechte Seite der Waage. Der Einfachheit halber nehmen wir an, eine Seite ginge nach unten, die andere nach oben.

Dies ist eigentlich der schwerer zu lösende Fall, denn wenn sich die Waage nicht bewegen würde, fände sich die Kugel in der nicht-benutzten 4-er Gruppe und da würden wir mit Sicherheit mit zwei weiteren Wägungen diejenige herausfinden (siehe unten).

Wir nehmen uns also den schwereren Teil vor, um die wirkliche Mindestanzahl von Wägungen herauszufinden. Kommen wir für diesen Fall wirklich mit nur 2 weiteren Wägungen aus ?

Probieren Sie, von hier aus weiterzumachen.

Für den Fall des Waagen- Gleichgewichtes geht man folgendermaßen vor:

2. Wägung:

    Nehmen Sie 2 Kugeln der bisher nicht gewogenen 4-er Gruppe und positionieren Sie diese auf der linken Seite der Balkenwaage.

    Die dritte Kugel legen Sie auf die rechte Waagschale und ergänzen diese durch eine bereits gewogene Kugel aus der ersten Wägung. Die vierte Kugel der 4-er Gruppe lassen Sie einfach liegen - sie wird nicht mitgewogen.

Diese zweite Wägung kann 3 Ergebnisse haben.

2 a)   Es passiert gar nichts. Dann ist die liegengelassene vierte Kugel diejenige "welche" und muß nur noch gegen eine bereits Gewogene getestet werden, damit wir sehen,ob sie leichter oder schwerer als diese ist. - Aufgabe gelöst.

2 b)   Die linke Seite geht nach oben.Dann ist entweder eine der beiden Kugeln auf der linken Seite die Leichtere oder die eine Kugel aus der 4-er Gruppe rechtsseitig die Schwerere. Nichts einfacher, als im dritten Schritt die beiden links Liegenden gegeneinander zu wiegen.Passiert dann nichts, ist die rechts Liegende die Schwerere (Rätsel gelöst), und wenn eine Seite nach oben geht, ist dieses die leichtere Kugel (eine der beiden kann ja nur die leichtere sein) (Rätsel ebenfalls gelöst).

2 c)   Die rechte Seite geht nach oben. Dies ist genauso einfach wie bei b).Denn nun ist entweder die rechte Kugel leichter oder eine der beiden links Liegenden schwerer.Wiegen wir wieder die beiden "linken" gegeneinander, ist bei einem Gleichgewicht die rechte Kugel diejenige und leichter; (Rätsel gelöst) oder die nach unten Ausschlag Gebende linke Kugel die Schwerere - und das Rätsel ist ebenfalls gelöst.

88.) Vorsicht, Falschgeld !

Der erste Schritt zur Lösung bestand in der Erkenntnis, daß es erlaubt sein müsse, die einzelnen Säcke zu öffnen. Dies war im Rahmen der negativen Zielanalyse als notwendig anzunehmen.

Weiterführend auf dem Weg zur Lösung ist der Satz:
"Entweder hat man ein Vielfaches von 100 Gramm zu erwarten - oder wenn der Sack mit den Falschmünzen darunter ist, eine etwas kleinere Summe."
Um wieviel kleiner eigentlich ?
Nun, wenn man den ganzen Sack dabeihat, sind es 10 Gramm weniger als erwartet.

Der Trick besteht nun darin, die Säcke zu nummerieren und aus jedem Sack sukzessive eine unterschiedliche Anzahl von Münzen herauszunehmen und die Herausgenommenen allesamt zu wiegen. Man nimmt also aus Sack 1 eine Münze, aus Sack 2 zwei Münzen, aus Sack 3 drei Münzen und so weiter. Sack 10 braucht man dann eigentlich nicht mehr mitzuwiegen.
Man hätte dann die Summe aus (1 bis 9) mal 10 Gramm zu erwarten, das sind 450 Gramm. Tatsächlich aber mißt man eine kleine Differenz, die von den Falschmünzen herrührt. Diese Differenz in Gramm, geteilt durch 10, ergibt die Nummer des Sackes, aus dem die Münzen entnommen worden sind.

Beispiel:

Mißt man 410 Gramm, dann fehlen 40 Gramm, entsprechend 4 Falschmünzen. Diese wurden aus Sack vier entnommen und derjenige ist dann auch der Gesuchte.

89.) Vorsicht, Giftpillen.

Die Aufgabe ist so ähnlich zu lösen wie die vorherige. Hat man erst die Erkenntnis gewonnen, daß die Flaschen geöffnet werden dürfen - ja müssen ! - bedarf es noch der Entscheidung, wieviele Pillen jeweils aus den einzelnen nummerierten Flaschen entnommen und gewogen werden müssen.

Hier muß man die bisherige Strategie aber modifizieren, denn es können, wie beschrieben, mehrere Flaschen solche Giftpillen enthalten. Mißt man also bspw. eine Differenz von 15 Gramm, so kann dies 5-Pillen-aus-Flasche-5 plus 10-Pillen-aus-Flasche-10 entsprechen - oder aber 7-Pillen-aus-Flasche-7 plus 8-Pillen-aus Flasche-8. Problem erkannt ?

Schlimmer noch- es könnte sich eine Dreier-Serie ergeben wie zum Beispiel 2 + 4 + 9 oder gar eine Viererserie zu 2 + 3 + 4 + 6 !

Woher will man wissen, aus wieviel unterschiedlichen Flaschen die Differenz zustande kommt ?

Nun, man darf eben nicht fortlaufend vorgehen wie bei der Aufgabe 88 sondern muß die Zahlen der zu entnehmenden Pillen so wählen, daß jede nur erdenkliche Summe eindeutig zuordenbar ist.

Das ist letztlich nicht schwer und manche ahnen es wohl schon.

Versuchen Sie sich aber erstmal selbst an der Lösung.

94.) höhere Mathematik

Was passiert, wenn man **2** in die genannte Formel einsetzt um die zugehörige korrespondierende Zahl zu finden ?
Dann gerät die Lösung -vielleicht nicht ganz unerwartet- in den Bereich der komplexen Zahlen.

Rechnerisch ergibt sich die Lösung der quadratischen Gleichung
$b^2 -ab +a = 0$ für $a = 2$ zu

$$b_{1,2} = \pm \sqrt{(1-2)} + 1 \ = \ \pm\sqrt{(-1)} + 1 \ = \ \mathbf{1 \pm i}$$

Das Symbol i steht dabei für den Ausdruck "Wurzel aus MinusEins", der von dem Mathematiker Leonhard Euler eingeführt wurde.

Aufgaben dieser Art mit Lösung einer quadratischen Gleichung waren bereits den alten Griechen bekannt- die erste Quadratwurzel aus einer negativen Zahl, nämlich Wurzel aus (81-144), findet sich in der „Stereometrica" des *Heron von Alexandria*.
Eine andere Quadratwurzel aus einer negativen Zahl begegnete auch *Diophant* als mögliche Lösung einer quadratischen Gleichung.

Ein kleiner Exkurs

Bei der Rechnung mit imaginären Zahlen darf man sich über nichts wundern.
Leibniz legte einmal dem großen Physiker und Mathematiker Huygens eine Aufgabe vor.
Was, meinen Sie, ist die Lösung dieser Aufgabe?
Wenn Sie die beiden Seiten ins Quadrat setzen, gelangen Sie am einfachsten ans Ziel.

$$X \ = \ \sqrt{1+\sqrt{-3}} \ + \ \sqrt{1-\sqrt{-3}}$$

96.) das unmögliche Produkt

Wie aber macht man nun 10.000 als Produkt ?
Ganz einfach - wir setzen ohne mit der Wimper zu zucken die
10.000 in die Formel ein.

$b^2 - 14\,b + 10.000 = 0$

Die Auflösung der quadratischen Gleichung liefert dann das
richtige Ergebnis:

Wir erhalten $\quad b_{1,2} = 7 \pm \sqrt{(49 - 10.000)} \; = \; 7 \pm \sqrt{-9951}$

Die Probe beweist es: $(7 + \sqrt{-9951}) * (7 - \sqrt{-9951}) = 49 - \sqrt{(-9951)^2}$

Nach der Quadratur verbleibt $\; 49 - (-9951) \; = 10.000$!

Offenbar kann man jedes nur erdenkliche Produkt formulieren.
Das ist die Erkenntnis.
Nichts ist unmöglich - im Reich der komplexen Zahlen !

Schauen Sie sich einmal die folgende Reihe an - nun wird das
allgemeine Prinzip erkennbar.

$7 + - \text{SQR} \, (-100\,) = 149$

$7 + - \text{SQR} \, (\,-3\,) \; = 52$
$7 + - \text{SQR} \, (\,-2\,) \; = 51$
$7 + - \text{SQR} \, (\,-1\,) \; = 50$
$7 + - \text{SQR} \, (\;0\;) \; = 49$
$7 + - \text{SQR} \, (\;1\;) \; = 48$
$7 + - \text{SQR} \, (\;2\;) \; = 47$
$7 + - \text{SQR} \, (\;3\;) \; = 46$
$7 + - \text{SQR} \, (\;4\;) \; = 45$

$7 + - \text{SQR} \, (\;16\;) \; = 33$

$7 + - \text{SQR} \, (\;49\;) \; = \;\; 0$
$7 + - \text{SQR} \, (\;50\;) \; = -1$
$7 + - \text{SQR} \, (\;51\;) \; = -2$

$7 + - \text{SQR} \, (100) \; = -51 \qquad$ usw.

105.) 1634 et altri

Wie kann man die 3435 durch die Summierung von Potenzen ihrer Ziffern bilden? Die Lösung ergibt sich erwartungsgemäß zu

$3^3 + 4^4 + 3^3 + 5^5$, das sind nämlich $27 + 256 + 27 + 3125$.

109.) Der Weinvertreter

Die Frau sprach vom "ältesten Kind" - damit mußte sie den Felix gemeint haben statt eine 8-jährige Tochter, und so war dies nicht entscheidend. Erst die Angabe, es gebe ein jüngstes Kind, läßt auf die erste Möglichkeit schließen. Die Töchter sind also 2, 6 und 6 Jahre alt, und Felix ist mit 9 Jahren das älteste Kind.

110.) Position Alpha Zulu

Der Ausgangspunkt befindet sich ganz in der Nähe des Südpoles. Man startet soweit vom Pol entfernt, daß man nach einem Kilometer einen Punkt erreicht, der sich genau auf der gedachten Peripherie eines um den Pol ziehenden Kreises mit einem Umfang von 1 Kilometer befindet. Dann nämlich beschreibt der Weg nach Osten genau einen Kreis um den Südpol und Sie gelangen ohne Nachzudenken wieder an den Peripheriepunkt, von dem aus Sie losgegangen sind.

Der Ausgangspunkt befindet sich genau 1.159,1549 Meter entfernt vom Südpol.
Der Kreis mit dem Umfang von 1 km hat einen Radius von $1/2\pi$ =159,1549 Meter.

Nun kommt der Knackpunkt:
Nennen Sie n o c h einen Punkt, der die Aufgabenstellung erfüllt und der <u>nicht</u> auf diesem Kreisbogen liegt !

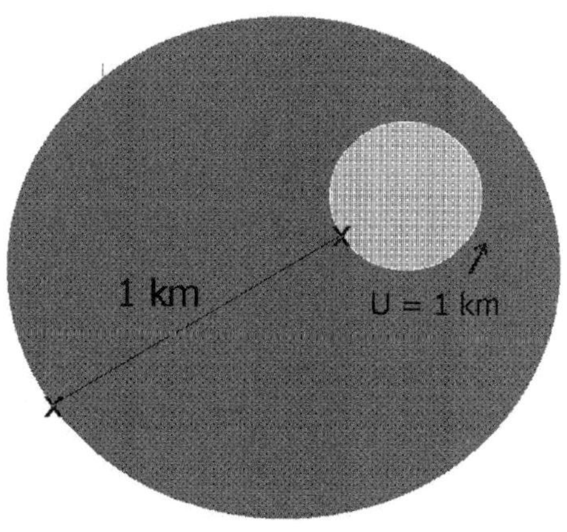

111.) die Büroklammer

Wasser hat seine größte Dichte bei etwa 4° Celsius. Ob sich die Schwimmfähigkeit einer Büroklammer in wärmerem Wasser meßbar ändert, vermag ich nicht zu sagen.

Temp.(°C)	D(kg/m³)		
0	918 (Eis)		
0	999,84		
1	999,90	21	997,99
2	999,94	22	997,77
3	999,96	23	997,54
4	999,97	24	997,29
5	999,96	25	997,04
6	999,94	26	996,78
7	999,90	27	996,51
8	999,85	28	996,23
9	999,78	29	995,94
10	999,70	30	995,64
11	999,60	31	995,34
12	999,50	32	995,02
13	999,38	33	994,70
14	999,24	34	994,37
15	999,10	35	994,03
16	998,94	36	993,68
17	998,77	37	993,32
18	998,59	38	992,96
19	998,40	39	992,59
20	998,20	40	992,21

Temp.(°C)	D(kg/m³)
45	990,21
50	988,03
55	985,69
60	983,19
65	980,55
70	977,76
75	974,84
80	971,79
85	968,61
90	965,30
95	961,88
100	958,35
100	0,590

Wasserdampf, 1013mbar

113.) der Traum

Die Antwort ist eigentlich leicht zu finden. Stellen wir uns vor, die Erde stünde fest im All und würde von der Sonne umrundet. Dann wäre nach einer Umrundung (1 Jahr) auch genau 1 Tag vergangen, kenntlich daran, daß jede Seite der Erde gleichlang beschienen war und nur ein einziger Tag-/Nachtwechsel stattgefunden hat.

Nun ist es nicht schwer, sich vorzustellen, daß die Sonne der Fixpunkt sei und sich die Erde ohne Eigenrotation um sie herum bewegte. Das kommt dann nämlich auf's Gleiche heraus.

Nächste Frage: Kann es sein, daß während eines Jahres gar kein Tag vergeht?

114.) Eine ganz normale Frage

FFF-das ist der **F**ünfte **F**reitag im **F**ebruar. Ein seltenes Ereignis, das die Tage auch festlegt auf den 1., 8., 15., 22. und 29 Februar und sich erst wieder im Jahr 2038 ereignen wird.

117.) merkwürdige Worte

Worte mit acht oder mehr Konsonanten hintereinander sind nicht wirklich häufig, dennoch vorstellbar und mitunter sinntragend. Nehmen wir doch nochmal das Borschtsch- das sind schon gleich 8 Konsonanten. Bei meinen Überlegungen stellte ich mir eine Gruppe Soldaten vor- die im Rahmen eines Geländemarsches auch durch ein Schlammfeld waten sollen - dieses muß dann gefüllt sein mit Marschschlamm - und da haben wir wieder 8 Konsonanten. Oder stellen Sie sich vor, sie sperren Ihr Haustier - sagen wir mal einen Hirsch - in den Wäscheschrank ein - dann haben Sie einen echten Hirschschrank! Oder Sie verbringen Ihren Borschtsch in den Küchenschrank, das wäre dann der

Borschtschschrank

Ich glaube, die 12 Konsonanten in Folge sind nicht zu toppen.

120. 45 Minuten

Hat Ihnen der Tip etwas genutzt, eine Kerze an beiden Enden gleichzeitig anzuzünden? Wie dick und unregelmäßig geformt diese auch immer wäre, sie würde exakt 30 Minuten lang brennen. Nun brauchen Sie nur noch die zweite Kerze mit in die Überlegungen einzubeziehen. Wenn Sie diese nach 30 Minuten entzünden - ebenfalls an beiden Enden - dann könnten Sie allerdings nur 60 Minuten abpassen. Wenn Sie sie aber simultan mit der ersten an einem Ende anzünden und nach Abbrennen der ersten Kerze (30 Min.) das andere Ende, dann werden aus den potentiell übrigen 30 Minuten Brennzeit kurzerhand 15 Minuten und Sie haben das Rätsel gelöst. Die zweite Kerze hat dann nämlich exakt 45 Minuten lang gebrannt.

121.) das Urteil

Der Schlüssel zur Lösung ist der mittlere Gefangene auf der rechten Seite.
Er selbst sieht zwar nur einen Hut vor sich, kann sich aber denken, daß sein Hintermann deren z w e i vor sich sieht. Und wenn dieser zwei <u>gleichfarbige</u> Hüte sehen würde, dann würde er doch spätestens nach ein- oder zwei Sekunden laut ausrufen, daß er selbst einen Hut in der *anderen* Farbe aufhat, ja aufhaben **muß**. Wenn der Hintermann aber stumm bleibt und sich nicht rührt, dann kann das nur bedeuten, daß dieser 2 <u>verschiedene</u> Hüte vor sich sieht.
Und hieraus wiederum schließt der mittlere Gefangene messerscharf, daß er selbst einen <u>andersfarbigen Hut als sein Vordermann</u> aufhaben muß.

Und das kann er dann getrost recht laut von sich geben !

122.) das Palindrom- Datum

Die letzten Palindromdaten bisher waren also der 20.02.2002, der 01.02.2010 und der 21.02.2012. Ein weiteres dieser seltenen Ereignisse ist gar nicht weit entfernt davon zu suchen - es war das erste in diesem Jahrhundert, stattgefunden am 10.02.2001 .

Und dann wird es mittelalterlich.
Ich ermittle den 19.11.1191 als Palindrom-Datum.
Eine wahre Fülle von Palindromdaten gab es zu der Zeit - nämlich auch den

18.11.1181

17.11.1171

16.11.1161

15.11.1151

14.11.1141

13.11.1131

12.11.1121

11.11.1111

Wie geht es weiter ? Irgendwann ist doch wohl Schluß ?

123.) die Klassenarbeit

Hier nun die Lösung der Aufgabe b).

$$x\,x\,x\,x : x\,x = x\,x\,x$$
$$\underline{8\,6}$$
$$x\,x\,x$$
$$\underline{8\,6}$$
$$x\,x\,x$$
$$\underline{x\,8\,x}$$
$$0$$

Zunächst fällt auf, daß die Lösung mit 1 oder 2 beginnen muß und der Divisor 43 oder 86 heißt. Anders läßt sich die 86 als Produkt in Zeile 2 nicht darstellen.
Da auch in Zeile 4 die 86 auftaucht, lautet die zweite Zahl der Lösung genau wie die erste- also entweder 11 oder 22 .

Der Dividend beginnt mit 9, da bei Abzug von 8 noch eine Differenz bleibt - diese muß folglich 1 betragen.
Damit sich in der vorletzten Zeile eine dreistellige Zahl ergibt mit einer 8 in der Mitte, hat man nur 2 Möglichkeiten.
Diese sind entweder $9 * 43 = 387$ oder $8 * 86 = 688$.

Nehmen wir den ersten Fall, ergäbe sich mit $119 * 86 = 10.234$ schon ein fünfstelliger Dividend.
Im zweiten Fall lautete die Gleichung $229 * 43$ und ergäbe mit 9847 die gesuchte vierstellige Ausgangszahl.

Dies muß dann die richtige Lösung sein - die Probe beweist es.

$$9\,8\,4\,7 : 4\,3 = 2\,2\,9$$
$$\underline{8\,6}$$
$$1\,2\,4$$
$$\underline{8\,6}$$
$$3\,8\,7$$
$$\underline{3\,8\,7}$$
$$0$$

124.) Vier

Hier finden Sie einige schöne Lösungen bis über die 20 hinaus- ich weiß nicht, wie weit man das Ganze ohne Unterbrechung weitertreiben kann- betreten Sie ruhig dieses Neuland.
Für die 33 und 37 müssen Sie sich etwas besonderes ausdenken.
Wie weit werden Sie kommen ?

$11 = 4! / \sqrt{4} - 4/4$

$12 = 4 * 4 - \sqrt{(4 * 4)}$

$13 = 4! / \sqrt{4} + 4/4$

$14 = 4! - (4 * \sqrt{4} + \sqrt{4})$

$15 = 4 * 4 - 4/4$

$16 = 4 * 4 + 4 - 4$

$17 = 4 * 4 + 4/4$

$18 = 4 * 4 + 4 - \sqrt{4}$

$19 = 4! - 4 - 4/4$

$20 = 4 * (4 + 4/4)$

$21 = 4! - 4 + 4/4$

$22 = 4! + 4 - 4 - \sqrt{4}$ oder $44/4 * \sqrt{4}$

$23 = 4! - \sqrt{4} + 4/4$

$24 = 4! + 4 - \sqrt{4} - \sqrt{4}$ oder $4 * (4 - 4/4)!$

$25 = 4! + \sqrt{4} - 4/4$

$26 = 4! + \sqrt{4} * 4/4$

$27 = 4! + \sqrt{4} + 4/4$

$28 = 4! + (4 * \sqrt{4} - 4)$

$29 = 4! + 4 + 4/4$

$30 = 4^{\sqrt{4}} * \sqrt{4} - \sqrt{4}$

$31 = 4! / (.\tilde{4}... * \sqrt{4}) + 4$

$32 = 4! + 4 + \sqrt{4} + \sqrt{4}$

33

$34 = 44 - 4 / .4$

$35 = 44 - 4 / .\tilde{4}...$

$36 = 4! + 4^{\sqrt{4}} - 4$

37

$38 = 4! / .\tilde{4}... - 4^{\sqrt{4}}$

$39 = 44 - \sqrt{4} / .4$

$40 = 4 * \sqrt{4} / .4 * \sqrt{4})$

Als Hilfsmittel kann man folgende, mit zwei von vier Vieren gebildete Ausgangszahlen nutzen und darauf aufbauen:

$3 = \sqrt{(4 / .\tilde{4}...)}$

$4\frac{1}{2} = \sqrt{4} / .\tilde{4}...$

$5 = \sqrt{4} / .4$

$6 = 4! / 4$

$8 = 4 * \sqrt{4}$

$9 = 4 / .\tilde{4}...$

$10 = 4 / .4$

$12 = 4! / \sqrt{4}$

$16 = 4 * 4$

$48 = 4! * \sqrt{4}$

$54 = 4! / .\tilde{4}...$

$60 = 4! / .4$

$96 = 4! * 4$

$120 = (\sqrt{4} / .4) !$

127.) der Quadreis

Im Quadreis der Aufgabe betrug die Seitenlänge $a = r \sqrt{\pi}$

Dann sollte der Kreis soweit vergrößert werden, daß das Quadrat eben gerade vollständig einbeschrieben wird.

In welcher Beziehung steht **a** nun zum Radius ?

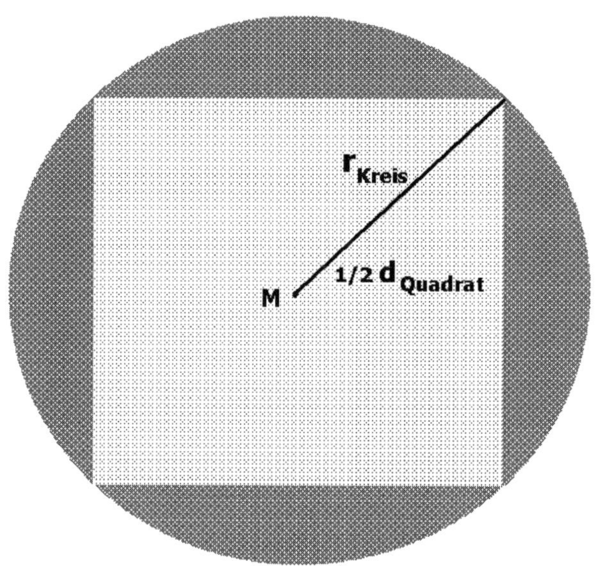

Aus der Abbildung ist ersichtlich, daß der Radius des Kreises nunmehr übereinstimmt mit der halben Diagonalen- Länge des Quadrates. Oder anders ausgedrückt: Die Diagonale des Quadrates ist nun identisch mit dem Kreisdurchmesser.
Im Quadrat ist die Länge dieser Diagonale bestimmt durch $a\sqrt{2}$.

Dies widerum als Radius des Kreises ausgedrückt führt zu

$2\,r = a\sqrt{2}$ und nach a umgeformt

$$a = r \sqrt{2}$$

134.) Der Tunnel

Das Rätsel hat es in sich - sind Sie noch nicht drauf gekommen ?
Am besten läßt man die beiden Schnellsten zusammenarbeiten
und die beiden langsamsten einen Weg gemeinsam gehen.
So bringt der schnellste Läufer zunächst den Zweitschnellsten
durch den Tunnel (t = 2 Min.). Alsdann machen sich nach dessen
Rückkehr (t = 3 Min.) die beiden langsamsten gemeinsam auf
den Weg. Sie kommen nach fünf Minuten am anderen Ende an,
insgesamt zum Zeitpunkt t= 8 Min. Hier wartet nun bereits der
Zweitschnellste. Er bringt in zwei Minuten die Taschenlampe
durch den Tunnel (t = 10 Min.) und kehrt zusammen mit dem
Schnelläufer in weiteren 2 Minuten zurück, exakt nach 12
Minuten und rechtzeitig vor Eintreffen des Eisenbahnzuges.

135.) das Preisausschreiben

Schreibt man alle Antworten in der Landessprache aus, ergibt
sich folgendes Bild: 40 (fourty), 2 (deux), 5 (cinq),10 (dix), 100
(cent), 1 (eins), 8 (acht). Das sind alle Zahlen, bei denen die
Buchstaben in alphabetischer Reihenfolge angeordnet sind!

136.) der Wasserstreit

Die 1016 Euro werden von den beiden Gärtnern bezahlt mit 512
und 504 Euro. Das kann man leicht teilen bzw. reduzieren um
den Faktor 8; dann "steht es" 64 zu 63 . Dies wiederum legt nahe,
daß es sich dabei um die Flächeninhalte der Grundstücke handelt,
die sich dann zu $8 * 8 \text{ m}^2$ und $9 * 7 \text{ m}^2$ ermitteln lassen.
In beiden Fällen ist der Umfang (die Zahl der Zaunelemente) der
gleiche; 16 + 16 bzw. 18 + 14 Zaunlatten.

138.) natürliche Zahlen

Die übergeordnete Lösung lautet: "Eine Zahl ist dann und nur
dann Summe unmittelbar aufeinanderfolgender Zahlen, wenn sie
keine Potenz von 2 ist." Die angegebenen Lösungen 1 und 2 sind

somit die ersten Beispiele, denn es handelt sich um 2^0 und 2^1.

Die Antwort auf die Zusatzaufgabe ist logisch: $1 = 1^2 + 0^2$.

Warum ist die 1 eigentlich keine Primzahl? Das Wort Primzahl kommt aus dem Französischen (nombre premier) und bedeutet soviel wie "die erste Zahl". Eine der üblichen Definitionen lautet: Eine Primzahl ist eine natürliche Zahl mit genau zwei natürlichen Zahlen als Teiler, nämlich der Zahl 1 und sich selbst.

Das schließt die 1 als Primzahl nicht aus.

Trotzdem ist man überein gekommen, die 1 nicht als Primzahl zu bezeichnen. Fällt Ihnen dazu etwas ein?

141.) die Schafherde

Ein interessantes Rätsel -

die weitere Analyse der möglichen Summen mit ungeradem Zehner führt zu der Erkenntnis, daß sich diese immer als Quadrat einer auf 4 oder 6 endenden Zahl darstellen.

Man muß also gar nicht wissen, welches die tatsächliche Anzahl von Schafen in dieser Herde war; denn in jedem Fall endete diese Zahl mit 4 oder 6 - und dies definiert wegen der besonderen Zahlungsbedingungen die Endsumme. Dadurch endet das Quadrat jener Zahl nämlich zwingend mit der Ziffer sechs - und nur darauf kommt es an. Es lagen also auf dem Verteilertisch eine ungerade Anzahl an 10 Euro- Noten und 6 einzelne Euro, soviel steht fest. Also wie lautet die Lösung?

142.) merkwürdige Edelsteine

Die Frage, was wohl ein Edelstein wöge mit der Eigenschaft wie zuletzt genannt, muß offen bleiben, denn es gibt keine Lösung.

Die Ausformulierung führte zu $x = 100 * \frac{1}{2} x$, bei dessen Lösung das x komplett wegfiele, denn x geteilt durch $\frac{1}{2}$ x wäre 2 und dann ergibt sich leider $2 \neq 100$.

Anders ausmultipliziert stünde bereits in der ersten Gleichung $x = 50x$, und das klingt wie blau = rot; ein Widerspruch in sich. So ein Geschenk sollte man jemandem also lieber nicht machen.

143.) die Wanduhr

Waren Sie in Ihren weiteren Überlegungen erfolgreich ?

Wenn Sie wie die meisten Rater gedacht haben - ich darf das einmal so sagen, denn dieses Rätsel habe ich viele Dutzend Mal im Laufe der Jahre "an den Mann bringen können" - dann haben Sie die 30 Sekunden "genommen" und durch 6 Schläge geteilt.
Das Ergebnis, vermeintlich 5 Sekunden, wollen Sie nun hier stolz publizieren und die Lösung "65 Sekunden" nennen.
Böse Falle, nein, ganz falsch, wirklich !
Es ist zwar "natürlich" gedacht, aber nicht n a c h gedacht.
Überlegen Sie nochmal, was Sie getan haben und was Sie stattdessen eigentlich hätten tun müssen.

144.) die beiden Läufer

Auf zum Endspurt !

Siggi ist also der Schnellere von beiden. Beim ersten Lauf war er 25 Meter vor Thomas bereits auf der Ziellinie.
Nun muß er die 25 Meter aufholen, welche er beim zweiten Lauf rück-versetzt worden war.
Das bedeutet aber nichts anderes, als daß er nun <u>mit Thomas zusammen 25 Meter v o r dem Ziel</u> ankommt.
Auch auf den letzten 25 Meteren wird er aber der Schnellere bleiben und damit wiederum siegen, eben nur mit einem kleineren Vorsprung als beim ersten Lauf.

Wäre die Sache anders ausgegangen, wenn man, anstatt Siggi die 25 Meter zurückzusetzen, dem Thomas 25 Meter Vorsprung gegeben hätte ?

146.) Mathetest

Die folgende Tabelle zeigt die richtigen Zuordnungen.

der goldene Schnitt	1,618033
$e^{1/e}$	1,444667
$1/7$	0,142857
i^{i}	0,207879
π^{-1}	0,318309
e^{-1}	0,367879
$^{3}\sqrt{2}$	1,259921
Prinz Rupert-Zahl	1,060660

Während der goldene Schnitt sicher vielen bekannt ist - es handelt sich um den Zahlenwert bzw. das Verhältnis

$$\frac{1 + \sqrt{5}}{2}$$

mit dem sich beispielsweise zwei Diagonalen im Fünfeck gegenseitig schneiden, dürfte der Begriff der *Prinz Rupert Zahl* mit ziemlicher Sicherheit unbekannt sein.

Auch hierbei handelt es sich um ein Verhältnis, nämlich

$$\frac{3\sqrt{2}}{4}$$

Der Wert beträgt jene 1,060660 und stellt die Kantenlänge des größtmöglichen Würfels dar, welcher durch den Einheitswürfel (bzw. einen Würfel gegebener Größe) hindurchpaßt.

Anders formuliert entspricht dieser Wert der Seitenlänge des größtmöglichen quadratischen Tunnels, den man durch einen Würfel bohren kann.

Die Symmetrieachse eines solchen Tunnels läuft nicht parallel zu einer Diagonale des Ursprungswürfels. Dessen Kanten werden dabei in den Verhältnissen 1 zu 3 und 3 zu 13 geteilt.

c) Nun folgen die erst jetzt zuordnungsbaren Aussagen und werden logisch eingebaut: Für den Dänen aus Aussage 3, der gern Tee trinkt, bleiben nur Platz 2 oder 5. Nehmen wir die erste Variante und probieren einfach aus. Dann folgt, daß der Bier trinkende Winfield-Raucher (Aussage 8) nur in das weiße Haus paßt.

gelb	blau	rot	grün	weiß
N	**DK**	**B**		
	Tee	Milch	Kaffee	Bier
Dunhill				Winfield
	Pferd			

Die nächste relevante Information wäre nach Aussage 14, daß der Deutsche Rothmann's raucht. Das paßt dann nur zum grünen Haus. Also muß der Schwede im weißen Haus wohnen und nach Aussage 2 einen Hund halten.

Nach Aussage 15 hat der Marlboro-Raucher einen Nachbarn, der Wasser trinkt. Dieser Wassertrinker kann dann nur der Norweger im ersten Haus sein, also ist dessen Nachbar der Däne. Aussage 6 (Pall Mall und Vogel) paßt im Anschluß dann nur auf den Belgier. Und so sieht's dann aus:

gelb	blau	rot	grün	weiß
N	**DK**	**B**	**D**	**S**
Wasser	Tee	Milch	Kaffee	Bier
Dunhill	Marlboro	Pall Mall	Rothmann's	Winfield
	Pferd	Vogel		Hund

Aussage 11 weist die Katze dem Nachbarn des Marlboro-Rauchers zu, d.h. dem Norweger im ersten Haus.
Und so bleibt als Besitzer des Hasen der Deutsche übrig.

151.) ein paar Buchstabenrätsel

Die Hinweise in den Aufgaben selbst bestanden darin, daß es sich bei s i e b e n Gesuchten sehr wahrscheinlich um Wochentage und bei zwölf Gesuchten dann wohl um Monatsnamen handeln wird.

Und so ergeben sich die Lösungen zu a) und b) als auf genau **7** Elemente bezogene Wochentage, nämlich im ersten Fall die Anfangsbuchstaben M = Montag, D= Dienstag, M = Mittwoch, D= Donnerstag, F= Freitag, S = Sonnabend (Samstag) und es fehlt S für Sonntag. Und im zweiten Fall für den ersten Wochentag der erste Buchstabe, für den zweiten Tag der zweite Buchstabe und so weiter.
Montag,Dienstag,Mittwoch,Donnerstag,Freitag,Samstag,Sonntag

Bei c) werden elf Elemente genannt und das Zwölfte ist gesucht.
Das sind dann natürlich die Monate des Jahres. Es fehlt das D für Dezember.
Natürlich könnte man die Reihenfolge auch rückwärts wählen, um es etwas schwieriger zu machen. So wie bei der nächsten Aufgabe:

Bei d) geht es um 9 genannte und das zehnte gesuchte Element. Hier sind es die zehn ersten Ziffern, beginnend mit Z für "zehn" und rückwärts bis "eins" entsprechend Anfangsbuchstabe "E".

Bei e) handelt es sich ebenfalls um Anfangsbuchstaben. Das ist etwas kniffliger - überlegen Sie nochmals, bezogen auf bestimmte Zahlenwerte.

Haben Sie schon für f) und g) eine Idee ? Das wäre mega-gut.

Auch bei h) C D I L M V sind es bestimmte Zahlenwerte.
Und bei i) H E N E A R K R X E R hat das Ganze mit Chemie zu tun.

Eine Folgeaufgabe:
Was verbirgt sich wohl hinter D G A I S R I E S I T W S H C
Erkennen Sie das verschachtelte Buchstabenmuster ?

152.) Rundreise über Stock und Stein

Die Reihenfolge der Ziffern/Zahlen geht bei dieser Darstellung in zwei Schritten, von Feld-zu- übernächstem-Feld.

Man beginnt bei der höchsten Zahl und fährt im Uhrzeigersinn fort, wobei die Werte sich im Verlauf um n= 1, 2, 3 und 4 vermindern:
Über 10 minus 1= 9, dann minus 2= 7, dann minus 3 = 4, kommt man zu 4 minus 4 = Null, und das ist die Lösung.

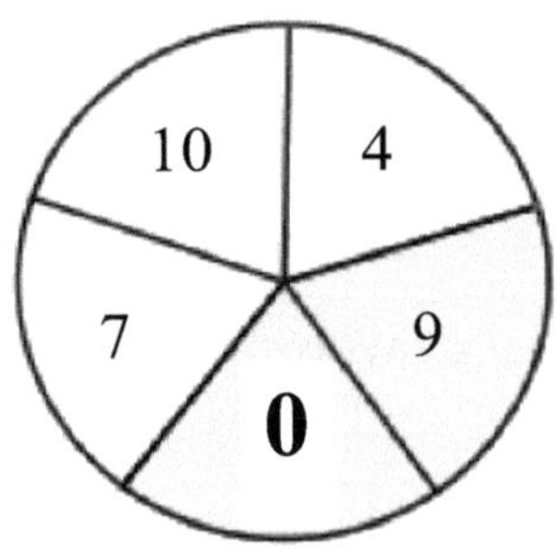

153.) binomische Formeln - einmal anders

Wir suchen hier ein "Binom", das als Lösung bei der Quadratur die Lösung $a^2 + b^2$ hat.

Um dieses Ergebnis zu erreichen, muß man letztlich mit -1 multiplizieren. Dies erreicht man, in dem man in jeden Term schlicht $\sqrt{-1}$ einbaut, also das imaginäre "i" nach Leonhard Euler.

Die Formel lautet dann: $(a + ib) * (a - ib) = a^2 - (-1)b^2 = a^2 + b^2$

Hiernach dürfte es Ihnen nicht schwerfallen, auch die "fünfte" und die "sechste" binomische Formel herzuleiten, deren Ergebnisse die *fehlenden* Terme darstellen. Dazu braucht man "Abi"-Wissen :-)

$$a^2 + 2\,abi - b^2 \quad ?$$

$$a^2 - 2\,abi - b^2 \quad ?$$

154.) Nummer 3 ist wahr

Die erwartete Lösung des im Internet im Rahmen eines Tests aufgeführten Rätsels lautete: "none" . Keine Zahl solle als Lösung in Frage kommen.
Ich habe allerdings die Lösung " 9 " kommuniziert.
Es hieß unter 5.) : "Die Summe ihrer 2 Ziffern ist nicht 14".
Die Lösung "none" wäre nur dann richtig, wenn beide Aussagen dieses Satzes gleichzeitig falsch wären.
Die Lösung " 9 " hat aber nicht 2 Ziffern, und daher ist die Aussage 5 tatsächlich falsch und Nummer 3 als einzige wahr !

Hier die Antwort des Zuständigen, dem ich meine Lösung samt Erklärung zugesandt hatte:

"Thank you - I have taken down the test to fix this issue. I greatly appreciate your reporting this to me!   Bill "

Die Aufgabe wurde dann aus dem Netz genommen :-)

155.) drei Würfel mit Problemen

Für die Summe 18 sehen die acht Kombinationsmöglichkeiten bei <u>zwei</u> Würfeln so aus:

W1 Hauptwürfel, W2 Ergänzungs- oder Folgewürfel.

1a)	w1 = 1 2 3 4 5 6	w2 = 0 0 6 6 12 12
1b)	w1 = 0 1 2 3 4 5	w2 = 1 1 7 7 13 13
2a)	w1 = 1 4 7 10 13 16	w2 = 0 0 1 1 2 2
2b)	w1 = 0 3 6 9 12 15	w2 = 1 1 2 2 3 3
3a)	w1 = 1 2 3 10 11 12	w2 = 0 0 3 3 6 6
3b)	w1 = 0 1 2 9 10 11	w2 = 1 1 4 4 7 7
4a)	w1 = 1 2 7 8 13 14	w2 = 0 0 2 2 4 4
4b)	w1 = 0 1 6 7 12 13	w2 = 1 1 3 3 5 5

Für <u>drei</u> Würfel gibt es ebenfalls Lösungen.
Eine davon ist

$$w1 = 1\ 1\ 2\ 2\ 3\ 3 \quad w2 = 0\ 0\ 3\ 3\ 6\ 6 \quad w3 = 0\ 0\ 0\ 9\ 9\ 9$$

Finden Sie eine weitere Lösung ?

157.) ein Buchstabenrätsel

Was folgt in der Reihe der Buchstaben Q A Z W S X ?
Was folgt in der Reihe der Buchstaben J M M J A O ?

Ein Tip für die erste Folge wäre, daß diese vielfach als Paßwort eine Bedeutung erlangt hat. Aber warum ?

Die zweite Folge J M M J A O entspricht den Anfangsbuchstaben der Monate im Jahr, welche 31 Tage haben; es fehlt noch das "D" für Dezember.
Umgekehrt kann man auch jene Monate nehmen, die gerade-<u>nicht</u> 31 Tage haben. Dann lautet diese Folge: F A, J, S und es folgt N.

Aufreihungen lassen sich schwieriger gestalten, wenn es sich nicht um Anfangsbuchstaben handelt, sondern die zweiten oder letzten Buchstaben der Elemente gewählt werden.
Die zwölf Monate des Jahres würden sich dann so darstellen:
A E Ä P A U U U E K O   folgend E
R R Z L I I I T R R R   und folgend R

160.) Schuhverkauf

Der Tip im ersten Lösungsteil war doch ziemlich deutlich, oder nicht ?
Sie WOLLEN die Schuhe kaufen und legen passend Geld auf den Tresen - und falls Sie keinen 100 Euro-Schein sondern nur kleinere Schein haben, dann nehmen Sie eben zum Beispiel einen Fünfziger, zwei Zwanziger und einen Zehner.

Bitte verzeihen Sie, wenn ich so aufdringlich bin - sollten Sie schon auf die Lösung gekommen sein, werden Sie es verstehen.

Aber für diejenigen, denen der Tip noch nicht genug war, möchte ich noch eine Brücke bauen.

Diejenigen mögen sich nun vorstellen, sie selbst seien die Verkäuferin.
Sie sehen das ganze Geld vor sich auf dem Tresen liegen.

Würden Sie dann auch sofort die Stiefel aus dem Lager holen ?

Abschließende
Lösungen

Dritter Teil

Zitat von Prof.Dr. Hoimar von Ditfurth:

Zwar geht in der Welt alles mit natürlichen Dingen zu.
Nichtsdestotrotz aber ist das Ergebnis wunderbar.

13.) Neun Punkte

Die Anschlußaufgabe ist ungleich schwerer als die Erstaufgabe. Aus der Aufgabenstellung kann man erschließen, daß die Verbindung der 9 Punkte/Kreise mit nur einer einzigen Linie in der zweidimensionalen Ebene schlicht nicht möglich ist.

Dieser Gedanke führt zur Lösung.

Man kann sich eines Zylinders oder einer Kugel bedienen, auf dem bzw. der die Punkte angeordnet sind. Einfach vorstellbar wäre, die auf Papier gebrachte Zeichnung der 9 Punkte auszuschneiden und auf eine Flasche zu kleben.

Man kann dann eine leicht nach abwärts gerichtete gerade Linie ziehen und diese so um die Flasche herum führen, daß alle Punkte berührt werden ohne dabei absetzen zu müssen.

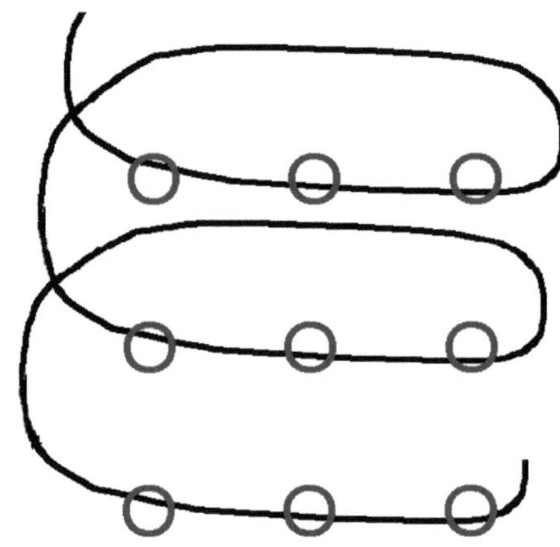

Ein weiteres praktisches Beispiel wäre die Weltkugel, auf der man sich die 9 Punkte so wählt, daß sie nach der zweiten Umrundung mit einer Strecke alle erreicht worden sind.

Was mit einer einzigen Linie geht, geht auch mit 2 Linien; dazu muß man nach der ersten Umrundung auf der Rückseite des Zylinders bzw. der Kugel an der richtigen Stelle und im richtigen Winkel umdrehen und einmalig die Richtung wechseln.

Diese Varianten des Rätsels mit den 9 Punkten wurden mir von einem ehemaligen Mathematik-Lehrer im Dezember 2016 zur Kenntnis gebracht. Vielen Dank dafür.

25.) Magische Quadrate

Für die Berechnung der magischen Konstante läßt sich eine Formel herleiten.

Die Konstante ergibt sich durch Summieren aller fortlaufender Zahlen des magischen Quadrates und Teilen durch deren Anzahl.

Die Aufsummierung geschieht nach der Gauss- schen Methode - danach ist die Summe der Reihe 1 bis n definiert durch die Formel

$$S = \frac{n\,(\,n+1\,)}{2}$$

Nun muß man nur noch berücksichtigen, daß ja noch durch die Anzahl der Elemente geteilt werden muß.

Hierzu drückt man am besten die Kantenlänge des magischen Quadrates als k aus, es ergibt sich dann die Zahl der Elemente zu k^2. Dieses k^2 ist nun identisch mit dem oben angegebenen n. Also zugleich der Parameter, mit dem die Summe der Elemente nach der obigen Formel bestimmbar ist:

Einsetzen, also ersetzen des n durch k^2 und teilen durch k liefert dann den Wert der magischen Konstanten in Abhängigkeit von der Kantenlänge :

$$K_{mag.} = \frac{k^2\,(\,k^2+1\,)}{2\,k}$$

Um k in Zähler und Nenner gekürzt ergibt sich vereinfacht:

$$K_{mag.} = \tfrac{1}{2}\,k\,(\,k^2+1\,)$$

Setzt man Werte verschiedener Kantenlängen ein, erhält man die magischen Konstanten

Kmag. = 15   für k = 3
Kmag. = 34   für k = 4
Kmag. = 65   für k = 5
Kmag. = 111 für k = 6   usw.

31.) ...eine wahrlich große Zahl

Nun haben Sie bis hierher getüftelt und überlegt. Vielleicht haben Sie eine Lösung vorzuschlagen, die so aussieht:

$$\left[9^{\left(9^9\right)^9}\right] \quad \text{oder} \quad 9^{\left[\left(9^9\right)^9\right]}$$

Sie sehen, das Ganze hat gedanklichen Tiefgang. Durch das Setzen der eckigen Klammern soll verhindert werden, daß der letzte oben stehende Ausdruck nur Multiplikator ist. Denn es gilt, wenn ohne Klammer gearbeitet wird:

$$a^{b^c} = a^{b*c}$$

Die beiden o.a. Darstellungen dienen hier nur zur Verwirrung (warum ?), die letztendlich richtige Lösungsform lautet:

$$9^{\left[9^{\left(9^9\right)}\right]}$$

Sollten Sie diese Lösung gefunden haben, herzlichen Glückwunsch. Aber schauen Sie mal, was ich damit mache:

$$9!^{\left[9!^{\left(9!^{9!}\right)}\right]}$$

<u>Falls Sie das geahnt hatten:</u>

Setzen Sie den gesamten Term in Klammern und ergänzen Sie ein Ausrufezeichen. Meinetwegen schreiben Sie dann hinter jedes Ausrufezeichen noch 3 Stück - oder 1000. Na, wer hat gewonnen ?

So, aber nun mal im Ernst:

Ich habe natürlich mit Allem gerechnet, und wenn Sie mir und vielleicht sich selbst schon ein bißchen mehr Freiheit zugestehen, dann gibt es noch eine weitere Lösung, die ich hier als ultimative Endlösung vorstellen möchte.

Ich möchte dabei analog zum Summenzeichen „Σ" (= Sigma) das Äquivalent für ein Produkt, nämlich „ Π " (= Pi) benutzen.

Zur Einführung: In der folgenden Formel steht Π für das Produkt aller Zahlen „i" von 1 bis 3. Dieses ergibt als Lösung 6.

$$\prod_{i=1}^{3} (i) = 6$$

Nun setzen wir das „i" in Betragsstriche und erweitern den Bereich auf -9 bis +9, und das Ganze sieht schon immens groß aus :

$$\prod_{i=-9}^{9} |i|$$

Das Produkt ergibt sich zu:

9 x 8 x 7 x 6 x 5 x 4 x 3 x 2 x 1 x 0 x 1 x 2 x 3 x 4 x 5 x 6 x 7 x 8 x 9

Keine Panik !!! - Natürlich habe ich die Null gesehen, aber diese wird intelligent ausgenutzt, indem man „i" als Fakultät ausdrückt - mit 0! = 1 . Naaaa ??

Und natürlich vergessen wir nicht die anderen Neunen und Ausrufezeichen:

$$\prod_{i=-9!}^{9!} |i|!^{(9!^{9!})}$$

Sie werden mir verzeihen, daß ich nun die Reihe der Faktoren nicht mehr wirklich zu Papier bringen möchte.

Ich bin aber indes noch nicht g a n z fertig, denn:

<u>Falls Sie das geahnt hatten:</u>
Setzen Sie den Wert für „i" in Klammern und ergänzen Sie ein Ausrufezeichen.

$$\prod_{i=-9!}^{9!} \left(|\,i\,|!^{\left(9!^{9!}\right)} \right)\,!$$

<u>Und sollten Sie auch das schon geahnt haben:</u>
Dann setzen Sie doch noch das vergessene Ausrufezeichen hinter die Klammer des Exponenten (na, sind Sie mir auf den Leim gegangen - das war ein Test !), und setzen Sie dann den ganzen Term in Klammern und ergänzen Sie ein Ausrufezeichen.

„Meinetwegen schreiben Sie dann hinter jedes Ausrufezeichen noch 3 Stück - oder 1000."

Na, wer hat gewonnen ?

$$\left[\prod_{i=-9!}^{9!} \left(|\,i\,|!^{\left(9!^{9!}\right)!} \right)\,! \right]!$$

32.) 1, 2, 3 .. wer will nochmal

Hier eine Tabelle einiger Lösungen für 21 bis 40.
Für viele darunter gibt es sicher mehrere andere Möglichkeiten.

$$21 = (1 + 3) \div .2 \qquad\qquad 31 = 32 - 1$$

$$22 = 23 - 1 \qquad\qquad 32 = 1 * 32$$

$$23 = 1 * 23 \qquad\qquad 33 = 31 + 2$$

$$24 = 23 + 1 \qquad\qquad 34 = \text{ siehe Anlage}$$

$$25 = (3! - 1)^2 \qquad\qquad 35 = (3!)^2 - 1$$

$$26 = 2 * 13 \qquad\qquad 36 = 12 * 3$$

$$27 = (1 + 2)^3 \qquad\qquad 37 = (3!)^2 + 1$$

$$28 = 3 \div .1 - 2 \qquad\qquad 38 = \text{ siehe Anlage}$$

$$29 = 31 - 2 \qquad\qquad 39 = \text{ siehe Anlage}$$

$$30 = 3! * 1 \div .2 \qquad\qquad 40 = (3! - 2) \div .1$$

Anlage

$$34 = \sum_{-3!}^{\sqrt{1E2}} (k)$$

$$38 = 1 * < x,x > \big|_{(\sqrt{2},\, 3\,!)}$$

$$39 = -1 + < x,x > \big|_{(2,\, 3!)}$$

Dabei bedeuten die beiden in Klammern stehenden X, daß die
beiden Werte im nachfolgenden Index quadriert und dann
summiert werden müssen.

34.)...und weil es so schön war !

Es gibt noch mehr schöne Beispiele, wie man scheinbar im Kopf Unlösbares recht leicht umformen kann.

Die genannten $27^X = 81$ lösen sich natürlich leicht auf zu $x = 4/3$.

Aufgaben zur Basis 2: $16^X = 64$; $16^X = 128$, $32^X = 128$

Aufgaben zur Basis 3: $27^X = 243$, $81^X = 243$, $243^X = 729$

Aufgaben zur Basis 4: $8^X = 32$, $64^X = 256$, $64^X = 1024$

Aufgaben zur Basis 5: $25^X = 125$, $25^X = 3125$, $125^X = 625$

37.) Etwas Schwieriges

Vier weitere Lösungen: a) 1, 2, 5, 6, 9, 10   und 0 ,0 ,0 ,2 ,2 ,2
                                 b) 0, 1, 4, 5, 8, 9   und 1 ,1 ,1 ,3 ,3 ,3
                                 c) 1, 2, 3, 7, 8, 9   und 0 ,0 ,0 ,3 ,3 ,3
                                 d) 0, 1, 2, 6, 7, 8   und 1 ,1 ,1 ,4 ,4 ,4

44.) Warten auf den General

Die Gesamtwahrscheinlichkeit für einen General bei Böse Sieben beträgt etwa 15,4 %. Soweit ergibt es sich aus der Addition der einzelnen Wahrscheinlichkeiten für die jeweiligen Ereignisse. Trotzdem wird im normalen Spiel nicht jeder 7.Wurf einen General erzeugen.

Es liegt auf der Hand, daß im Spielverlauf nicht jeder Wurf darauf ausgerichtet ist, einen General zu erzeugen. In der ersten Runde legt jemand vor, und es reicht, diesen Wurf zu überbieten, um nicht als Verlierer einen Deckel zu bekommen. Oft liegt bereits der erste oder der zweite Wurf darüber, eine Sieben-5 reicht auch als Vorlage im zweiten Wurf sicher aus.

In der zweiten Runde gewinnt der höchste Wurf, hier dürften statistisch mehr Generals erwartet werden als in der ersten Runde. Und so ist ein General trotz seiner theoretischen Häufigkeit in praxi doch ein recht seltenes und vor allem zumeist völlig unerwartetes Ereignis. Soviel zu Theorie und Praxis; geht es einem im Leben nicht genauso ? Man kann noch so genau planen, und hinterher sieht es doch oft ganz anders aus.

48.) Zehntausend

Wie groß ist die Chance, mit fünf Würfeln auf einmal 4 Gleiche zu werfen ?

Für den ersten Würfel ist die Zahl egal - er kann zeigen, was er will- doch dann ist diese Zahl für drei von den verbleibenden vier Würfeln verbindlich.

Man formuliert also $p = 6/6 * (1/6)^3 * 5/6$ und multipliziert mit der möglichen Anzahl der denkbaren Kombinationen - wie in der Tabelle gezeigt. Für diesen Fall ergibt sich „ 3 aus 4" , was nach

$$\frac{4 * 3 * 2}{1 * 2 * 3}$$

aufgelöst wird und im Ergebnis 4 zeigt.

Daher ergibt sich: $\mathbf{p} = 4 * (1/6)^3 * (5/6) = 20/ 6^4 = 0{,}015432$.

Letzte Aufgabe:

10.000 Punkte im ersten Wurf sind gleichbedeutend mit 6 Einsen. Das ist leicht zu rechnen. Wenn jeder Würfel eine Eins zeigen muß, beträgt die Wahrscheinlichkeit hierfür $(1/6)^6$ gleich

1 zu 46.656

oder 0,0000214 Prozent.

Herzlichen Glückwunsch, wenn Ihnen das passiert, ich habe soetwas tatsächlich einmal im Leben gesehen, vor vielen Jahren. Einmal gewürfelt und - bumm ! Sechs Sechsen.

Wenn Sie alle 5 Sekunden einen solchen Versuch machen würden - mit den Würfeln werfen, ablesen, aufsammeln und wieder in den Becher hinein- und sich rein statistisch ausrechnen, nach 46.656 Versuchen vielleicht den Erfolg zu haben, dann müßten Sie knapp 65 Stunden ununterbrochen (!) probieren. Doch sicher ist das natürlich nicht, es kann auch über 100 Stunden dauern...

79.) Fünfer- Quintett

Ein paar Lösungen habe ich noch, was halten Sie von der letzten?

a) $(.5 + .5) * 5 * 5 * 5 = 125$

b) $!5*5 - 5! + 5*5 = (44*5) - 120 + 25 = 125$

85.) die Balkenwaage

Wenn man logisch weiterdenkt, kommt man auf: 1g, 3g, 9g, 27g und 81g. Man sieht, daß dies die Dreier- Potenzen sind, also 3^0, 3^1, 3^2, 3^3 und 3^4. Mit diesen 5 Gewichten kann man in der Tat alle Gewichte von 1 bis 121 Gramm abwiegen. Eine sehr rationelle, aber etwas gewöhnungsbedürftige und rechenintensive Methode.

87.) ein ungleich schwierigeres Problem - 12 Kugeln

Nachdem bei Wägung zweier Vierergruppen ein Ungleich gewicht entstanden und eine Seite nach unten gegangen ist, geht es so weiter:.Die gesuchte Kugel befindet sich entweder als Schwere in der unteren oder als Leichte in der oberen Waagschale. Nun kennzeichnet man die Kugeln. Die nur schwerer sein Könnenden schwarz und die nur leichter sein Könnenden weiß. Man kann natürlich auch rot und gelb nehmen. Es erleichtert das visuelle Erfassen und das Nachvollziehen der folgenden Schritte.

2. Wägevorgang

a)   Nehmen Sie zwei schwarze Kugeln aus der Waagschale und legen Sie sie beiseite. Dann nehmen Sie eine weiße Kugel heraus und legen diese ebenfalls zur Seite.

b)   Tauschen Sie eine schwarze Kugel von unten mit einer weißen Kugel von oben. Nehmen zu dann eine noch gar nicht gewogene Kugel aus der dritten Vierergruppe, die noch abseits liegt, und ergänzen Sie damit die fehlende Kugel auf der einen Seite, so daß nun überall 3 Kugeln liegen.

Jetzt haben wir hier wieder drei Ereignisse zu berücksichtigen. Gleichgewicht, linke-Seite-unten und rechte-Seite-unten.

1)   Wenn jetzt gar nichts passiert, haben wir die gesuchte Kugel offenbar schon vor der Wägung herausgenommen; sie befindet sich somit bei den beiden schwarzen und der einen weißen Kugel. Klar, daß man dann die beiden schwarzen gegeneinander zu wiegen hat. Bei gleichem Gewicht ist die weiße, leichtere Kugel die Gesuchte
Und geht eine Seite nach unten, dann haben wir natürlich die Gesuchte als Schwerere der beiden schwarzen Kugeln gefunden.

2)   Für den Fall, daß eine Seite nach unten geht, ist die Überlegung auch nicht anders:

a)   Geht die linke Seite nach unten - das ist diejenige mit den beiden verbliebenen schwarzen Kugeln- nun dann muß entweder eine der schwarzen Kugeln die schwerere sein (denn die dort liegende weiße könnte ja allenfalls leichter sein und scheidet somit als Gesuchte aus) -
oder die eine noch rechts liegende weiße Kugel würde die Gesuchte darstellen und leichter sein als die anderen. Auf der rechten Seite scheiden natürlich die dort liegende schwarze und die neutrale Kugel aus.

b)   Im Umkehrfall, also wenn die rechte Seite nach unten geht, sind die Verhältnisse ähnlich.
Entweder ist dann die rechts liegende schwarze Kugel die Gesuchte , schwerere Kugel -
oder die links liegende weiße Kugel die Gesuchte, leichtere Kugel. Es ist dann also eine der beiden, die wir nach der vorigen Wägung die Seiten haben tauschen lassen.

Die dritte und letzte Wägung entscheidet auch hier das Spiel; auf 2a) folgt die Wägung der beiden schwarzen gegeneinander und bei 2b) können Sie sich sogar aussuchen, welche Kugel Sie gegen eine Normalgewichtige auswiegen. Entweder zeigt sich gleich die Gesuchte oder es ist bei Gleichstand die andere, da die jeweilige Gewichtseigenschaft bereits durch die Vorwägungen bekannt ist.

89.) Vorsicht, Giftpillen.

Woher will man wissen, aus wieviel unterschiedlichen Flaschen die Differenz zustande kommt ?

Ganz einfach - man wählt die Zweier- Potenzen für die zu entnehmenden Anzahlen aus.

Man beginnt mit 1 Pille , das ist dann 2 hoch Null.

Aus jeder Flasche (n) entnimmt man 2^{n-1} Pillen, und zwar bis man bei der zehnten Flasche ankommt. Aus dieser muß man dann 2^9 Pillen entnehmen, das sind immerhin 512.

Und dann wird es schwierig.

Aus der elften Flasche müßte man $2^{10} = 1024$ Pillen entnehmen, damit die Sache eindeutig zuordnungsbar bleibt. Da aber nur 1000 Pillen darin sind, lautet die Antwort auf die eingangs gestellte Frage:

Es dürfen maximal 10 Flaschen Giftpillen enthalten, sonst ist die Aufgabe nicht (mehr) lösbar. Für dies Maximum können wir nun eine Lösung angeben, eben die mit den 2-er -Potenzen. Welche Differenz auch immer auftritt bei der Messung, diese Zahl ist eindeutig den verschiedenen betroffenen Flaschen zuzuordnen.

Nehmen wir einige Beispiele - vielleicht die Summe 17 zuerst. Die 17 läßt sich nur auf eine einzige Weise aus 2-er Potenzen darstellen, nämlich aus 16 plus 1.

Die 18 entspräche dann 16 plus 2.

Die 19 steht dann nicht für 16 plus 3 - denn die 3 gibt es ja nicht- sondern diese läßt sich nur darstellen aus 1 plus 2 plus 16.

Hier haben wir also schon eine Dreier- Kombination.

```
20 =         4 und 16
21 =       1, 4 und 16
22 =       2, 4 und 16
23 = 1, 2, 4 und 16
24 =         8 und 16
25 = 1,      8 und 16
26 =       2, 8 und 16
27 = 1, 2, 8 und 16
```

und so weiter - probieren Sie ruhig alle Möglichkeiten aus.

94.) höhere Mathematik

Die Lösung ergibt sich nach Anwendung der binomischen Formel (a + b)*(a + b) auf die Gleichung, welche damit quadriert wird, zu $x^2 = 6$. Die Anfangsgleichung hat also das Ergebnis $\sqrt{6}$. Und zwar obwohl sie imaginäre Zahlen enthält.Im Vergleich zum Imaginären ist die Irrationalität immerhin etwas "Greifbares".

110.) Position Alpha Zulu

Haben Sie sich verwirren lassen? Eben noch im Glückstaumel wegen der absolut unerwarteten Kreis-Umfangs- Lösung und jetzt der Absturz in schwärzeste Tiefen? Naja, vielleicht auch nicht - der Schritt zur Endlösung ist ja nicht wirklich weit.

Zunächst muß man sich einmal klar machen, daß auf dem Umkreis in der Entfernung von 1.159,16 Metern vom Südpol unendlich viele Punkte liegen, die die Aufgabenstellung erfüllen. Mehr kann man schon nicht erwarten - und doch existiert eine weitere unendliche Anzahl von Lösungspunkten, ganz in der Nähe. Man braucht sich nur vorzustellen, daß der eine Kilometer Weg nach Osten zu z w e i - maliger Umkreisung des Poles geführt haben würde. Auch dann kommt man am Ausgangspunkt wieder an. Der Umkreis betrüge dann 500 Meter entsprechend einem Radius von 79,57745 Metern. Alle Ausgangspunkte wären also etwa 1079,58 Meter entfernt vom Pol gelegen.

Ahnen Sie es schon? Man könnte doch den Pol 4- mal umrunden mit einem Umkreis von 250 Metern - oder 8mal oder 16mal. Und das nur wegen der einfachen Rechnung - natürlich kämen auch alle ungeraden Anzahlen in Frage - man kann ja auch 3 mal 333,33 Meter (und ein paar Millimeter) gehen für 3 Umrundungen. Also verallgemeinert sich das Problem auf **n** Umrundungen, wobei n $\in$ Z ist, also zugehörig zur Menge der ganzen Zahlen. Auf diese Weise gelangt man zu einer mehrfach - unendlichen, genaugenommen -zumindest in der Theorie- unendlichfach- unendlichen Anzahl von Punkten, welche allesamt die Aufgabenbedingung erfüllen.

113.) Der Traum

Die ungewöhnliche Situation, daß ein Jahr ohne Tage ablaufen würde, bedeutete daß <u>kein</u> Tag-/Nachtwechsel während eines Sonnenumlaufes der Erde stattfände. Also müßte sie wie-mit-einer-Stange an der Sonne befestigt sein, so daß immer dieselbe Seite ihrer Oberfläche beschienen würde. Genau wie es bei unserem Mond im Verhältnis zur Erde der Fall ist.

122.) das Palindromdatum

Die Reihe der Palindromdaten vor dem 11.11.1111 setzt sich so fort:

        01.11.1110
        10.11.1101
        19.01.1091
        18.01.1081
        17.01.1071
        16.01.1061

Man findet noch weitere Daten - eine wahrhaft goldene Zeit für Mathematiker damals - alle 10 Jahre ein Palindromdatum.

Wir können uns indes freuen auf eine ebenso goldene Zeit in naher Zukunft, denn die für uns nächsterreichbaren Daten fallen nach dem 01.02.2010, 11.02.2011 und 21.02.2012 auf die folgenden Tage:

02.02.2020	25.02.2052
12.02.2021	26.02.2062
22.02.2022	27.02.2072
23.02.2032	28.02.2082
24.02.2042	29.02.2092

Die beiden Daten in 2020 und 2022 haben eine zusätzliche Besonderheit - beide haben nur zwei verschiedene Ziffern anstatt drei. Das war zuletzt anno 1110 der Fall, vor knapp 1000 Jahren. <u>Einzigartig</u> auch der **29.Februar 2092**, welcher tatsächlich ein Schaltjahr zum Teil eines Palindromdatums macht.

124.) Vier

Weitere Lösungen und Anregungen untenstehend.

$$31 = 4! / (.4\tilde{}... * \sqrt{4}) + 4 \qquad\qquad \sum_{i=-4}^{(4-4/4)!} |(i)|$$

$$32 = 4^{\sqrt{4}} * 4 / \sqrt{4} \qquad\qquad 4! + 4 + \sqrt{4} + \sqrt{4}$$

$$33 = \qquad\qquad \sum_{i=.-}^{4} (\sqrt{4})^i + 4 - \sqrt{4}$$

$$34 = 4^{\sqrt{4}} * \sqrt{4} + \sqrt{4} \qquad\qquad 44 - 4/.4$$
$$35 = 44 - 4/.4\tilde{}...$$
$$36 = 4! + 4^{\sqrt{4}} - 4 \qquad\qquad 4^{\sqrt{4}} * \sqrt{4} + 4$$

$$37 = \qquad\qquad \sum_{i=4}^{4/.4\tilde{}...} (i) - \sqrt{4}$$

$$38 = 4! / .4\tilde{}... - 4^{\sqrt{4}}$$
$$39 = 44 - \sqrt{4} /.4$$
$$40 = 4 * \sqrt{4}/.4 * \sqrt{4})$$

$$41 = \qquad\qquad \sum_{i=4}^{4/.4\tilde{}...} (i) + \sqrt{4}$$

$$42 = 44 - 4 + \sqrt{4}$$
$$43 = 44 - 4/4 \qquad\qquad \sqrt{4} * 4! - \sqrt{4}/.4$$
$$44 = 44 * 4/4 \qquad\qquad 44 + 4 - 4$$
$$45 = 44 + 4/4 \qquad\qquad \sqrt{4} / .4\tilde{}... * 4/.4$$
$$46 = 44 + 4 - \sqrt{4}$$
$$47 = \sqrt{4} * 4! - 4/4$$
$$48 = \sqrt{4} * 4! * 4/4$$
$$49 = \sqrt{4} * 4! + 4/4$$
$$50 = 44 + 4!/4 \qquad\qquad \sqrt{4}/.4 * 4/.4$$

$51 = 4! * \sqrt{4} + \sqrt{(4/.\tilde{4}...)}$

$52 = 4! /.\tilde{4}... + \sqrt{4} - 4$ $\qquad\qquad\qquad$ $4! * 4 - 44$

$53 = 4! /.\tilde{4}... - 4/4$

$54 = 4! /.\tilde{4}... + 4 - 4$

$55 = 4! /.\tilde{4}... + 4/4$

$56 = 4! /.\tilde{4}... + 4 - \sqrt{4}$ $\qquad\qquad\qquad$ $44 + 4!/\sqrt{4}$

$57 = 4! /.\tilde{4}... + \sqrt{(4/.\tilde{4}...)}$

$58 = 4! /.\tilde{4}... + \sqrt{4} + \sqrt{4}$

$59 = 4! /.\tilde{4}... + \sqrt{4}/.4$

$60 = 4! /.4 + 4 - 4$

$61 = 4! /.4 + 4/4$

$62 = 4! /.4 + 4 - \sqrt{4}$

$63 = 4! /.4 + \sqrt{(4/.\tilde{4}...)}$

$64 = 4! /.4 + \sqrt{4} + \sqrt{4}$

$65 = 4! /.4 + \sqrt{4} /.4)$

$66 = 4! /.4 + 4 + \sqrt{4}$

$67 = 44 + 4! - i^4$

$68 = 4! /.4 + 4 + 4$ $\qquad\qquad\qquad$ $4! * \sqrt{(4/.\tilde{4}...)} - 4$

$69 = 44 + 4! + i^4$

$70 = 4! * \sqrt{(4/.\tilde{4}...)} - \sqrt{4}$ $\qquad\qquad$ $4!/.4 + 4/.4$

$71 = 4! * \sqrt{(4/.\tilde{4}...)} - i^4$

$72 = \sqrt{4/.\tilde{4}...} * 4 * 4$ $\qquad\qquad\qquad$ $4!/.4 + 4!/\sqrt{4}$

$73 = 4! * \sqrt{(4/.\tilde{4}...)} + i^4$

$74 = 4! * \sqrt{(4/.\tilde{4}...)} + \sqrt{4}$

$$75 = \sum_{n=4!-\sqrt{4}}^{4!} (n + \sqrt{4})$$

$76 = 4! * \sqrt{(4/.\tilde{4}...)} + 4$ $\qquad\qquad$ $(\sqrt{4}/.4)! - 44$

$77 = 4! /.\tilde{4}... + 4! - i^4$

$$78 = 4! /.\tilde{4}... + 4! * i^4 \qquad\qquad \sum_{n=4}^{4*4} (n - 4)$$

$79 = 4! /.\tilde{4}... + 4! + i^4$

$80 = 4! * 4 - 4 * 4$ $\qquad\qquad\qquad$ $\sqrt{4} * 4 * 4/.4$

Die Subfakultät

Neben der 33 und 37 haben mir zuletzt die 82 und 85 Probleme bereitet, am einfachsten konnte ich diese Ergebnisse bilden mit Hilfe der Subfakultät. Diese ist definiert als

$$!n = n! \sum_{k=0}^{n} \frac{(-1)^k}{k!}$$

und bezeichnet die Anzahl der *fixpunktfreien Permutationen auf einer endlichen Menge.*

Das hört sich schwierig an - Nikolaus Bernoulli hat hierzu als erster das folgende Problem betrachtet: Es werden n Briefe an verschiedene Empfänger geschrieben und dazu n Briefumschläge adressiert. Auf wieviele Arten kann man die Briefe in die Umschläge stecken, so daß *keiner in den richtigen Umschlag gelangt* ? Antwort: Subfakultät (n). Hier einige Werte:

!0 = 1	!1 = 0	!2 = 1	!3 = 2
!4 = 9	!5 = 44	!6 = 265	!7 = 1854

$$81 = \sum_{n=4!-\sqrt{4}}^{4!} (n+4)$$

$$91 = 4! * 4 - \sqrt{4}/.4$$

$$82 = !4 * !4 + 4/4 \qquad 4(4!-4)+\sqrt{4} \qquad 92 = 44 * \sqrt{4} + 4$$

$$83 = \sum_{n=-i^4}^{4} |n!| + 4! + 4! \qquad\qquad 93 = 4! * 4 - \sqrt{(4/.\tilde{4}...)}$$

$$84 = 4! * 4 - 4!/\sqrt{4}$$
$$85 = !4 * !4 + \sqrt{4} + \sqrt{4}$$
$$86 = 4! * 4 - 4/.4$$
$$87 = 4! * 4 - 4/.\tilde{4}...$$
$$88 = 4! * 4 * -4 - 4$$
$$89 = 44 * \sqrt{4} + i^4$$
$$90 = 4! * 4 - 4! /4$$

$$94 = 4! * 4 - \sqrt{4}$$
$$95 = 44 /.\tilde{4}... - 4$$
$$96 = 4! * 4 * 4/4$$
$$97 = 44 /.\tilde{4}... -\sqrt{4}$$
$$98 = 44 /.\tilde{4}... - i^4$$
$$99 = 44 /.\tilde{4}... * i4$$
$$100 = 44 /.\tilde{4}... + i^4$$

$$101 = 4! * 4 + \sqrt{4}/.4$$
$$102 = 4! * 4 + 4!/4$$
$$103 = 4! * 4 + !4 - \sqrt{4}$$
$$104 = 4! * 4 + 4 * \sqrt{4}$$
$$105 = 4! * 4 + 4 / .\tilde{4}...$$
$$106 = 4! * 4 + 4 / .4$$
$$107 = 4! * 4 + !4 + \sqrt{4}$$
$$108 = 4! * 4 + 4! / \sqrt{4}$$
$$109 = 4! * 4 + !4 + 4$$
$$110 = (\sqrt{4}/.4) ! - 4 / .4$$

$$111 = (\sqrt{4}/.4) ! - 4 / .\tilde{4}...$$
$$112 = (\sqrt{4}/.4) ! - 4 * \sqrt{4}$$
$$113 = (\sqrt{4}/.4) ! - !4 - \sqrt{4}$$
$$114 = (\sqrt{4}/.4) ! - 4! / 4$$
$$115 = (\sqrt{4}/.4) ! - \sqrt{4} / .4$$
$$116 = (\sqrt{4}/.4) ! - \sqrt{4} - \sqrt{4}$$
$$117 = (\sqrt{4}/.4) ! - \sqrt{(4/ .\tilde{4}...)}$$
$$118 = (\sqrt{4}/.4) ! - 4 + 2$$
$$119 = (\sqrt{4}/.4) ! - 4/4$$
$$120 = (\sqrt{4}/.4) ! * 4/4$$

Darstellung der Möglichkeiten mit nur einer Vier:

$$0 = !(!\sqrt{4})$$
$$1 = !\sqrt{4}$$
$$2 = \sqrt{4}$$
$$3 = \sqrt{!4}$$
$$4 = 4$$
$$6 = (\sqrt{!4})!$$
$$9 = !4$$

$$10 = \sum_{i}^{4} x_i$$

$$24 = 4!$$

$$265 = ![(\sqrt{!4})!]$$
$$300 = i \text{ bis } 4! \sum x_i$$
$$720 = [(\sqrt{!4})!]!$$

Nachtrag

$$33 = !4 * 4 - 4 + !\sqrt{4}$$

$$37 = !4 * 4 + 4 - \sqrt{!4}$$

121 = ($\sqrt{4}/.4$) ! + 4/4

122 = ($\sqrt{4}/.4$) ! + 4 - $\sqrt{4}$

123 = ($\sqrt{4}/.4$) ! + $\sqrt{(4/ .\tilde{4}...)}$

124 = ($\sqrt{4}/.4$) ! +$\sqrt{4}$ + $\sqrt{4}$

125 = ($\sqrt{4}/.4$) ! + $\sqrt{4}$ / .4

126 = ($\sqrt{4}/.4$) ! + 4! / 4

127 = ($\sqrt{4}/.4$) ! + !4 - $\sqrt{4}$

128 = ($\sqrt{4}/.4$) ! + 4 * $\sqrt{4}$

129 = ($\sqrt{4}/.4$) ! + 4 / .$\tilde{4}$...

130 = ($\sqrt{4}/.4$) ! + 4 / .4

131 = ($\sqrt{4}/.4$) ! + !4 + $\sqrt{4}$

132 = ($\sqrt{4}/.4$) ! + 4! / $\sqrt{4}$

133 = ($\sqrt{4}/.4$) ! + !4 + 4

134 = 44 * $\sqrt{!4}$ + $\sqrt{4}$

135 = 4! / 4 * !4 / .4

136 = ($\sqrt{4}/.4$) ! + 4 * 4

137 = ($\sqrt{4}$ $^{!4}$) /4 + !4

138 = ($\sqrt{4}/.4$) ! + !4 * $\sqrt{4}$

139 = $\sum_{\text{von } \sqrt{4} \text{ bis } 4*4}$ (n) + 4

140 = !4 * 4 * 4 - 4

141 = !4 * 4 * 4 -$\sqrt{!4}$

142 = !4 * 4 * 4 -$\sqrt{4}$

143 = !4 * 4 * 4 -!$\sqrt{4}$

144 = !4*4*4*!$\sqrt{4}$ $\sum_{\text{von } \sqrt{4} \text{ bis } 4*4}$(n)+!4

145 = !4 * 4 * 4 +!$\sqrt{4}$

146 = !4 * 4 * 4 +$\sqrt{4}$

147 = !4 * 4 * 4 +$\sqrt{!4}$

148 = !4 * 4 * 4 + 4

149 = 4! * ($\sqrt{!4}$)! +$\sqrt{4}$/.4

150 = !(4 + $\sqrt{4}$) * .4 + 44

151 = 4! * ($\sqrt{!4}$)! + !4 - $\sqrt{4}$

152 =4^4/$\sqrt{4}$ +4! = 44*4- 4!

153 = !4 * 4 * 4 + !4

154 = 4! * ($\sqrt{!4}$)! + 4/.4

155 = 4! * ($\sqrt{!4}$)!+!4 + $\sqrt{4}$

156 = !4* (4! - 4) - 4!

157 = 4! * ($\sqrt{!4}$)! + !4 + 4

158 = !4*!4*$\sqrt{4}$ - 4

159 = !4*!4*$\sqrt{4}$ -$\sqrt{!4}$

160 = 4.$\tilde{4}$... * !4 * 4

161 = !4*!4*$\sqrt{4}$ -!$\sqrt{4}$

162 =   !4*!4*$\sqrt{4}$ *!$\sqrt{4}$

163 =   !4*!4*$\sqrt{4}$ +!$\sqrt{4}$

164 =   !4*!4*$\sqrt{4}$+$\sqrt{4}$

165 = !4*(4! -$\sqrt{!4}$) -4!

166 = !4*!4*$\sqrt{4}$+4

167 =   44 * 4 - !4

168 = !4*4*4+4!

169 = !(4 +$\sqrt{4}$) - 4! * 4

170 = [($\sqrt{!4}$)!]! / 4 - 4/.4

171 = !4* (4! - 4) - !4

172 = 4^4/$\sqrt{4}$+44 = 44* 4- 4

173 = 44 * 4 - $\sqrt{!4}$

174 = 44 * 4 - $\sqrt{4}$

175 = 44 * 4 - !$\sqrt{4}$

176 = 44 * 4 * !$\sqrt{4}$

177 = 44 * 4 + !$\sqrt{4}$

178 = 44 * 4+ $\sqrt{4}$

179 = !4* (4! - 4) - !$\sqrt{4}$

180 = 44 * 4 + 4

$181 = !4*(4! - 4) + !\sqrt{4}$

$182 = !4*(4! - 4) + \sqrt{4}$

$183 = 4*(4!+4!) - !4$

$184 = !4*(4! - 4) + 4$

$185 = 4*44 + !4$

$186 = [(\sqrt{!4})!]! / 4 +4+\sqrt{4}$

$187 = [(\sqrt{!4})!]! / 4 +4+\sqrt{!4}$

$188 = [(\sqrt{!4})!]! / 4 +4 +4$

$189 = 4! * !4 - \sqrt{!4} * !4$

$190 = [(\sqrt{!4})!]! / 4 + 4/.4$

$191 = [(\sqrt{!4})!]!/ 4 +!4 +\sqrt{4}$

$192 = [(\sqrt{!4})!]!/ 4 + 4! /\sqrt{4}$

$193 = [(\sqrt{!4})!]!/ 4 +!4 + 4$

$194 = (!4 \text{ über } 4) +4 + !\sqrt{4}$

$195 = (!4 \text{ über } 4) + 4 + \sqrt{4}$

$196 = [(\sqrt{!4})!]! / 4 + 4*4$

$197 = (!4 \text{ über } 4) + 4 + 4$

$198 = [(\sqrt{!4})!]! / 4 +!4*\sqrt{4}$

$199 = (!4 \text{ über } 4) + 4 /.4$

$200 = (!4 \text{ über } 4) + !4+ \sqrt{4}$

$201 = (!4 \text{ über } 4) + 4! /\sqrt{4}$

$202 = (!4 \text{ über } 4) + !4 +4$

$203 = 4! * !4 - !4 - 4$

$204 = 4! * !4 - 4! / \sqrt{4}$

$205 = (!4 \text{ über } 4) + 4 * 4$

$206 = 4! * !4 - 4 /.4$

$207 = (!4 \text{ über } 4) + !4 *\sqrt{4}$

$208 = 4! * !4 - 4 - 4$

$209 = 4! * !4 - !4 + \sqrt{4}$

$210 = 4! * !4 - 4 - 2$

$211 = 4! * !4 - \sqrt{4}/.4$

$212 = 4! * !4 - \sqrt{4} - \sqrt{4}$

$213 = 4! * !4 - 4 + !\sqrt{4}$

$214 = 4! * !4 - 4 + \sqrt{4}$

$215 = 4! * !4 - 4 + \sqrt{!4}$

$216 = 4! * !4 +4 - 4$

$217 = 4! * !4 + 4 - \sqrt{!4}$

$218 = 4! * !4 + 4 -\sqrt{4}$

$219 = 4! * !4 + 4 - !\sqrt{4}$

$220 = 4! * !4 + \sqrt{4} + \sqrt{4}$

$221 = 4! * !4 + 4 + !\sqrt{4}$

$222 = 4! * !4 + 4 + \sqrt{4}$

$223 = 4! * !4 + 4 + \sqrt{!4}$

$224 = 4! * !4 + 4 + 4$

$225 = 4! * !4 + 4 /.\tilde{4}...$

$226 = 4! * !4 + 4 /.4$

$227 = 4! * !4 +!4 + \sqrt{4}$

$228 = 4! * !4 +!4 + \sqrt{!4}$

$229 = 4! * !4 +!4 + 4$

$230 = !4^{\sqrt{!4}}-!4 - 4$

$231 = !4^{\sqrt{!4}}-!4 - \sqrt{!4}$

$232 = 4! * !4 + 4 * 4$

$233 = (!4 \text{ über } 4) + 44$

$234 = 4! * !4+ !4 * \sqrt{4}$

$235 = !4^{\sqrt{!4}}-4 - 4$

$236 = !4^{\sqrt{!4}}-4 - \sqrt{!4}$

$237 = (!4 \text{ über } 4) +4!+4!$

$238 = !4^{\sqrt{!4}}-4 - !\sqrt{4}$

$239 = !4^{\sqrt{!4}}- \sqrt{4} - \sqrt{4}$

$240 = !4^{\sqrt{!4}}-\sqrt{4} - !\sqrt{4}$

$241 = !4^{\sqrt{!4}}\text{-}4 + \sqrt{4}$

$242 = !4^{\sqrt{!4}}\text{-}4 + \sqrt{!4}$

$243 = !4^{\sqrt{!4}}\text{-}4 + 4$

$244 = !4^{\sqrt{!4}}\text{+}4 - \sqrt{!4}$

$245 = !4^{\sqrt{!4}}\text{+}4 - \sqrt{4}$

$246 = !4^{\sqrt{!4}}\text{+}4 - !\sqrt{4}$

$247 = !4^{\sqrt{!4}}\text{+}\sqrt{4} + \sqrt{4}$

$248 = !4^{\sqrt{!4}}\text{+}4 + !\sqrt{4}$

$249 = !4^{\sqrt{!4}}\text{+}4 + \sqrt{4}$

$250 = !4^{\sqrt{!4}}\text{+}4 + \sqrt{!4}$

$251 = !4^{\sqrt{!4}}\text{+}4 + 4$

$252 = !4^{\sqrt{!4}}\text{+}\sqrt{!4} * \sqrt{!4}$

$253 = !4^{\sqrt{!4}}\text{+}4 /.4$

$254 = !4^{\sqrt{!4}}\text{+}!4 + \sqrt{4}$

$255 = !4^{\sqrt{!4}}\text{+}!4 + \sqrt{!4}$

$256 = !4^{\sqrt{!4}}\text{+}!4 +44$

$257 = !(4 +\sqrt{4}) - 4 - 4$

$258 = !(4 +\sqrt{4}) - 4 - \sqrt{!4}$

$259 = !4^{\sqrt{!4}}\text{+}4 * 4$

$260 = 4^4 + \sqrt{4} + \sqrt{4}$

$261 = 4^4{+}4 +!\sqrt{4}$

$262 = 4^4{+}4 +\sqrt{4}$

$263 = 4^4{+}4 +\sqrt{!4}$

$264 = 4^4{+}4 +4$

$265 = 4^4{+}!4 *!\sqrt{4}$

$266 = 4^4{+}4/.4$

$267 = 4^4{+}!4+\sqrt{4}$

$268 = 4^4{+}!4+\sqrt{!4}$

$269 = 4^4{+}!4+ 4$

$270 = !(4 +\sqrt{4})+ 4 +!\sqrt{4}$

$271 = !(4 +\sqrt{4})+ 4 +\sqrt{4}$

$272 = 4^4{+}4 * 4$

$273 = !(4 +\sqrt{4})+ 4 +4$

$274 = (4! \text{ über } \sqrt{4}) - 4 +\sqrt{4}$

$275 = (4! \text{ über } \sqrt{4}) -4+\sqrt{!4}$

$276 = (4! \text{ über } \sqrt{4}) - 4 + 4$

$277 = (4! \text{ über } \sqrt{4}) +4 -\sqrt{!4}$

$278 = (4! \text{ über } \sqrt{4}) +4 - \sqrt{4}$

$279 = (4! \text{ über } \sqrt{4})+4 -!\sqrt{4}$

$280 = (4! \text{ über } \sqrt{4})+\sqrt{4}+\sqrt{4}$

$281 = (4! \text{ über } \sqrt{4}) +4 +!\sqrt{4}$

$282 = (4! \text{ über } \sqrt{4}) +4 +\sqrt{4}$

$283 = (4! \text{ über } \sqrt{4}) +4 +\sqrt{!4}$

$284 = (4! \text{ über } \sqrt{4}) +4 +4$

$285 = (4! \text{ über } \sqrt{4}) +!4 * !\sqrt{4}$

$286 = (4! \text{ über } \sqrt{4}) +4 /.4$

$287 = (4! \text{ über } \sqrt{4}) +!4 +\sqrt{4}$

$288 = (4! \text{ über } \sqrt{4}) +!4 +\sqrt{!4}$

$289 = (4! \text{ über } \sqrt{4}) +!4 + 4$

$290 = [i^4 \text{ bis } 4! \textstyle\sum n] - 4 -(\sqrt{!4})!$

$291 = (4! \text{ über } \sqrt{4}) +4!- !4$

$292 = (4! \text{ über } \sqrt{4}) +4 * 4$

$293 = [i^4 \text{ bis } 4! \textstyle\sum n] - 4-\sqrt{!4}$

$294 = (4! \text{ über } \sqrt{4}) +!4*\sqrt{4}$

$295 = [i^4 \text{ bis } 4! \textstyle\sum n] - 4 -!\sqrt{4}$

$296 = (4! \text{ über } \sqrt{4})+ 4! - 4$

$297 = (4! \text{ über } \sqrt{4})+4!-\sqrt{!4}$

$298 = (4! \text{ über } \sqrt{4})+4!-\sqrt{4}$

$299 = (4! \text{ über } \sqrt{4})+4!-!\sqrt{4}$

$300 = (4! \text{ über } \sqrt{4})+4!*!\sqrt{4}$

$301 = [i^4 \text{ bis } 4!\sum n] + 4 - \sqrt{!4}$

$311 = i^4 \text{ bis } 4!\sum n] +!4+\sqrt{4}$

$302 = [i^4 \text{ bis } 4!\sum n] + 4 - \sqrt{4}$

$312 = [i^4 \text{ bis } 4!\sum n]+!4-\sqrt{!4}$

$303 = [i^4 \text{ bis } 4!\sum n] + 4 - !\sqrt{4}$

$313 = [i^4 \text{ bis } 4!\sum n]+!4 + 4$

$304 = [i^4 \text{ bis } 4!\sum n] +\sqrt{4} +\sqrt{4}$

$314 =[i^4 \text{bis} 4!\sum n]+[i^4 \text{bis} \sqrt{!4}\sum n^2]$

$305 = [i^4 \text{ bis } 4!\sum n] + 4 +!\sqrt{4}$

$315 = i^4 \text{bis } 4!\sum n]+!4+(\sqrt{!4})!$

$306 = [i^4 \text{ bis } 4!\sum n] + 4 +\sqrt{4}$

$316 = [i^4 \text{ bis } 4!\sum n] + 4 * 4$

$307 = [i^4 \text{ bis } 4!\sum n] + 4 +\sqrt{!4}$

$317 = [i^4 \text{ bis } 4!\sum n]$

$308 = [i^4 \text{ bis } 4!\sum n] + 4 + 4$

$318 = [i^4 \text{ bis } 4!\sum n]+!4 +!4$

$309 = [i^4 \text{ bis } 4!\sum n] +!4 * !\sqrt{4}$

$319 = [i^4 \text{ bis } 4!\sum n]$

$310 = [i^4 \text{ bis } 4!\sum n] + 4 +(\sqrt{!4})!$

$320 = [i^4 \text{ bis } 4!\sum n]\; 4! - 4$

Tabelle der Ergebnisse, die mit zwei Vieren darstellbar sind.

0 = ! (4/4)	13½ = (√!4)! /.4͂..	60 = 4! / .4
0,375 = !4/4!	15 = (√!4)! /.4	$64 = 4^{\sqrt{!4}}$
0,5 = !√4/√4	16 = 4 * 4	66 = -(√!4)!bis!4∑|n|
0,75 = √!4 / 4	18 = !4 * √4	72 = 4! * √!4
1 = 4/4	20 = 4! - 4	81 = !4 * !4
1,3͂... = 4 / √!4	20¼ = !4 / .4͂..	84 = !4 über √!4
1,5 = !4/(√!4)!	21 = 4! - √!4	
2 = 4 - √4	22 = 4! - √4	96 = 4! * 4
2,25 = !4/4	22½ = !4 / .4	
2,6͂.. = 4! / !4	23 = 4! - !√4	120 = (√4/.4) !
3 = √ (4/ .4͂...)	24 = (√!4)! *4	144 = 4! * (√!4)!
4 = √4 + √4	25 = 4! + !√4	180 = [(√!4)!]! / 4
4,5 = √4 / .4͂...	26 = 4! + √4	189 = !4 über 4
5 = √4 / .4	27 = √!4 * !4	216 = 4! * !4
6 = 4! / 4	28 = 4! + 4	$243 = !4^{\sqrt{!4}}$
7 = !4 - √4	30 = 4! +(√!4)!	$256 = 4^4$
8 = 4 +4	33 = 4! + !4	264 = !4 bis 4! ∑n
9 = 4 /.4͂...	36 = !4 * 4	265 = !(4 +√4)
10 = 4 / .4		276 = 4! über √4
11 = !4 + √4	44 = 44	300 = !√4 bis 4! ∑n
12 = 4! / √4	48 = 4! * √4	$512 = \sqrt{4}^{!4}$
13 = !4 + 4	54 = 4!/ .4͂..	576 = 4! * 4!

Im Bereich über 300 kommt man sicher noch viel weiter allein mit der Subfakultät 6 als 265 = ![(√!4)!]; es sind noch 3 Vieren frei !

138.) natürliche Zahlen

Es war danach gefragt, warum die Zahl 1 nicht als Primzahl aufgefaßt wird.

Eigentlich müßte sie dazu gerechnet werden, weil es mit deren Definitionen zusammenpaßt:
- Eine Primzahl ist eine Zahl, die nur durch sich selbst und durch 1 teilbar ist.
- Primzahlen lassen sich nicht als Produkt zweier natürlicher Zahlen, die beide größer als eins sind, darstellen.

Trotzdem ist es ungeschickt, die eins als Solche aufzufassen. Schließlich hat sie nicht zwei verschiedene Faktoren, sondern im echten Sinne gar keine. Außerdem widerspräche die 1 als Primzahl der Eindeutigkeit der sogenannten Primfaktorzerlegung. Jede Zahl läßt sich nämlich in eindeutiger Weise als Produkt ihrer Primfaktoren schreiben - zum Beispiel die 1001 als 7 x 11 x 13. Nähme man die 1 hinzu, gäbe es unendlich viele Schreibweisen, denn man könnte diese ja beliebig oft voranstellen.

Einen weiteren Grund führte der Mathematiker Euler an. Er hatte festgestellt, daß sich die Teiler einer Primzahl p immer auf genau p + 1 aufsummieren. Die 1 wäre dann die einzige Ausnahme dieser Regel, und das wäre auch nicht gerade geschickt.

Also "verleugnet" man die Eins als Primzahl - lassen wir es am besten auch dabei.

141.) die Schafherde

Tja, meine Herren, habe ich Sie auf's Glatteis führen können oder hatten Sie meine List gleich durchschaut ?

Wenn da auf dem Tisch einsam und allein 6 einzelne Euro-Münzen liegen, dann fehlen demjenigen, der sich diese aneignen darf, an einem vollen Zehner ganze 4 Euro.

Bekommt er diese aber von seinem Bruder, schmälert sich dessen Eigentum - so daß dieser nur 2 Euro hergeben muß, damit beide gleich bedient sind.

Der Scheck lautet also auf z w e i Euro und nicht vier.

143.) die Wanduhr

Wie weit hat Sie Ihre nochmalige Überlegung gebracht? Es gibt ja nicht mehr viele Alternativen. In der Tat rechnen die meisten sozusagen geradlinig und teilen 30 Sekunden durch 6 Schläge. Dabei übersehen sie, daß es in Wirklichkeit um die Intervalle *zwischen* den Schlägen geht- und zwar um genau 5 Intervalle. Man muß also tatsächlich die 30 Sekunden auf 5 Intervalle aufteilen und kommt damit zum Ergebnis, daß jedes von diesen ganze <u>sechs Sekunden</u> dauert - vom Nachhall des Gonges und weiteren Spitzfindigkeiten einmal abgesehen. Zwischen dem ersten Schlag zum Zeitpunkt Null und dem zwölften Schlag zum Zeitpunkt x befinden sich also einschließlich des "Pauseintervalles" insgesamt $2 * 5 + 1 = 11$ Intervalle zu je sechs Sekunden. Damit beträgt die Gesamtdauer der "Aktion 12-Uhr- Schlagen" elf mal sechs = 66 Sekunden. Ein überraschendes Ergebnis. Ich habe diese Aufgabe vielen Studenten gestellt, sicher einigen Dutzend im Laufe der Zeit. Nur ein einziger war - übrigens ohne weitere Rückfrage - in der Lage, auf Anhieb die richtige Lösung zu nennen. Man bedenke einmal, welche Analogien es im Berufs- oder Familienleben geben könnte. Situationen, die -linear gedacht- völlig klar scheinen, aber dennoch befindet man sich im Irrtum bei der "Interpretation" und der Gegenpart könnte doch berechtigte Einwände haben - also lieber mal fairerweise bis zu Ende zuhören.

144.) die beiden Läufer

Die Frage war:

Wäre die Sache anders ausgegangen, wenn man Thomas 25 Meter Vorsprung gegeben hätte anstatt Siggi 25 Meter zurückzusetzen ?

Die Antwortet lautet: Ja, denn dann wären beide um diese 25 Meter versetzt nicht v o r dem Ziel, sondern i m Ziel angekommen, und zwar gleichzeitig. Somit hätte Thomas nicht mehr verloren.

151.) ein paar Buchstabenrätsel

Bei Aufgabe e) handelt es sich um die Anfangsbuchstaben der Primzahlenreihe.

Zwei, **D**rei, **F**ünf, **S**ieben, **E**lf und dann **D**reizehn und **S**iebzehn.

Das Ganze kann man auch mit den englischen Zahlen machen, die Reihe lautete dann T T F S E T und es folgt S.

Ebenso könnte man sich überlegen, die Anfangsbuchstaben der Zahlen der Fibonacci-Reihe für ein Buchstabenrätsel zu nehmen.

Bei f) und g) handelt es sich um die Anfangsbuchstaben der physikalischen Bezeichnungen für die positiven und negativen Zehnerpotenzen.

Bei f) sind es die Verkleinerungen:

Milli,Mikro,Nano,Pico,Femto - es folgen Atto, Zepto und Yocto.

Bei g) sind es die Vergrößerungen:

Kilo, Mega, Giga, Tera, Peta - es folgen Exa, Zetta und Yotta

Viele dieser Präfixe haben erst in jüngster Zeit größeren Bekanntheitsgrad erlangt; man denke an Femto-Sekunden-Laser, die Einheit pico-Farad oder Tera-Byte-Festplatten.

Bei h) C D I L M V   sind es die römischen Zahlenwerte in alphabetischer Reihenfolge und es fehlt " X " für Zehn.

Und bei i) H E N E A R K R X E R sind es die chemischen Symbole der Edelgase in der 8.Hauptgruppe des Periodensystems in aufsteigender Reihenfolge, jeweils 2 Buchstaben für Helium (He), Neon (Ne), Argon (Ar), Krypton (Kr), Xenon (Xe), und es folgt Radon (Rn). Die Lösung lautet folgerichtig " N ".

Bei der Folgeaufgabe D G A I S R I E S I T W S H C liegt eine verschachtelte Buchstabenreihe vor. Jeweils die ungeraden Nummern und vom Ende her rückwärts aufgelistet ergeben den Spruch:

"D A S I S T S C H W I E R I G"

Haben Sie's erkennen können ?

153.) binomische Formeln - einmal anders

Um die angegebenen korrespondierenden Lösungen darzustellen, bedarf es noch folgender zwei Binome:

$$(a + ib) * (a + ib) = a^2 + 2abi - b^2$$

$$(a - ib) * (a - ib) = a^2 - 2abi - b^2$$

Ob man dabei abi, aib oder iab schreibt, macht keinen Unterschied.

155.) drei Würfel mit Problemen

Zum Abschluß geht es hier um die Möglichkeiten, die Zahlen von 1 - 18 mit drei Würfeln und gleichwahrscheinlich zu produzieren. Die bisherigen Betrachtungen haben gezeigt, daß es bei solchen Aufgaben eine gewisse Regelhaftigkeit der Lösungsmöglichkeiten gibt. Eindrucksvoll -und sehr schwer zu finden- waren einige Lösungen bei der Aufgabe mit zwei Würfeln, bei denen die Bepunktung "auf Lücke" erfolgt war.
Also z.B. wie bei **w1 = 0 1 6 7 12 13**   **w2 = 1 1 3 3 5 5**

Für drei Würfel habe ich folgende Lösungen gefunden.

1)   **w1 = 1 1 2 2 3 3**   **w2 = 0 0 3 3 6 6**   **w3 = 0 0 0 9 9 9**
2.)   **w1 = 0 0 1 1 2 2**   **w2 = 1 1 4 4 7 7**   **w3 = 0 0 0 9 9 9**

Negative Bepunktungen würden zwar auch möglich sein, bringen aber keine neuen Erkenntnisse für die Strukturanalyse solcher Aufgaben.

Vielleicht haben Sie Interesse, sich an weiteren ähnlichen Aufgaben zu versuchen - so beispielsweise mit zwei Würfeln die Summen 9, 11 und 17 sowie anschließend auch 10 und 14 darzustellen.
Mit drei Würfeln kann man sich versuchen an 7 und 8 sowie 10 und 15. Dabei ist letztlich auch erlaubt, ein Feld als Wurf-Wiederholung zu definieren oder einen Würfel auf allen 6 Feldern identisch zu bepunkten.

157.) ein Buchstabenrätsel

Was folgt in der Reihe der Buchstaben Q A Z W S X ?

Diese Folge ist recht bekannt, weil sie als eine der schlechtesten Paßwortfolgen der Welt gilt. Es handelt sich um die Buchstaben, wie sie von oben nach unten linksbündig auf Tastaturen (bei den englischen Tastaturen sind Y und Z vertauscht) angeordnet sind. Die Lösung wäre das "E".

Es gibt noch weitere Rätsel, die tastaturbezogen sind, zum Beispiel die Folge 7, 8, 9, 6, 3, 2, 1, 4, 5 . Diese bezieht sich auf die Zifferntastatur rechterhand. Wenn man bei der 7 oben links beginnt und im Uhrzeigersinn schneckenförmig weitermacht, endet es bei der 5 in-der-Mitte. Man kann auch bei der 1 anfangen; dann lautet die Folge 1, 4, 7, 8, 9, 6, 3, 2, 5 .

Die Schwierigkeit bei solchen Rätseln besteht darin, daß der Kontext primär nicht bekannt ist. Man muß kreativ denken oder im Rätsel selbst Hinweise zum Lösungsansatz suchen und hoffen, daß es solche gibt. Dafür steht noch dieses Beispiel, das sich auf die Aufgabe **151** mit den Aufgaben **a** bis **i** bezieht. Welche Zahl folgt ?   19, 1, 4, 5, 19, 1, 5, 24, . . . ?

Beliebt sind auch Anagramme - welchen weiteren Buchstaben würden Sie ergänzen, damit die folgende Aufreihung einen Sinn ergibt?   9, 14, 20, 5, 12, 12, 9, 7, 5, 14, ... ?
Nach Umwandlung in Buchstaben liegt es auf der Hand - es ist die Zahl 26 für "Z" im Wort Intelligenz.
Wenn Sie aber die Zahlen ungeordnet aufreihen, wird das Ganze sehr viel schwieriger zu lösen sein.

Kommen wir zu den letzten Auflösungen.

"Welche Zahl folgt ?", war oben gefragt zu der Reihe 19, 1, 4, 5, 19, 1, 5, 24, . . .   in Bezug auf die Aufgabe 151.

Schauen Sie mal genau hin: Die Nummer **151** ist **fett** und größer gedruckt. Und ebenso die Buchstaben **a** und **i** .
Ob es wohl irgendwie damit zu tun haben könnte?

Die Lösungen dieser Aufgaben in der Reihenfolge von **a**) bis **i**)
lauteten:

a) 19   b) 1   c) 4   d) 5   e) 19   f) 1   g) 5   h) 24

Fällt Ihnen etwas auf ? Das ist genau die oben genannte Folge.

Bei i) war der Buchstabe N die Lösung, und das ist die Nummer
14 des Alphabetes.

Und **14** ist die Lösung.

Es handelte sich schlicht um die Aufreihung der Lösungen aus
Aufgabe 151.

160.) Schuhverkauf

Wir sind soweit, daß wir alle "passend Geld auf dem Tresen"
liegen sehen.
Und statt eines 100 Euro-Scheines liegen ein Fünfziger, zwei
Zwanziger und ein Zehner vor der Verkäuferin. Oder vielleicht
auch fünf Zwanziger oder zehn Zehner.
Meinen Sie wirklich, daß die Käuferin dann Sommerschuhe für
50 Euro oder Pumps für 80 Euro haben will ?

Nein, denn Sie erwartet doch überhaupt kein Wechselgeld, weil
sie genau passend 100 Euro - aber eben nicht in einem einzigen
Schein, hingelegt hat.
Es können auch 100 einzelne 1€-Münzen sein oder 50 Münzen
zu 2€ oder etliche andere Stückelungen, welche alle zusammen
100 Euro ergeben.

Im Aufgabentext war nicht die Rede davon, daß die zweite
Kundin einen *100-Euro-Schein* auf den Tresen legt.

Es ist natürlich beabsichtigt, daß man das so nicht wahrnimmt,
und das macht dieses Rätsel bei aller Selbstverständlichkeit des
praktischen Ablaufs der beschriebenen Situation in der Theorie
so schwierig zu lösen.